アプリでバッチリ!

ポイント確認!

サクラ

春のようす
夏のようす
秋のようす
冬のようす

❶

ヘチマ

春のようす
夏のようす
秋のようす
冬のようす

❷

ツルレイシ

春のようす
夏のようす
秋のようす
冬のようす

❸

ヒョウタン

春のようす
夏のようす
秋のようす
冬のようす

❹

夏の大三角

㋐の星の名前は？
㋑の星の名前は？
㋒の星の名前は？

❺

星ざの観察

星ざの名前は？
㋐の星の名前は？

❻

月の形

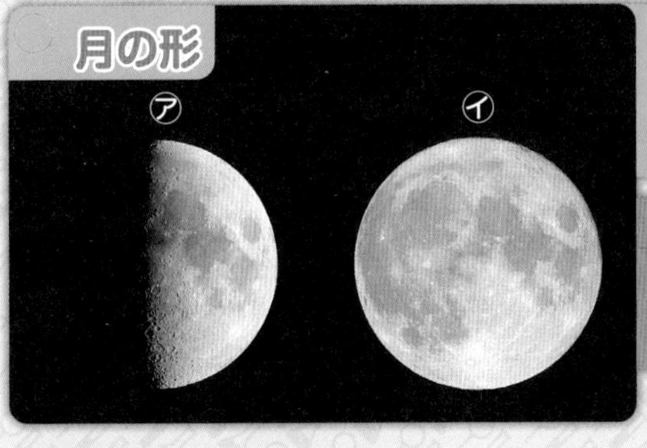

㋐の月の名前は？
㋑の月の名前は？

❼

月の位置

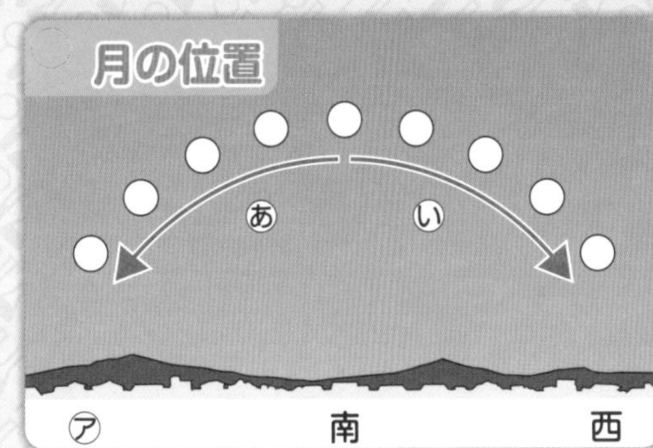

位置の変わり方はあ、いどちら？
㋐の方位は？

❽

気温の変化

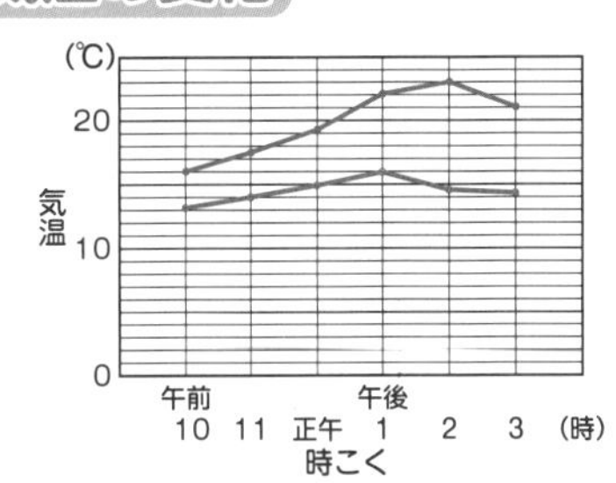

晴れの日のグラフは？
くもりの日のグラフは？

❾

かん電池のつなぎ方

直列つなぎ

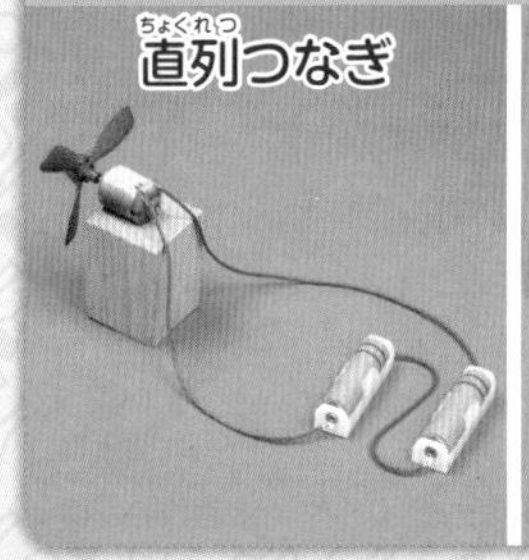

へい列つなぎ

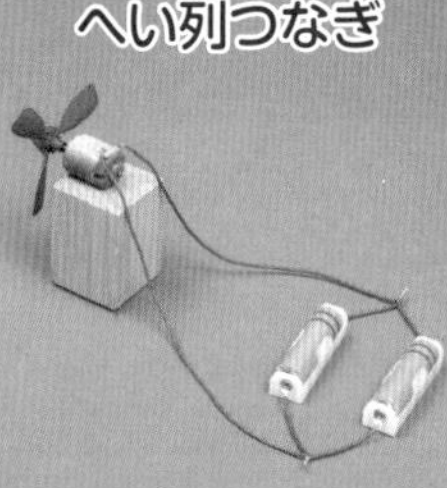

モーターが速く回るのは？
電流が大きいのは？

❿

アプリでバッチリ！ポイント確認！

おもてのQRコードからアクセスしてください。

※本サービスは無料ですが、別途各通信会社の通信料がかかります。
※お客様のネット環境および端末によりご利用できない場合がございます。
※QRコードは㈱デンソーウェーブの登録商標です。

使い方

- きりとり線にそって切りはなしましょう。
- 写真や図を見て、質問に答えてみましょう。
- 使い終わったら、あなにひもなどを通して、まとめておきましょう。

ヘチマ

春 たねをまき成長したら植えかえる。

夏 成長して花がさく。実ができる。

秋 実が大きくなり、かれ始める。

冬 たねを残してすべてかれる。 ❷

サクラ

春 花がさき、葉が出始める。

夏 緑色の葉がたくさん出ている。

秋 葉の色が変わる。

冬 葉が落ち、えだに芽をつける。 ❶

ヒョウタン

春 たねをまき成長したら植えかえる。

夏 成長して花がさく。実ができる。

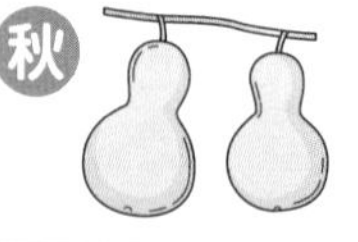

秋 実が大きくなり、かれ始める。

冬 たねを残してすべてかれる。 ❹

ツルレイシ

春 たねをまき成長したら植えかえる。

夏 成長して花がさく。実ができる。

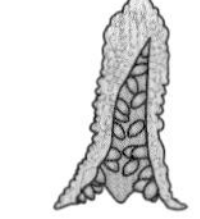

秋 たねが落ち、くきや葉がかれ始める。

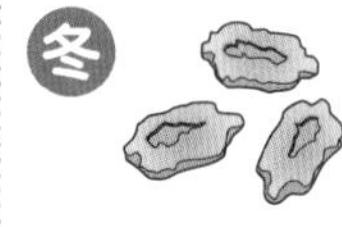

冬 たねを残してすべてかれる。 ❸

星ざの観察

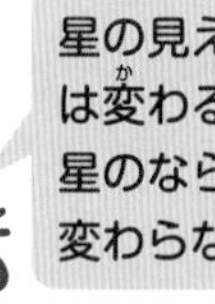

時間がたつと、星の見える位置は変わるけれど、星のならび方は変わらないよ。

星ざの名前

オリオンざ

星の名前

ベテルギウス

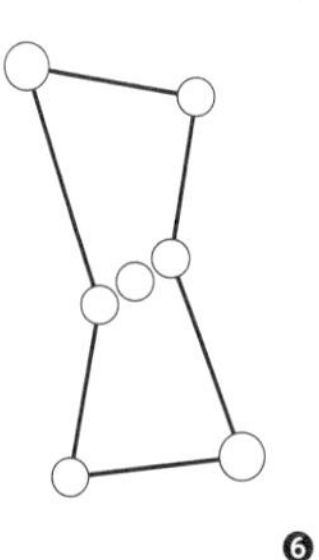

❻

夏の大三角

3つの星を結んだ三角形を夏の大三角というよ。

㋐ベガ（ことざ）

㋑デネブ（はくちょうざ）

㋒アルタイル（わしざ）

❺

月の位置

月の見える位置は、東のほうから、南の空を通って西のほうへと変わるよ。

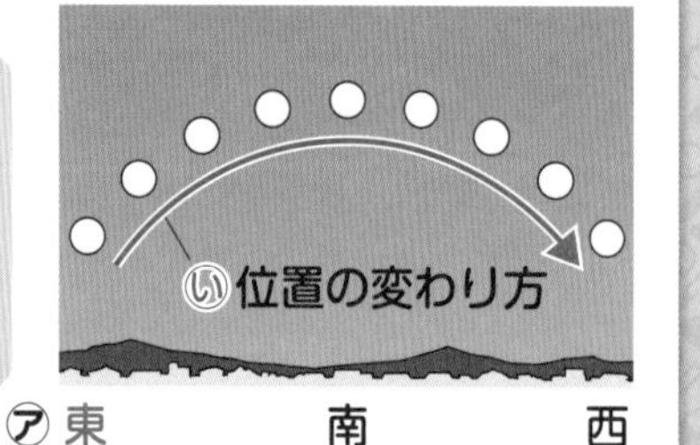

㋐東　南　西

❽

月の形

月は、日によって見える形が変わるよ。

㋐ 半月

㋑ 満月

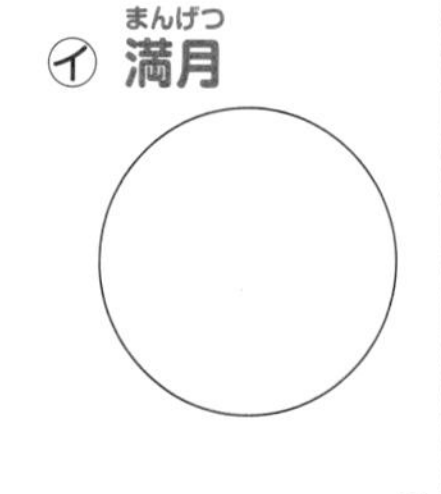

❼

かん電池のつなぎ方

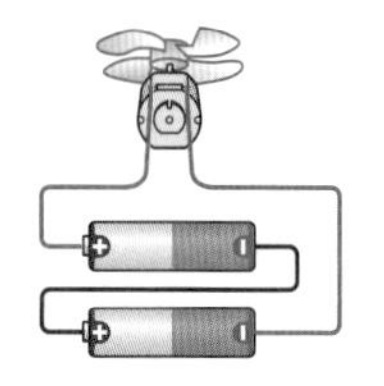

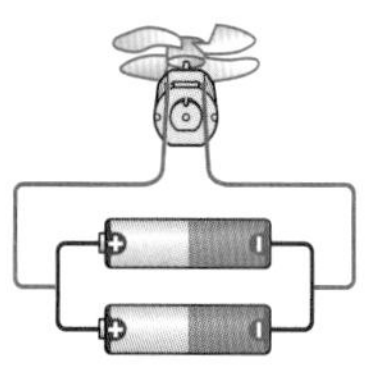

直列つなぎのほうが、モーターが速く回る。

直列つなぎのほうが、流れる電流が大きい。

❿

気温の変化

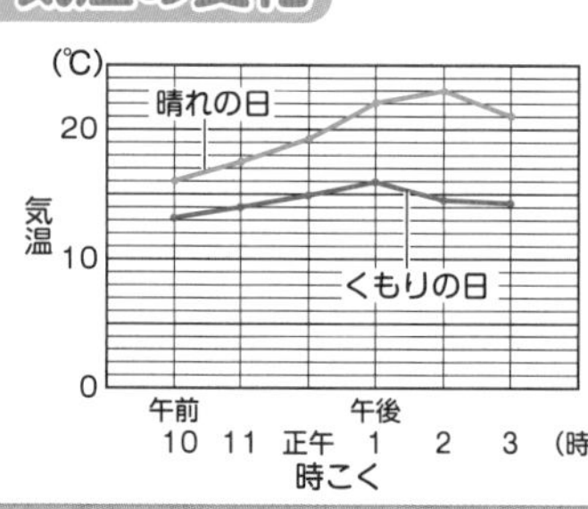

晴れの日

1日の気温の変化が大きい。

くもりの日

1日の気温の変化が小さい。

❾

ツバメ

春のようす

夏のようす

秋のようす

冬のようす

⑪

ナナホシテントウ

春のようす

夏のようす

秋のようす

冬のようす

⑫

オオカマキリ

春のようす

夏のようす

秋のようす

冬のようす

⑬

ヒキガエル

春のようす

夏のようす

秋のようす

冬のようす

⑭

空気の体積

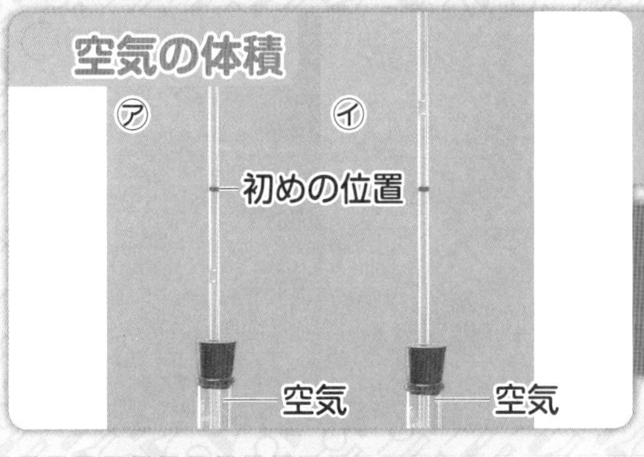

あたためた空気は？

冷やした空気は？

⑮

金ぞくの体積

熱すると玉は輪を通る？

冷やすと玉は輪を通る？

⑯

とじこめた空気と水

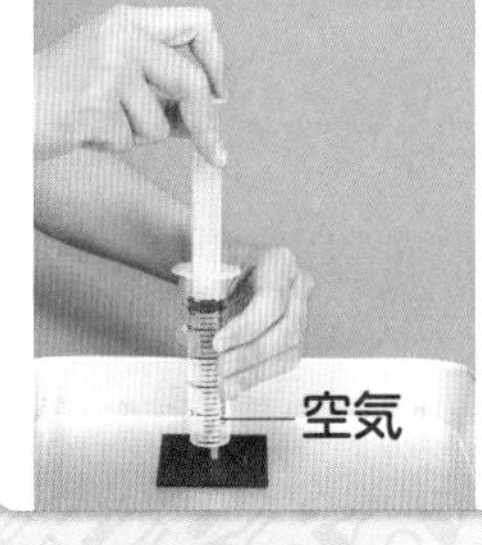

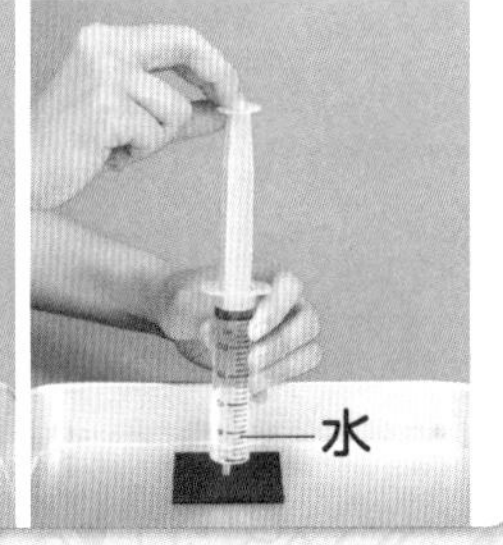

空気をおすと？

水をおすと？

⑰

水のすがた

固体は？

気体は？

えき体は？

⑱

熱した水

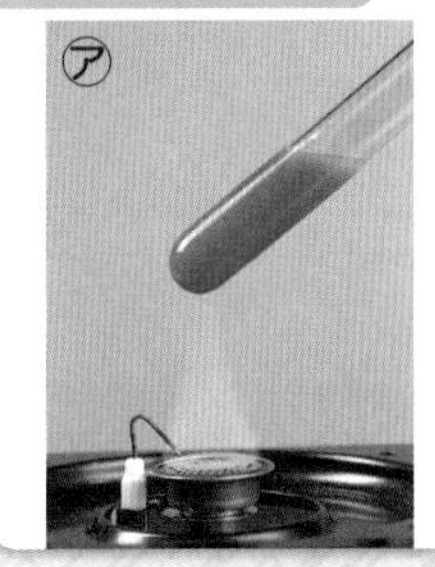

㋐のあたたまり方は？

㋑のあたたまり方は？

⑲

人の体のつくり

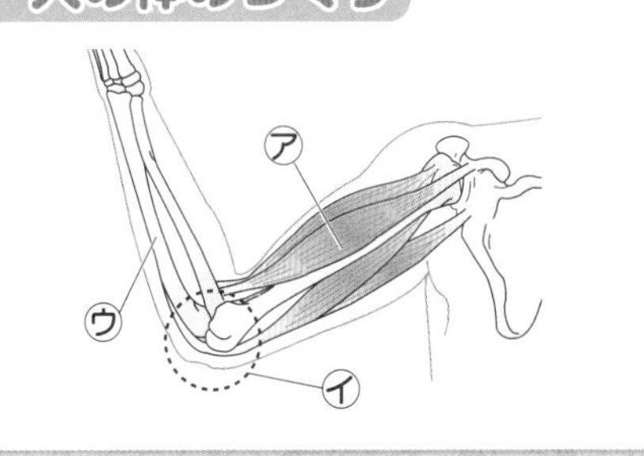

きん肉は？

関節は？

ほねは？

⑳

水のしみこみ方

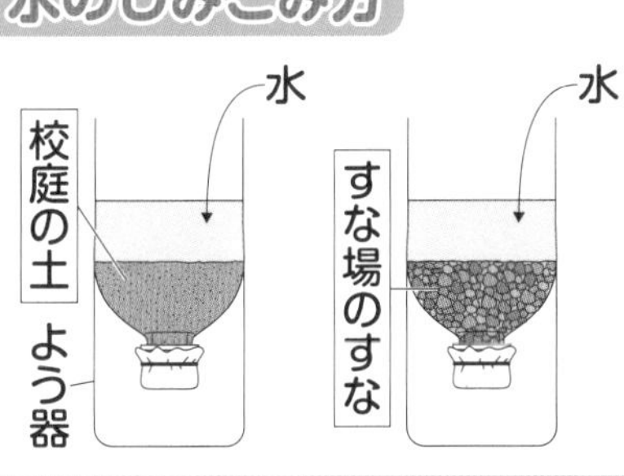

つぶが大きいのは？

水がしみこみやすいのは？

㉑

水のゆくえ

高いところにあるのは？

水がたまりやすいのは？

㉒

ナナホシテントウ

春  成虫(せいちゅう)が、たまごを産む。

夏  よう虫がさなぎになり、成虫になる。

秋 たまごから成虫になる。
※1年に2回たまごを産む時期があります。

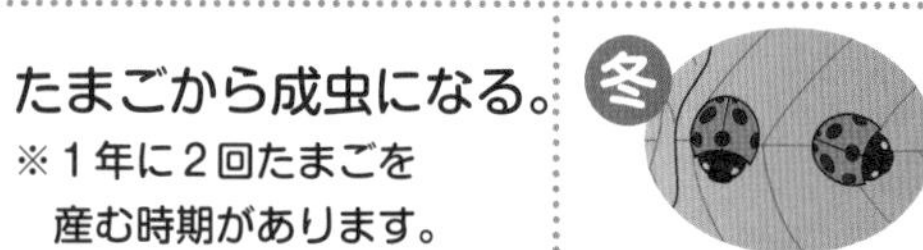

冬 成虫のまま冬をこす。

⑫

ツバメ

春  巣(す)をつくり、たまごを産む。

夏  産まれたひなを育てる。

秋  南の国へわたっていく。

冬  南の国ですごす。

⑪

ヒキガエル

春  たまごからおたまじゃくしがかえる。

夏  陸(りく)に上がって生活する。

秋 寒くなるにつれて、活動がにぶくなっていく。

冬  土の中で動かずにすごす。

⑭

オオカマキリ

春  たまごからよう虫がかえる。

夏 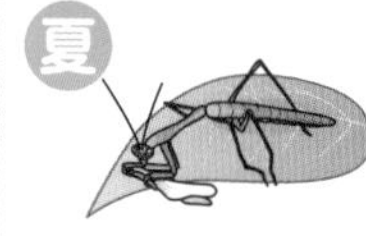 よう虫が成長し、成虫になる。

秋   成虫がたまごを産む。

冬   たまごのまま冬をこす。

⑬

金ぞくの体積

金ぞくの体積(たいせき)の変化(へんか)は、水や空気より小さいよ。

熱する
輪(わ)を通らなくなる。

冷やす
輪を通るようになる。

⑯

空気の体積

あたためる
体積が大きくなる。
…イ

冷やす
体積が小さくなる。
…ア

⑮

水のすがた

湯気(ゆげ)はえき体の水の小さなつぶだよ。

 **固体**  氷

 **気体** 水じょう気(すいじょうき)

 **えき体** 湯気

⑱

とじこめた空気と水

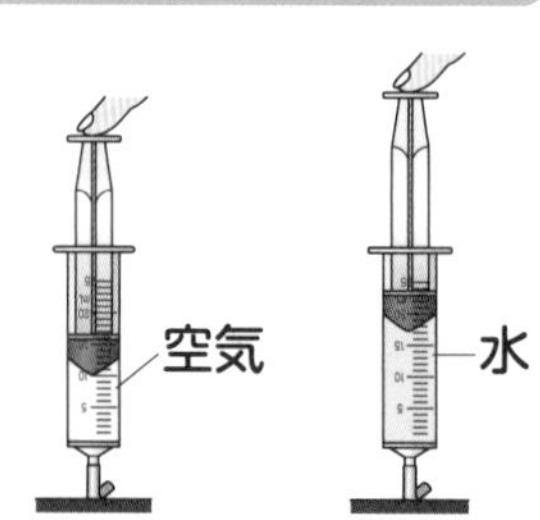

- 空気をおすと、体積が小さくなる。
- 水をおしても体積は変(か)わらない。

⑰

人の体のつくり

きん肉(にく)はゆるんだり、ちぢんだりするよ。

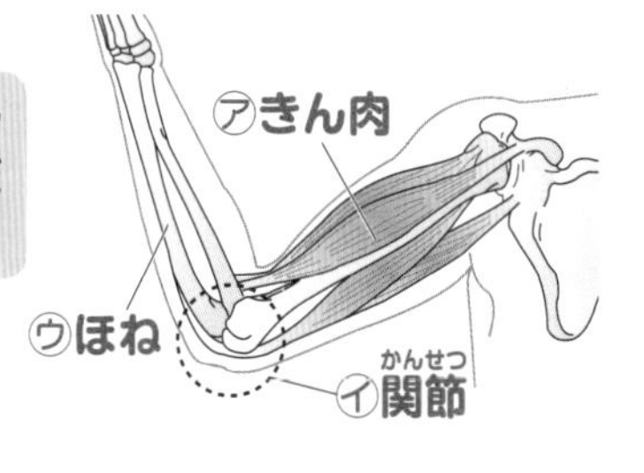

⑳

熱した水

ア　イ

あたためられた水が上へ動いて、全体があたたまっていく。

⑲

水のゆくえ

水は高いところから低(ひく)いところへ流れるよ。

- イのほうが高いところにある。
- アのほうが水がたまりやすい。

㉒

水のしみこみ方

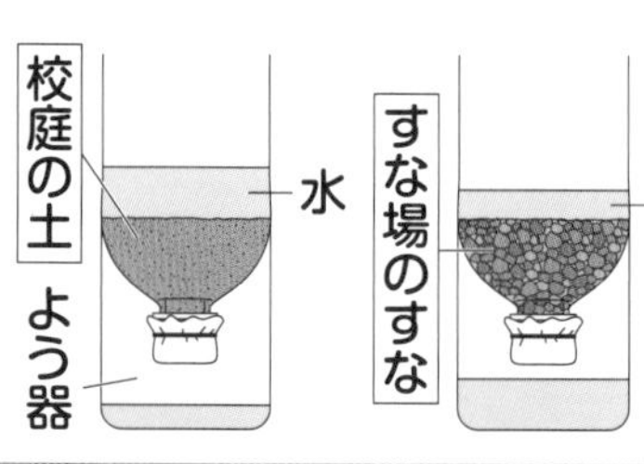

すな場のすなのほうが、つぶが大きく、水がしみこみやすい。

㉑

学校図書版
理科4年

動画 コードを読みとって、下の番号の動画を見てみよう。

●写真提供：アーテファクトリー、アフロ、PIXTA、Yoshio Nagashima
●動画提供：アフロ

勉強した日　月　日

1　あたたかくなって①

きほんのワーク

もくひょう
温度計の使い方や、春のころの生き物のようすをかくにんしよう。

おわったらシールをはろう

教科書 6～12、190、191、198ページ　答え 1ページ

図を見て、あとの問いに答えましょう。

1 気温(きおん)のはかり方

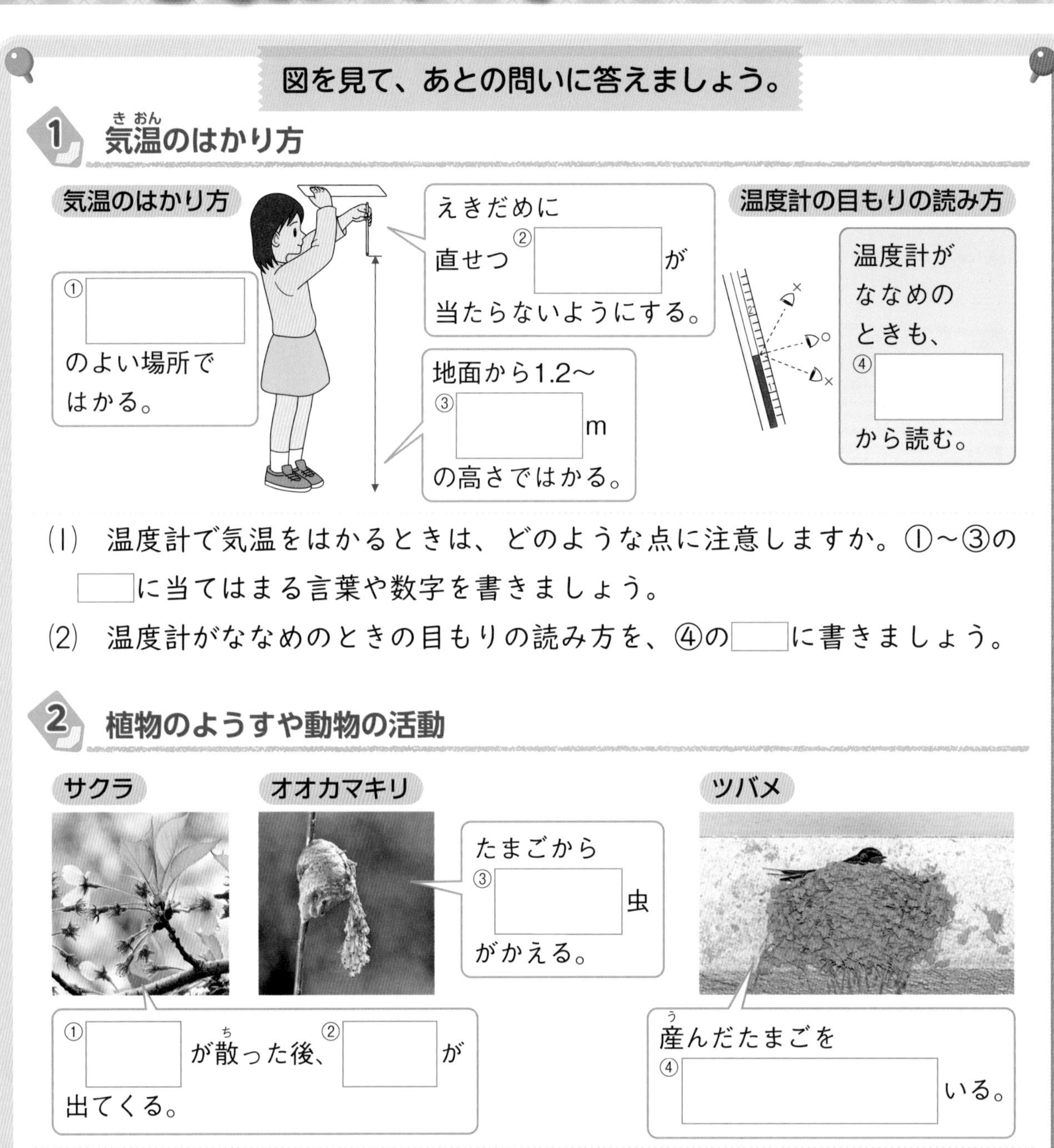

(1)　温度計で気温をはかるときは、どのような点に注意しますか。①～③の□に当てはまる言葉や数字を書きましょう。

(2)　温度計がななめのときの目もりの読み方を、④の□に書きましょう。

2 植物のようすや動物の活動

● 植物や動物のようすについて、①～④の□に当てはまる言葉を書きましょう。

まとめ〔　動物　植物　〕から選(えら)んで(　)に書きましょう。

● あたたかくなると、葉が出たり、花がさいたりする①(　　　　)がふえる。

● あたたかくなると、②(　　　　)がさかんに活動するようになる。

植物の中には、雨の日には花をさかせないものがあります。花のみつをすいにやって来るこん虫も、雨の日はあまり活動しないで、植物のかげなどでじっとしてすごしています。

1 右の図のようにして気温をはかりました。次の問いに答えましょう。

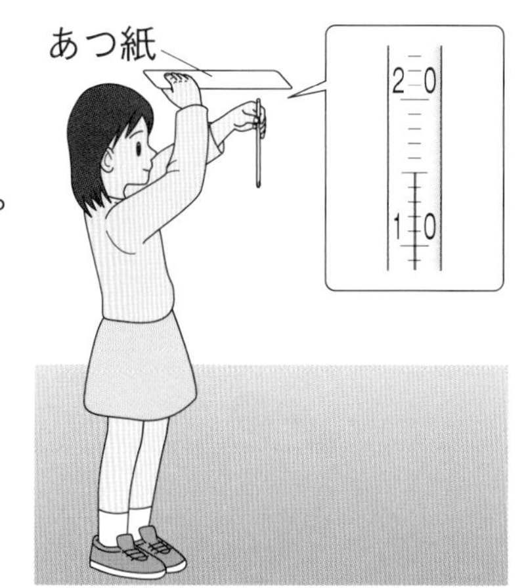

(1) 図のように、あつ紙で温度計をおおうのは、温度計に直せつ何を当てないためですか。（　　　）

(2) 気温は、地面からどれぐらいの高さではかりますか。次のア～ウから選びましょう。（　　　）

ア　1m　　イ　1.2m～1.5m　　ウ　2m

(3) 気温は、風通しのよい場所と風が当たらない場所のどちらではかりますか。

（　　　）

(4) 図の温度計は何℃をしめしていますか。（　　　）

2 サクラを観察（かんさつ）しました。次の問いに答えましょう。

(1) 右の写真のように、花が散った後、出てくるものは何ですか。正しい方に○をつけましょう。

①（　　）芽（め）　②（　　）葉

(2) これから気温が高くなるにつれて、葉の大きさはどのようになっていきますか。

（　　　）

3 次の図は、あたたかくなったころの生き物や、生き物のたまごのようすです。あとの問いに答えましょう。

㋐

㋑

㋒

㋓
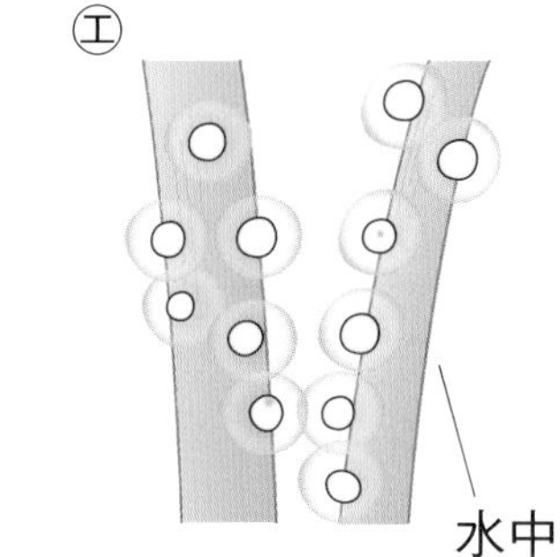

(1) ㋐、㋑のこん虫を何といいますか。

㋐（　　　）

㋑（　　　）

(2) 花のみつをすうこん虫は、㋐、㋑のどちらですか。（　　　）

(3) アマガエルのたまごは、㋒、㋓のどちらですか。（　　　）

勉強した日　月　日

1　あたたかくなって②

きほんのワーク

もくひょう
観察計画の立て方やヘチマの育て方をかくにんしよう。

おわったらシールをはろう

教科書 11～15ページ　答え 1ページ

図を見て、あとの問いに答えましょう。

1 観察計画の立て方

ツバメの子育てのようす

①

ツバメの巣を観察するときは、できるだけ②（ 近づいて　遠くから ）観察する。

生き物の観察の手順

・時こくと場所を決めておき、③　　をはかる。

↓

・③と生き物の成長の関係を続けて調べ、観察・記録する。

(1)　①の　　に、ツバメの子のよび方を書きましょう。

(2)　ツバメの巣を観察するときに気をつけることについて、②の（　）のうち、正しい方を◯でかこみましょう。

(3)　③の　　に当てはまる言葉を書きましょう。

2 ヘチマの育て方

ヘチマの
①

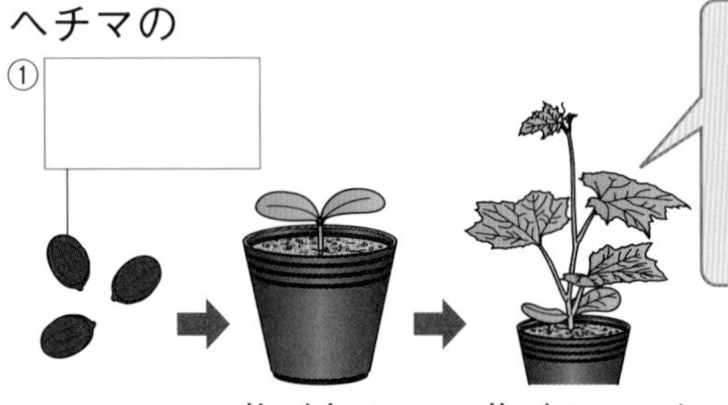

芽が出る。

葉が３～５まいになったら、花だんに植えかえる。

・土ごと植えかえる。
・目もりをつけたささえのぼうを立てる。

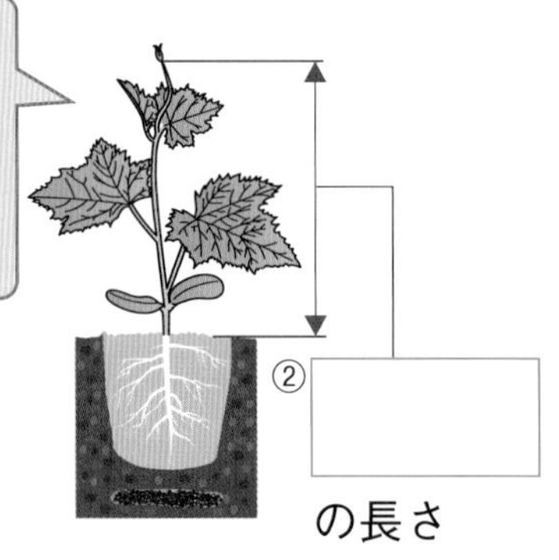

②　　の長さ

(1)　①の　　に名前を書きましょう。

(2)　ヘチマの育ち方を調べるには、どの部分をはかるとわかりやすいですか。②の　　に当てはまる言葉を書きましょう。

まとめ　〔　気温　くき　葉　〕から選んで（　）に書きましょう。

●生き物は続けて観察し、必ずそのときの①（　　　　）をはかる。

●ヘチマは②（　　　　）の数や大きさ、③（　　　　）の長さを調べる。

わくわくたんてい団

ヘチマのたねの大きさは1cmほどですが、世界一大きなたねは、35cmほどにもなります。これはオオミヤシという植物のたねで、重さが20kgほどのものもあります。

1 サクラのようすと気温との関係を調べました。あとの問いに答えましょう。

㋐

㋑

(1) 気温をはかるとき、決めなければならないことを2つ書きましょう。

(　　　　　　　　) (　　　　　　　　)

(2) 上の図の㋐、㋑について、だんだんあたたかくなると、サクラはどのように変化しますか。正しい方に○をつけましょう。

① (　　) ㋐→㋑　② (　　) ㋑→㋐

2 ヘチマのたねをまいて、育てました。次の問いに答えましょう。

(1) ヘチマのたねを、㋐、㋑から選びましょう。(　　　)

㋐
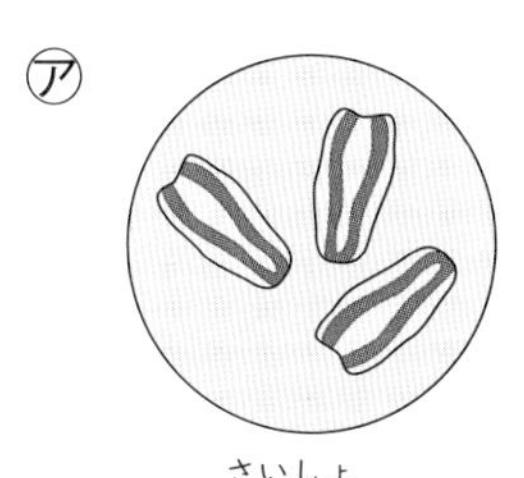

㋑
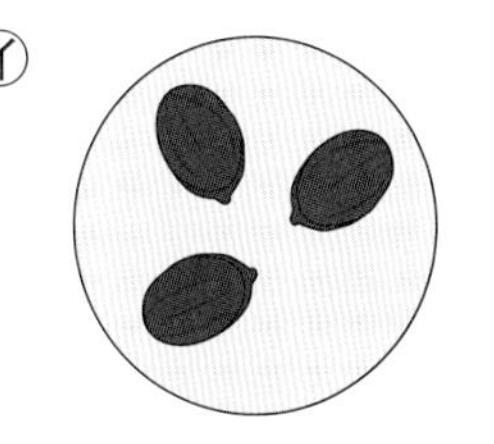

(2) 芽が出てきたとき、最初の葉は何まいですか。(　　　)

(3) 葉が3～5まいになったとき、何をしますか。(　　　)

(4) (3)は土ごと行います。それは、ヘチマの何をいためないようにするためですか。

(　　　)

(5) ぼうに目もりをつけるのは、何のためですか。正しいものに○をつけましょう。

①(　　)葉の数を調べるため。

②(　　)葉の大きさを調べるため。

③(　　)くきの長さを調べるため。

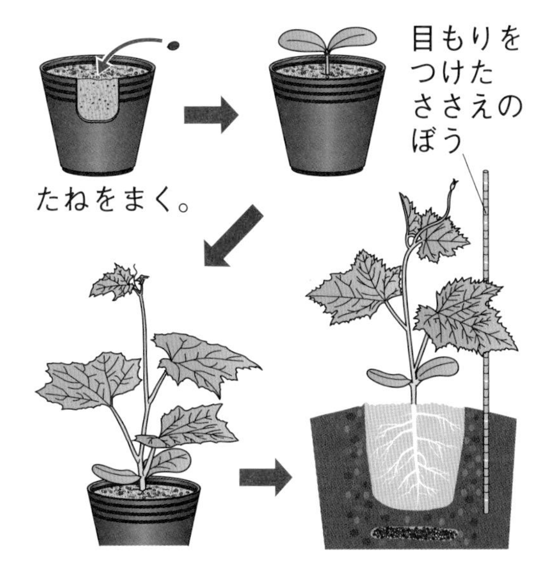

まとめのテスト

1　季節と生き物

とく点
/100点

おわったらシールをはろう

時間20分

教科書 6～15、190、191、198ページ　答え 2ページ

1 気温のはかり方　気温の変化を調べました。次の問いに答えましょう。

1つ6〔24点〕

(1)　右の図の㋐で、気温のはかり方として正しいものを、あ～うから選びましょう。
（　　　）

(2)　右の図の㋑で、温度計の目もりを読むときの目の位置として正しいものを、え～かから選びましょう。（　　　）

(3)　㋑の温度計は何℃をしめしていますか。（　　　）

(4)　1週間ごとに気温をはかると、㋒のグラフのようになりました。これから先、気温はどうなっていくと考えられますか。
（　　　　　　　　　　）

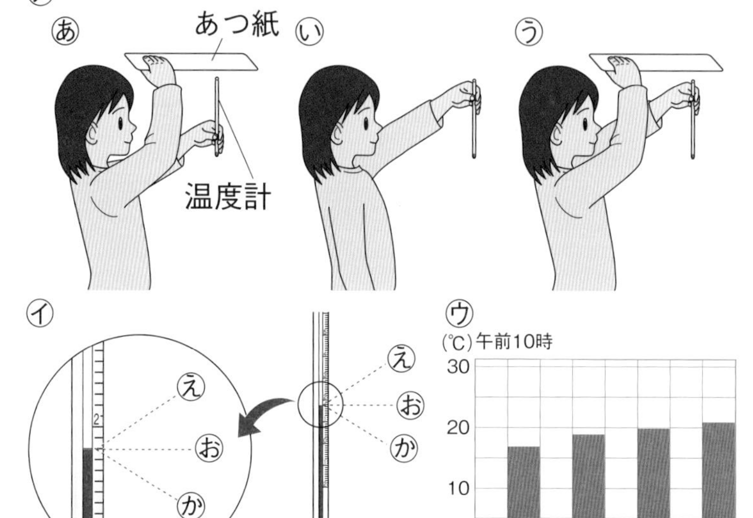

2 記録カードのかき方　次の（　）に当てはまる言葉を、下の〔　〕から選んで書きましょう。

1つ4〔24点〕

- カードの上の方に、何について調べたカードかがよくわかるように、大きく書く。
- 観察した日づけ、①（　　　）、②（　　　）と②をはかった時こく、自分の名前を書く。
- 観察したものについて、言葉だけではなく、③（　　　）なども使い、わかりやすくかく。
- 長さを入れて、④（　　　）をしめす。
- わかったことや⑤（　　　）などで調べたこと、これからの⑥（　　　）、ぎ問に思ったことなども書く。

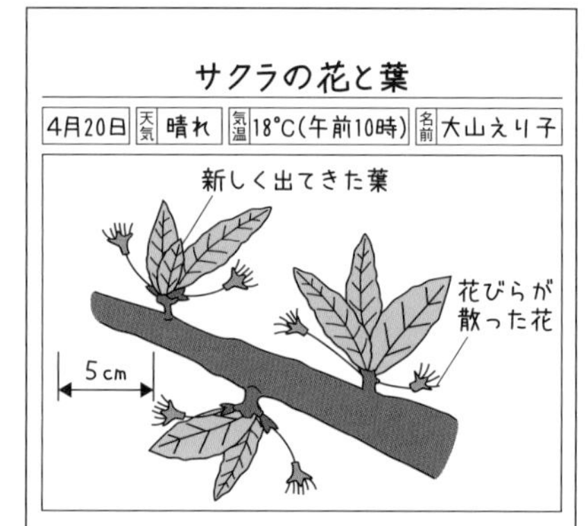

〔　気温　　天気　　予想　　大きさ　　本や図かん　　絵や写真　〕

3 **ヘチマの春のようす** **あたたかくなったころのヘチマのようすについて、次の問いに答えましょう。**

1つ4〔28点〕

(1) ヘチマのたねは、どれですか。図の㋐～㋒から選びましょう。 (　　　)

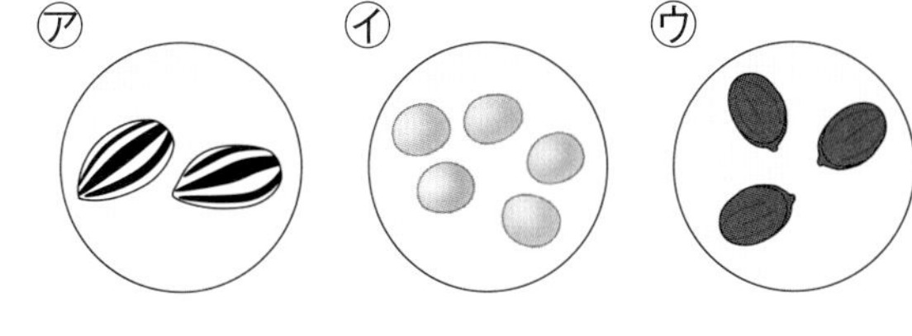

(2) ポットにまいたたねが芽を出した後、ポットから花だんに植えかえるのは、図の㋓、㋔のどちらのときですか。

(　　　)

(3) ポットから花だんに植えかえるとき、どのようにしますか。正しいものに○をつけましょう。

①(　　　)根についた土を水であらい流してから植えかえる。

②(　　　)根についた土をふるい落としてから植えかえる。

③(　　　)根についた土をそのままにして、土ごと植えかえる。

記述 (4) (3)のようにして植えかえるのはなぜですか。

(　　　　　　　　　　　　　　　　　　　　　　　　　　　　)

(5) ヘチマが図の㋔のようになった後の、気温とヘチマの成長の関係として、正しいものには○を、まちがっているものには×をつけましょう。

①(　　　)気温が高くなっていくと、ヘチマのくきがさらにのびる。

②(　　　)気温が高くなっていくと、ヘチマのくきがのびなくなる。

③(　　　)気温が高くなっていくと、ヘチマの葉が大きくなっていく。

4 **春になったころの生き物のようす** **次の図は、いろいろな生き物のようすを表したものです。あとの問いに答えましょう。**

1つ6〔24点〕

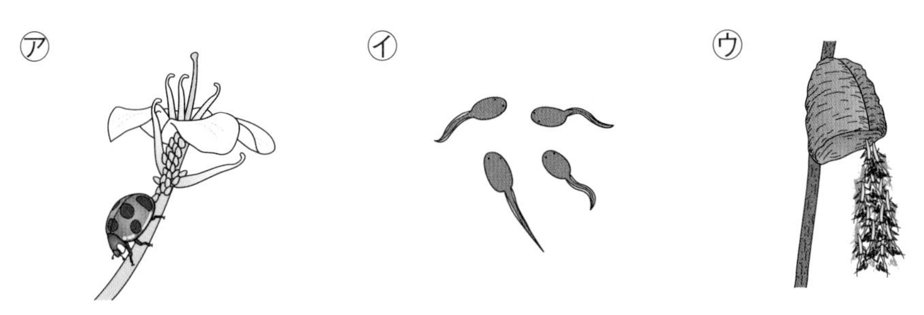

(1) ㋐のこん虫を何といいますか。 (　　　　　　)

記述 (2) ㋐のこん虫は何をしているところですか。 (　　　　　　)

(3) ㋑は、ある時期のアマガエルのすがたです。この時期のすがたを何といいますか。

(　　　　　　)

(4) ㋒は、よう虫がたまごからかえっているようすです。このこん虫を何といいますか。 (　　　　　　)

1 1日の気温の変化
2 1日の気温の変化と天気

きほんのワーク

もくひょう
1日の気温の変化と天気の関係をかくにんしよう。

おわったらシールをはろう

教科書 16～25、192ページ　答え 2ページ

図を見て、あとの問いに答えましょう。

1 晴れの日の1日の気温の変化

時こく	気温
午前9時	16℃
10時	17℃
11時	18℃
正 午	19℃
午後1時	21℃
2時	22℃
3時	21℃

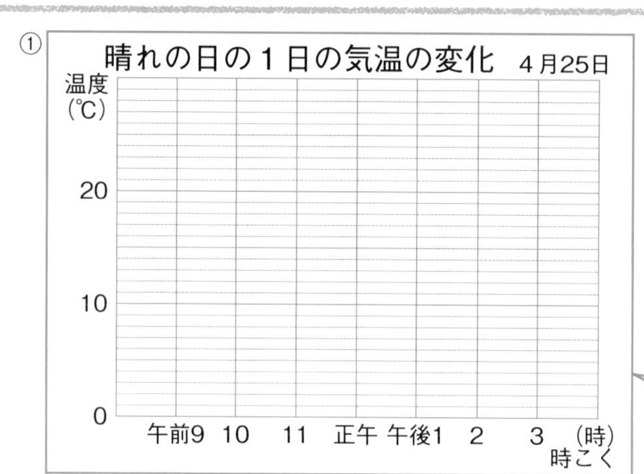

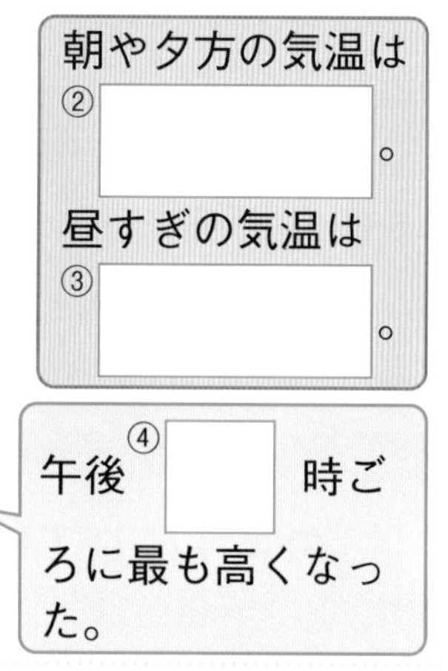

(1) 上の表をもとに、1日の気温の変化の折(お)れ線グラフを、①にかきましょう。

(2) 晴れの日の1日の気温について、当てはまる言葉を下の〔 〕から選んで②、③の□に書きましょう。　〔 高い 低(ひく)い 〕

(3) ①のグラフで気温が最(もっと)も高くなった時こくを④の□に書きましょう。

2 1日の気温の変化と天気

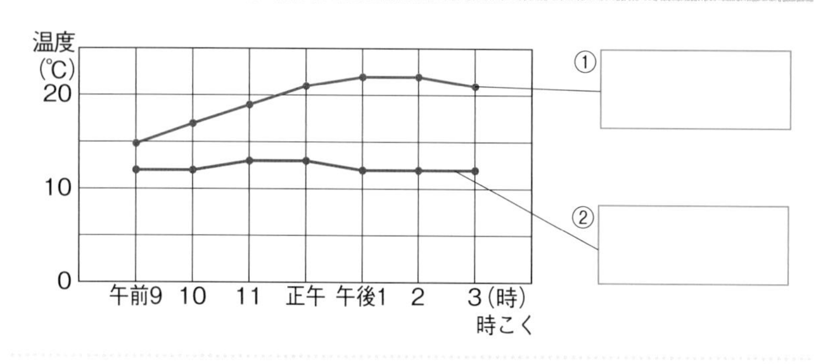

雨の日の1日の気温の変化のしかたは、晴れの日の1日の気温の変化にくらべて、③(大きい / 小さい)。

(1) ①、②は晴れの日と雨の日のどちらのグラフですか。□に書きましょう。

(2) ③の( )のうち、正しい方を○でかこみましょう。

まとめ 〔 昼すぎ 日の出 晴れ 雨 〕から選んで( )に書きましょう。

- 晴れの日の気温は①( )に最も高くなり、②( )ごろに最も低くなる。
- ③( )の日の1日の気温は、④( )の日にくらべて、あまり変化しない。

太陽の高さが最も高くなる時こくは正午ごろですが、晴れの日、気温が1日のうちで最も高くなるのは午後1～2時ごろになります。

練習のワーク

教科書 16～25、192ページ　答え 2ページ

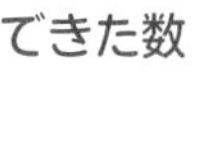

できた数　/7問中

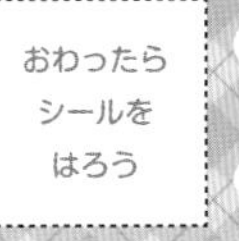

1　右のグラフは、晴れの日やくもりの日、雨の日の1日の気温の変化を表したものです。次の問いに答えましょう。

(1)　右のようなグラフを何グラフといいますか。

(　　　　)

(2)　1日の気温の変化が、最も大きいものはどれですか。㋐～㋒から選びましょう。(　　　)

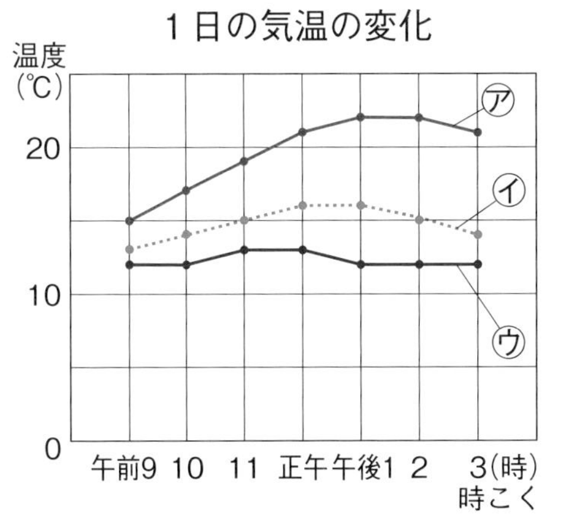

(3)　㋐～㋒のグラフについて、次の文の中から、正しいもの2つに○をつけましょう。

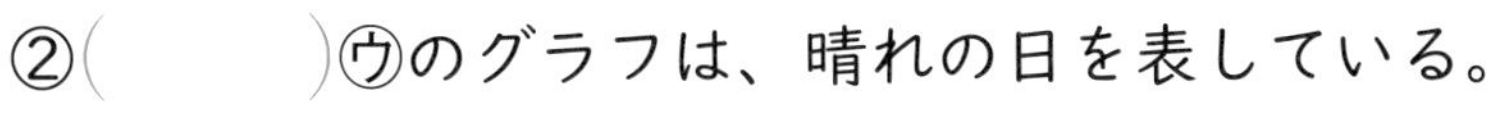

①(　　)㋐のグラフは、晴れの日を表している。

②(　　)㋒のグラフは、晴れの日を表している。

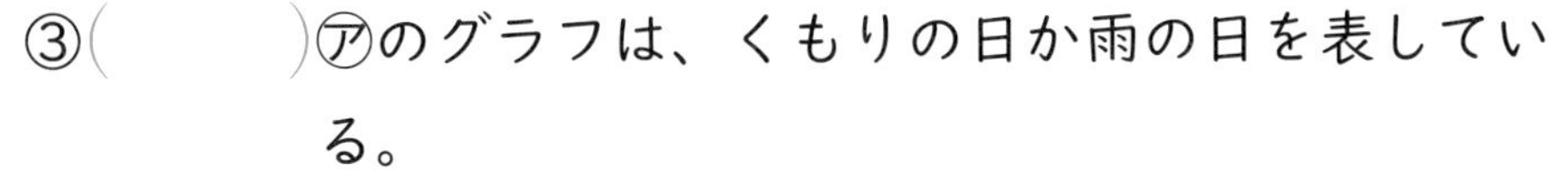

③(　　)㋐のグラフは、くもりの日か雨の日を表している。

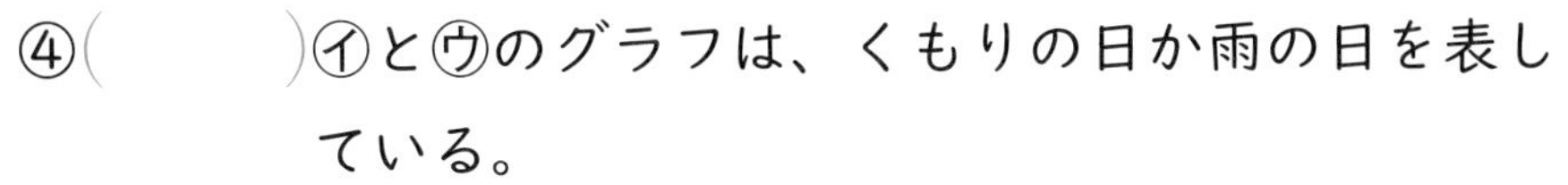

④(　　)㋑と㋒のグラフは、くもりの日か雨の日を表している。

2　気温のはかり方や右の図の箱について、次の問いに答えましょう。

(1)　温度計で気温の変化を調べるときに気をつけることを、次のア、イから選びましょう。

(　　　)

ア　いつも同じ場所で気温をはかる。

イ　いつもちがう場所で気温をはかる。

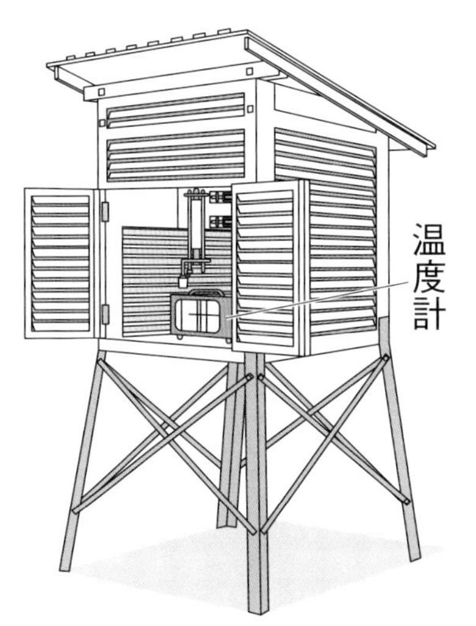

(2)　気温は、地面からどのくらいの高さではかりますか。次のア、イから選びましょう。(　　　)

ア　1.2m～1.5m

イ　2.2m～2.5m

(3)　図のような、気温をはかるためにくふうされた白い箱を何といいますか。

(　　　　)

図の箱は、気温をはかるじょうけんにあわせて作られているよ。

まとめのテスト

2　1日の気温と天気

とく点　/100点

おわったらシールをはろう

時間20分

教科書 16～25、192ページ　答え 3ページ

1 **1日の気温の変化** **右の図は、ある日の気温の変化を調べた結果をグラフに表したものです。次の問いに答えましょう。** 1つ5〔30点〕

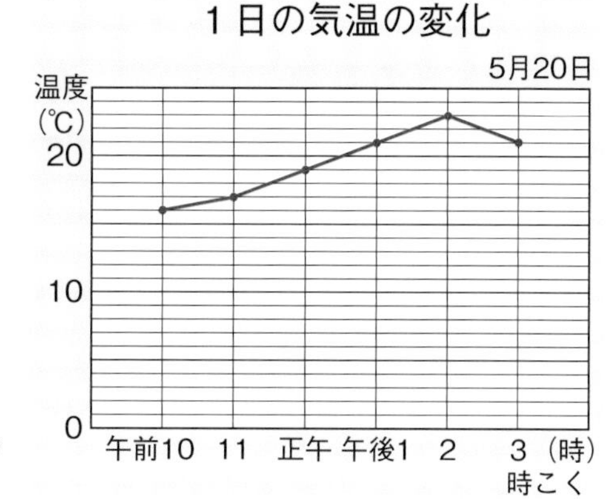

(1) この日の、午前10時から午後2時まで、気温はどのように変化しましたか。正しいものに○をつけましょう。

①（　　　）だんだん高くなった。

②（　　　）だんだん低くなった。

③（　　　）ほとんど変わらなかった。

(2) この日、気温が最も高かったのは何時ですか。

（　　　　　）

(3) (2)のときの気温は何℃ですか。（　　　　　）

(4) この日の午後4時の気温は、午後3時にくらべて、どうなると考えられますか。次のア、イから選びましょう。（　　　）

ア　高くなる。　　イ　低くなる。

(5) グラフより、この日の天気は晴れ、雨のどちらだと考えられますか。

（　　　　　）

(6) 気温をはかるとき、温度計のえきだめに日光が直せつ当たるようにしてはかりますか、当たらないようにしてはかりますか。

（　　　　　）

2 **気温をはかる箱** **右の図の箱について、次の問いに答えましょう。** 1つ5〔20点〕

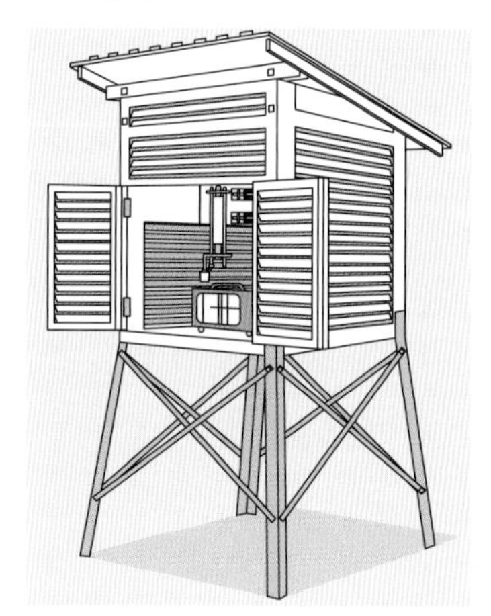

(1) 気温とは、何の温度のことですか。

（　　　　　）

(2) 図のような、気温をはかるためにくふうされた箱を、何といいますか。（　　　　　）

(3) 箱は、何色をしていますか。

（　　　　　）

記述 (4) 箱には、たくさんのすき間がありますが、それは何のためですか。

（　　　　　）

3 記録のまとめかた ある日の午前９時から午後３時まで、１時間おきに気温をはかると、次の表のようになりました。あとの問いに答えましょう。

1つ10〔30点〕

時こく	気温
午前９時	18℃
10時	20℃
11時	21℃
正午	21℃
午後１時	22℃
2時	24℃
3時	22℃

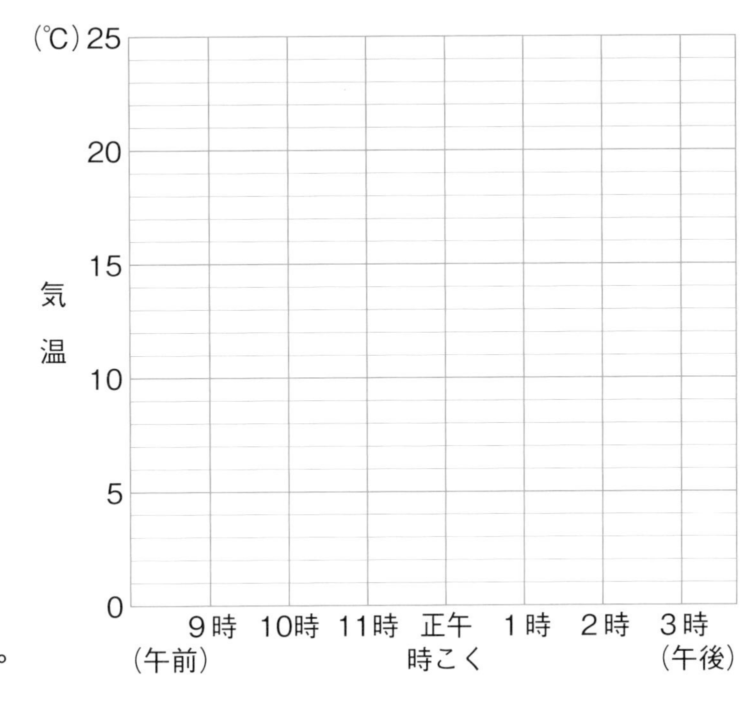

作図 (1) 表の気温の記録を、右に折れ線グラフでかきましょう。

(2) この日の天気は、晴れ、雨のどちらだと考えられますか。

（　　　　）

記述 (3) (2)のように考えたのはなぜですか。

（　　　　）

4 晴れの日と雨の日の気温の変化 次の表は、晴れの日と雨の日の気温の変化を表したものです。あとの問いに答えましょう。

1つ5〔20点〕

	午前９時	10時	11時	正午	午後１時	2時	3時
㋐	14℃	13℃	13℃	13℃	12℃	12℃	12℃
㋑	15℃	16℃	18℃	20℃	22℃	21℃	20℃

(1) 次の①、②のグラフは、㋐、㋑のうち、どちらの日の気温の変化を表していますか。

①（　　　　）　②（　　　　）

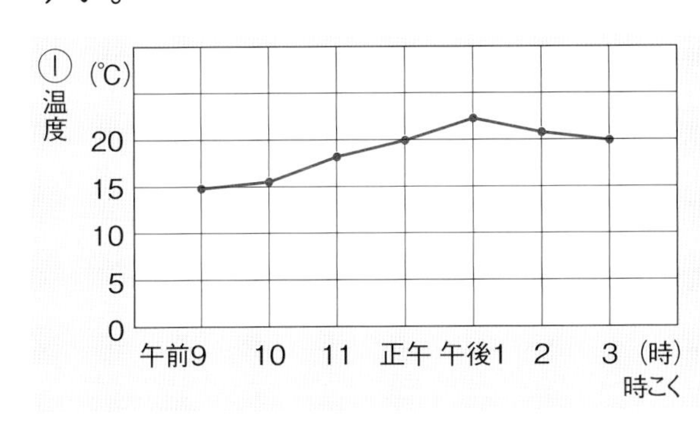

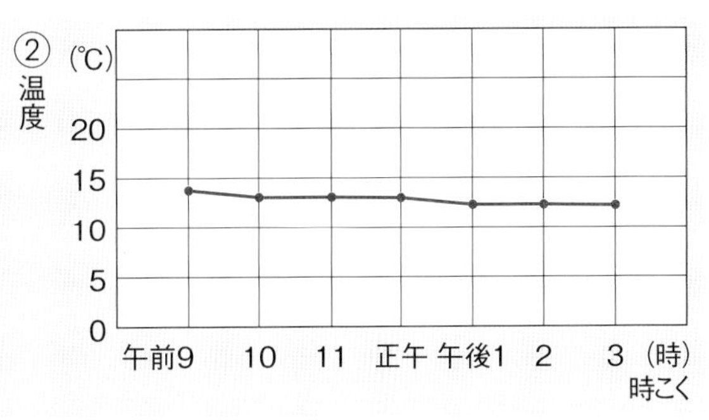

(2) 晴れの日の午前９時から午後３時までの間で、最も高い気温と最も低い気温の差は何℃ですか。

（　　　　）

(3) 晴れの日と雨の日で、１日の気温の変化が小さいのはどちらですか。

（　　　　）

1　とじこめた空気のせいしつ

もくひょう
とじこめた空気のせいしつや体積の変化をかくにんしよう。

おわったらシールをはろう

きほんのワーク

教科書 26～31ページ　答え 4ページ

図を見て、あとの問いに答えましょう。

1 つつにとじこめた空気の体積

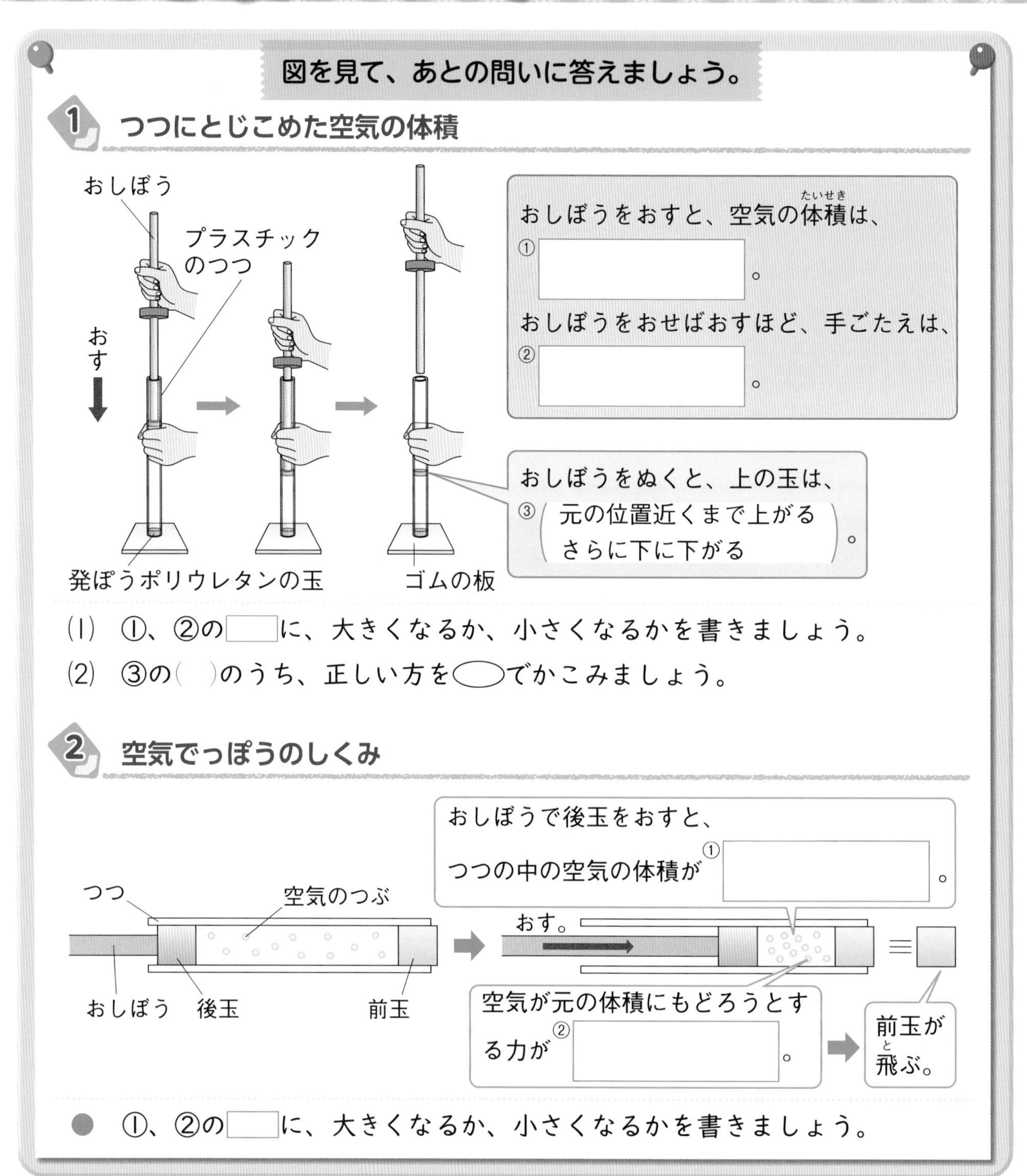

(1)　①、②の□に、大きくなるか、小さくなるかを書きましょう。

(2)　③の（　）のうち、正しい方を◯でかこみましょう。

2 空気でっぽうのしくみ

● ①、②の□に、大きくなるか、小さくなるかを書きましょう。

まとめ

〔 ちぢめる　おす　元にもどろうとする 〕から選んで（　）に書きましょう。

● とじこめた空気は、①（　　　　）と②（　　　　）ことができる。

● 空気でっぽうは、ちぢんだ空気が③（　　　　）力で玉を飛ばす。

長めのつつを用意します。真ん中に1つ、両方のはしに1つずつ玉をつめて、おしぼうをおすと、2つの玉が連続して飛び出します。周りに気をつけて、実験してみましょう。

1 **ふくろに空気をとじこめて、㋐～㋒のような遊びをしました。次の問いに答えましょう。**

(1) 次の①～③のように話しているのは、㋐～㋒のだれですか。それぞれ最も合うものを1つずつ選びましょう。

① ふわふわして軽いよ。（　　）

② まるでクッションのようにはずむよ。（　　）

③ 手ではさんでおすとへこむけれど、はなすと元にもどるよ。（　　）

(2) ㋐、㋒のようにふくろをおしたとき、とじこめた空気の体積はどうなりますか。（　　　　）

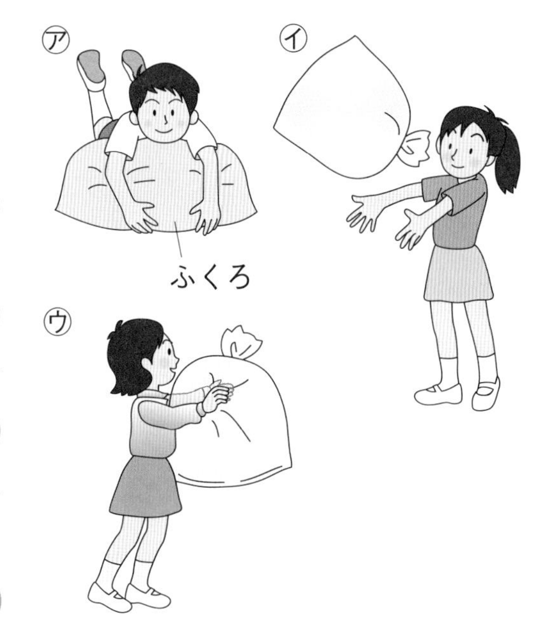

2 **右の図の㋐、㋑のようにして、つつの中にとじこめた空気をおしぼうでおしました。次の問いに答えましょう。**

(1) ㋐のように、おしぼうを少しおしたとき、次のことについて答えましょう。

① 手ごたえはありますか。（　　）

② つつの中の空気の体積は、どうなりますか。（　　　　）

(2) ㋑のように、おしぼうをさらに下までおすと、㋐のときとくらべて、次の①、②はどうなりますか。

① おしぼうをおしている手ごたえの大きさ（　　　　）

② つつの中の空気の体積（　　　　）

(3) つつの先をゴムの板からはなして、おしぼうをおしたところ、前玉が飛び出しました。この玉は、つつの中の空気の、どのような力によって飛び出しましたか。（　　　　）

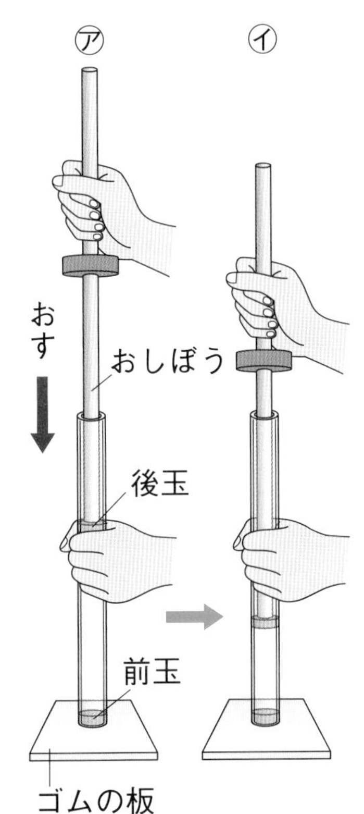

勉強した日　月　日

2　空気と水のせいしつ

もくひょう
とじこめた空気や水がおしちぢめられるかどうかをかくにんしよう。

おわったらシールをはろう

きほんのワーク

教科書 32～37ページ　答え 4ページ

図を見て、あとの問いに答えましょう。

1 とじこめた空気のせいしつ

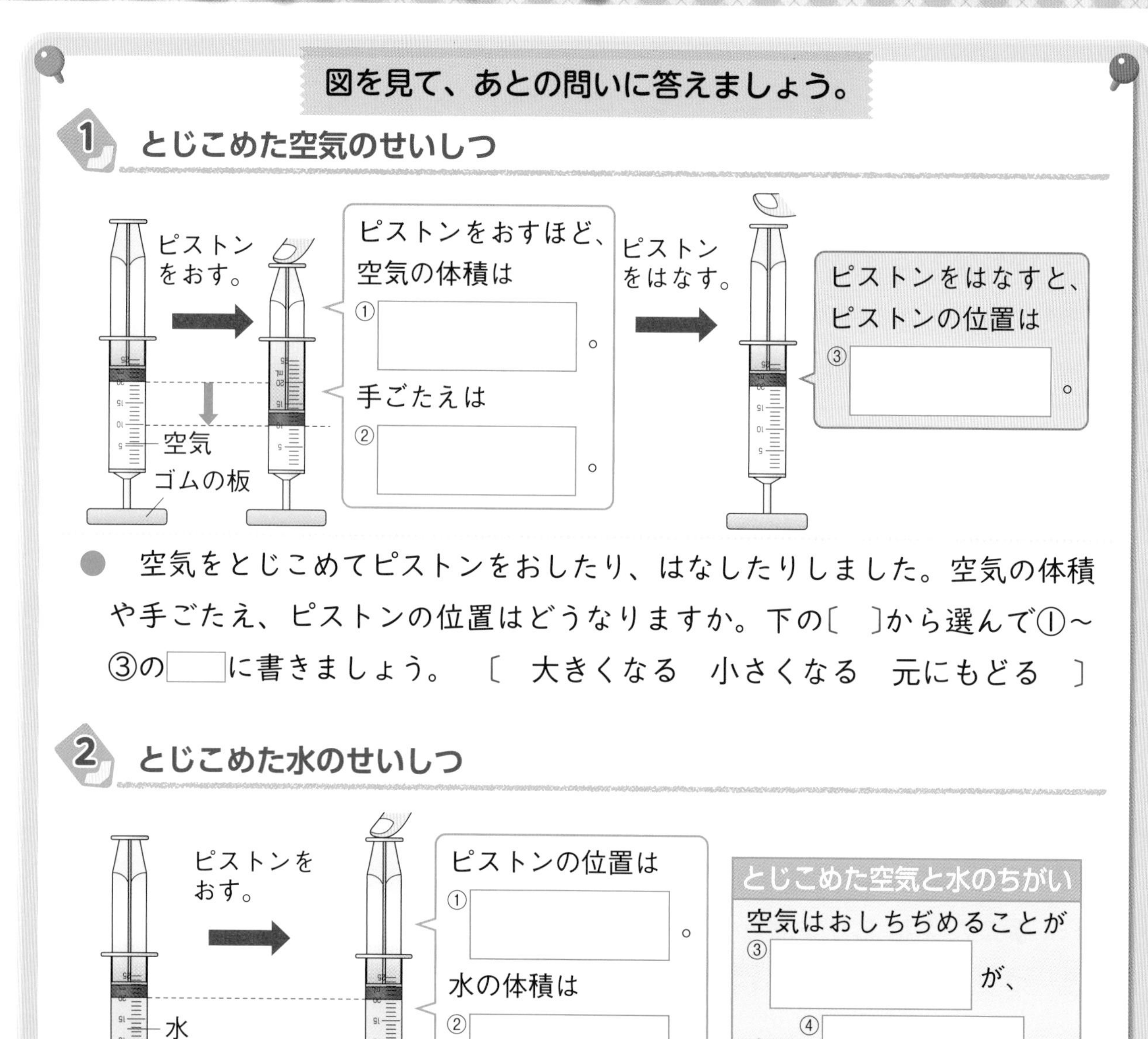

● 空気をとじこめてピストンをおしたり、はなしたりしました。空気の体積や手ごたえ、ピストンの位置はどうなりますか。下の〔　〕から選んで①～③の□に書きましょう。〔 大きくなる　小さくなる　元にもどる 〕

2 とじこめた水のせいしつ

(1) ピストンをおすと、ピストンの位置や水の体積はどうなりますか。①、②の□に書きましょう。

(2) とじこめた空気と水がおしちぢめられるかどうか、③、④の□に書きましょう。

まとめ　〔 水　空気 〕から選んで(　)に書きましょう。

● とじこめた①(　　　　)は、おしちぢめることができる。
● とじこめた②(　　　　)は、おしちぢめることができない。

タイヤには、空気がとじこめられています。たくさんの空気をとじこめるほど、内側(うちがわ)からタイヤをおす力が強くなり、タイヤがかたく感じられます。

1 右の図のように、注しゃ器に空気をとじこめて、ピストンをおしました。次の問いに答えましょう。

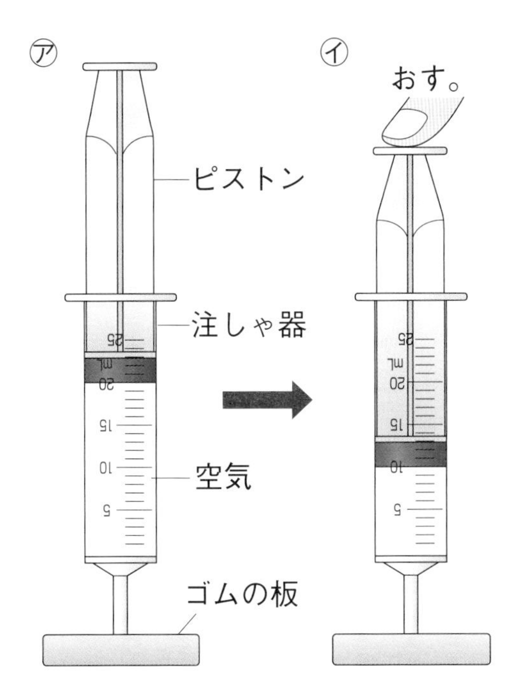

(1) ピストンをおしていくと、手ごたえは大きくなりますか、小さくなりますか、変わらないですか。（　　　　　）

(2) (1)のとき、空気の体積は大きくなりますか、小さくなりますか、変わらないですか。（　　　　　）

(3) ㋑の指をはなすと、ピストンの位置はどうなりますか。次のア～ウから選びましょう。（　　）

ア　㋐の位置の近くまでもどる。
イ　㋑の位置のまま動かない。
ウ　㋐と㋑の真ん中の位置までもどる。

(4) おしちぢめられた空気には、どのような力がありますか。
（　　　　　　　　　　）

2 右の図のように、㋐、㋑の空気でっぽうと水でっぽうを作り、同じ力でおしぼうでおしました。次の問いに答えましょう。

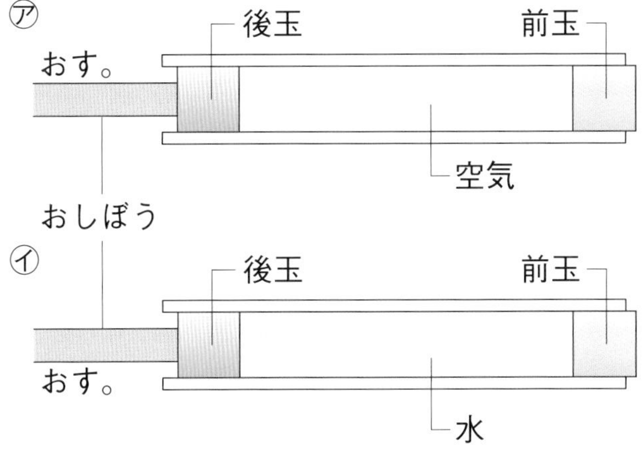

(1) 前玉がよく飛んだのは、㋐、㋑のどちらですか。（　　）

(2) (1)のようになるのは、なぜですか。正しい方に○をつけましょう。

①（　　）空気はおしちぢめられないが、水はおしちぢめられるから。

②（　　）空気はおしちぢめられるが、水はおしちぢめられないから。

(3) ㋐で、前玉は何におされて飛びましたか。（　　　　）

(4) おしぼうでおしても体積が変わらないのは、空気と水のどちらですか。
（　　　　）

まとめのテスト

3 空気と水

教科書 26～37ページ　答え 4ページ

1 空気でっぽうのしくみ　空気でっぽうのおしぼうをおしたら、つつの中の空気の体積が小さくなりました。あとの問いに答えましょう。 1つ8〔24点〕

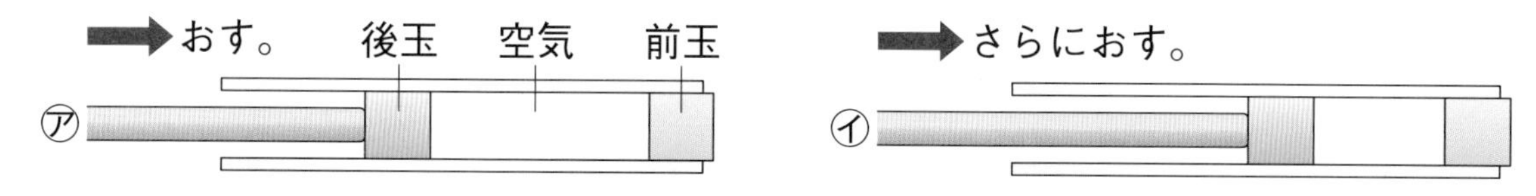

(1) おしぼうをおしているときの手ごたえが大きいのは、㋐と㋑のどちらですか。

(　　　)

(2) 空気でっぽうは、おしちぢめられた空気の、どのような力で前玉を飛ばしていますか。(　　　　　　　　　　　　)

(3) おしぼうをおす手ごたえと、前玉の飛び出し方には、どのような関係がありますか。正しいものに○をつけましょう。

①(　　　)おしぼうをおす手ごたえが大きいと、前玉はよく飛ぶ。

②(　　　)おしぼうをおす手ごたえが小さいと、前玉はよく飛ぶ。

③(　　　)おしぼうをおす手ごたえと前玉の飛び出し方には、関係がない。

チャレンジ! **2 水でっぽうのしくみ　右の図のように、半分まで水を入れたペットボトルの㋐のストローからいき(空気)をふきこむと、㋑のストローから水が飛び出しました。次の問いに答えましょう。** 1つ8〔16点〕

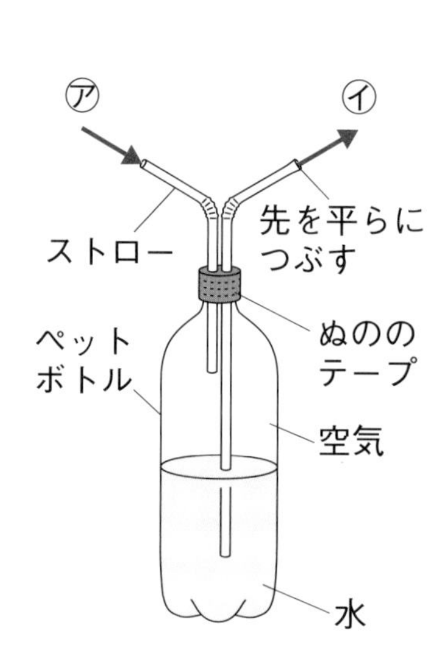

(1) いきをふきこむと、はじめにペットボトルの中にあった空気の体積はどうなりますか。正しいものに○をつけましょう。

①(　　　)大きくなる。　②(　　　)小さくなる。

③(　　　)変わらない。

(2) (1)のようになると、ペットボトルの中の水はどうなりますか。正しい方に○をつけましょう。

①(　　　)空気におされた水はちぢみ、元にもどろうとする力で㋑のストローの先から飛び出る。

②(　　　)水はおしちぢめることができないので、空気におされた水は、㋑のストローの先から飛び出る。

よく出る **3** **とじこめた空気や水のせいしつ** 右の図のように、2つの同じ注しゃ器に空気と水を同じ量（りょう）ずつ入れ、ピストンをおしました。次の問いに答えましょう。

1つ6〔36点〕

㋐ ㋑
ピストン
空気
水

(1) ㋐のピストンをおすと、ピストンの位置はどうなりますか。正しいものに〇をつけましょう。

①（　　）下がる。

②（　　）上がる。

③（　　）変わらない。

(2) とじこめた空気はおしちぢめることができますか。（　　　　）

(3) ㋐のピストンをさらにおすと、空気の体積はどうなりますか。

（　　　　）

(4) ㋑のピストンをおすと、ピストンの位置はどうなりますか。正しいものに〇をつけましょう。

①（　　）下がる。

②（　　）上がる。

③（　　）変わらない。

(5) とじこめた水はおしちぢめることができますか。（　　　　）

(6) ピストンをおした後、指をはなすと、ピストンの位置が上がるのは、㋐、㋑のうちどちらの注しゃ器ですか。（　　　　）

チャレンジ！ **4** **とじこめた空気や水** 次の図のように、注しゃ器に空気と水を半分ずつ入れました。あとの問いに答えましょう。

1つ6〔24点〕

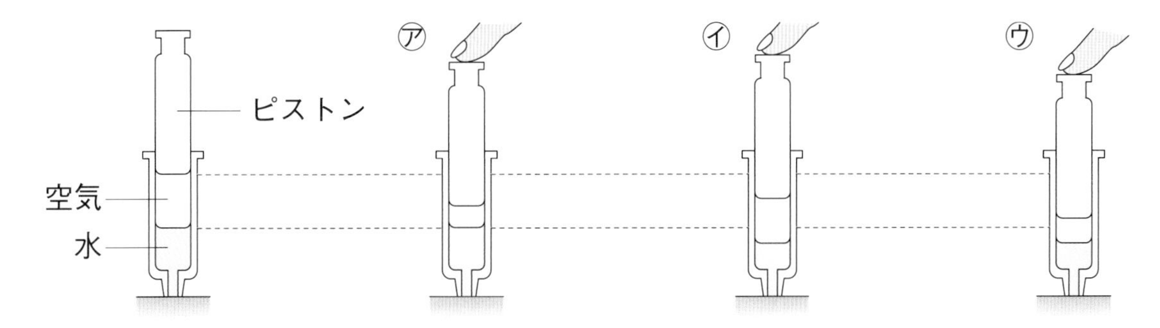

(1) ピストンをおしたときのようすを、図の㋐～㋒から選びましょう。（　　　　）

記述 (2) (1)のようになるのは、なぜですか。

（　　　　　　　　　　　　　　　　）

(3) 指をはなすと、ピストンはどうなりますか。（　　　　）

記述 (4) (3)のようになるのは、なぜですか。

（　　　　　　　　　　　　　　　　）

勉強した日　月　日

1　モーターの回る向きと電気の流れ

きほんのワーク

もくひょう
かん電池の向きとモーターの回る向きの関係をかくにんしよう。

おわったらシールをはろう

教科書 38～43ページ　答え 5ページ

図を見て、あとの問いに答えましょう。

1 かん電池でモーターを回す

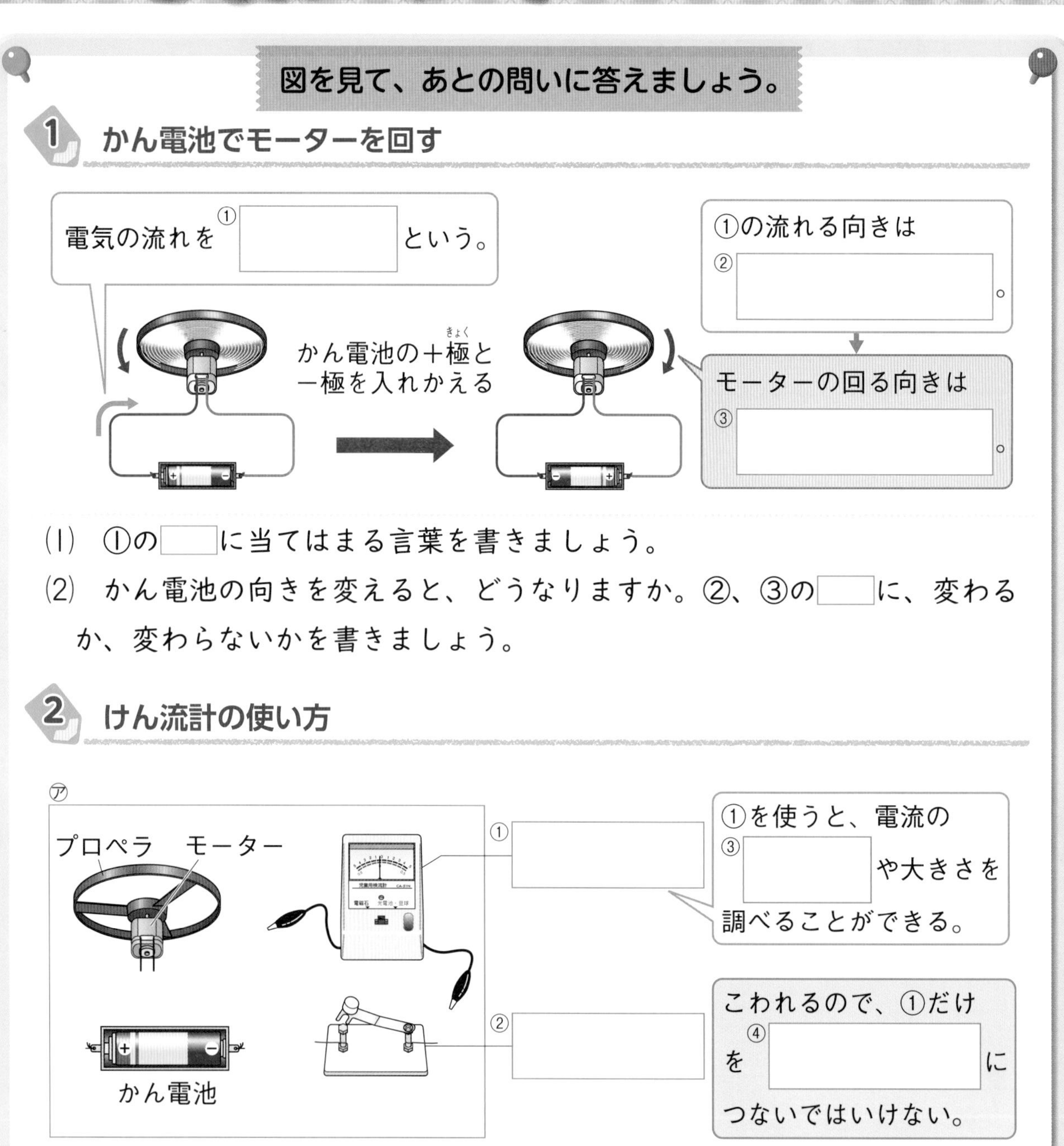

(1)　①の[　]に当てはまる言葉を書きましょう。

(2)　かん電池の向きを変えると、どうなりますか。②、③の[　]に、変わるか、変わらないかを書きましょう。

2 けん流計の使い方

㋐

(1)　①～④の[　]に当てはまる器具の名前や言葉を書きましょう。

(2)　㋐の器具をつなぎ、電流の大きさを調べる回路を完成させましょう。

まとめ　〔　電流　モーター　〕から選んで（　）に書きましょう。

● かん電池の向きを変えると、回路を流れる①（　　　　）の向きが変わるので、②（　　　　）が回る向きも変わる。

わくわくたんてい団　電流は、かん電池の＋極から－極に向かって流れています。けん流計のはりは、電流の流れる向きが反対になると、反対側にふれます。

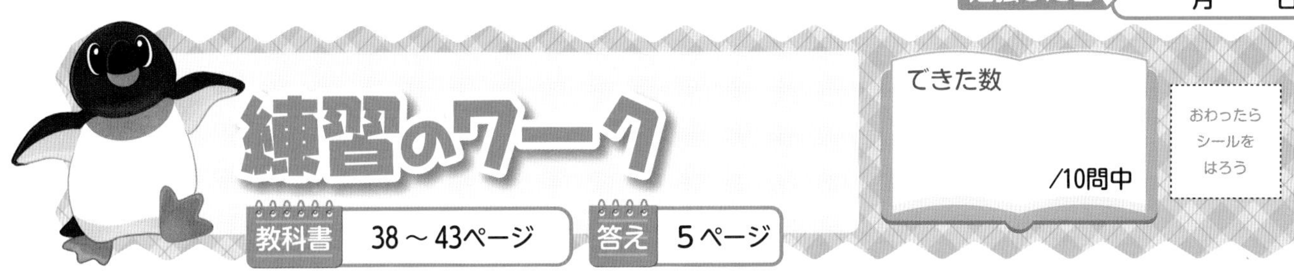

教科書　38～43ページ　答え　5ページ

1 右の図のように、かん電池にモーターをつないでプロペラを回しました。次の問いに答えましょう。

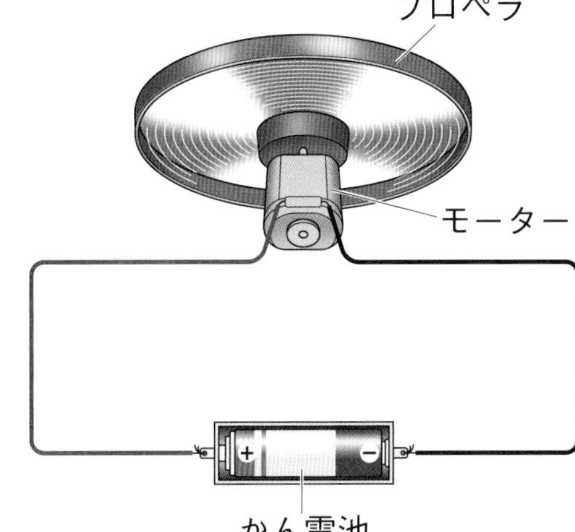

(1) 電流は、どのように流れていますか。次の文の(　)に＋極か、－極かを書きましょう。

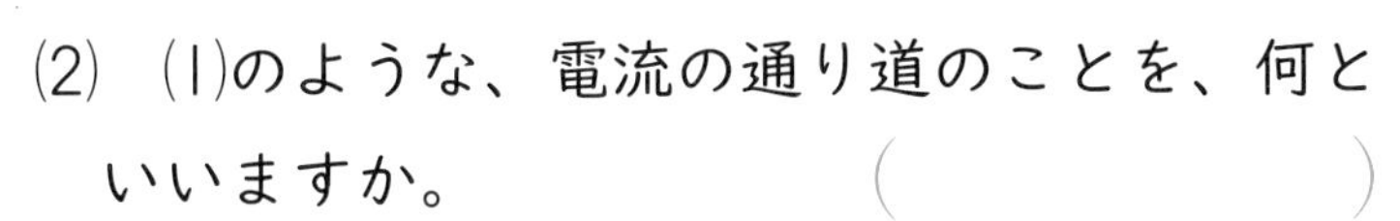

電流は、かん電池の①(　　　　)から、モーターを通って、②(　　　　)へ流れている。

(2) (1)のような、電流の通り道のことを、何といいますか。(　　　　)

(3) かん電池の向きを変えると、プロペラの回る向きはどうなりますか。(　　　　)

(4) プロペラの回る向きが(3)のようになるのはなぜですか。次の文の(　)に当てはまる言葉を書きましょう。

かん電池の向きを変えると、流れる①(　　　　)の向きが②(　　　　)から。

2 次の図は、けん流計をつないだ回路です。あとの問いに答えましょう。

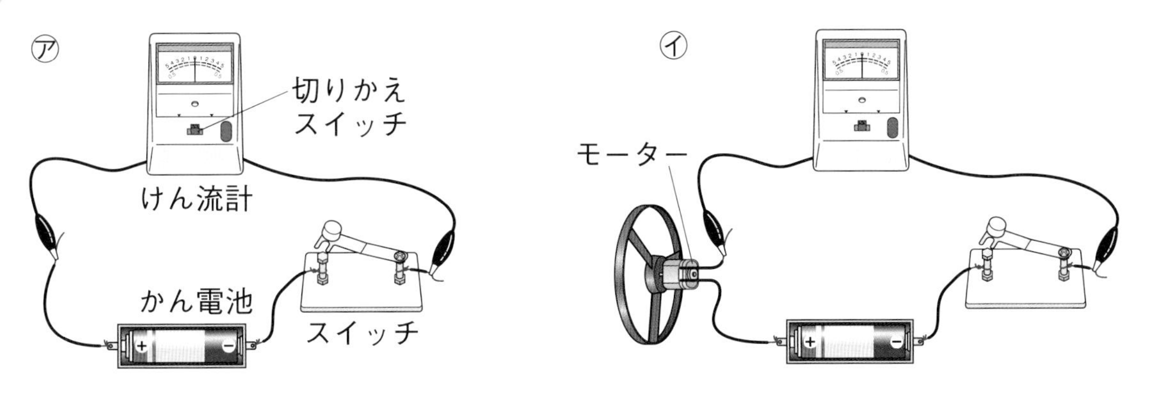

(1) けん流計は、回路に流れる電流の何を調べるために使いますか。2つ書きましょう。(　　　　)(　　　　)

(2) ㋐、㋑で、けん流計の使い方が正しいのは、どちらですか。(　　　　)

(3) けん流計の切りかえスイッチは、はじめはどちらにしておきますか。次のア、イから選びましょう。(　　　　)

ア　5A(電磁石〔でんじしゃく〕)　　イ　0.5A(光電池〔こうでんち〕・豆球)

勉強した日　月　日

2　モーターを速く回す方法

もくひょう

2このかん電池のつなぎ方と電流の大きさの関係をかくにんしよう。

おわったらシールをはろう

きほんのワーク

教科書 44～53ページ　答え 6ページ

図を見て、あとの問いに答えましょう。

1 モーターを速く回す方法

かん電池のつなぎ方

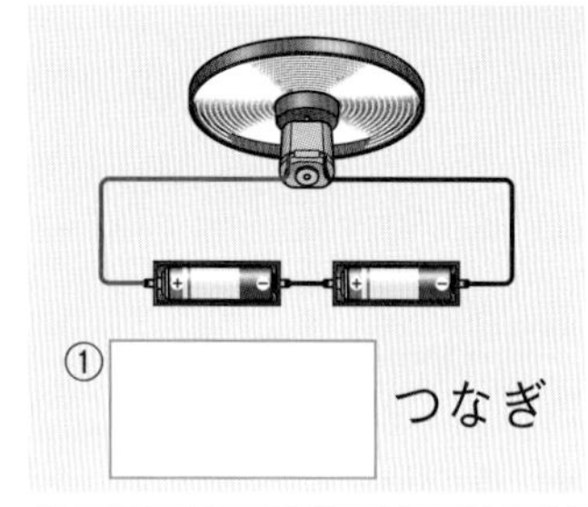

① □ つなぎ

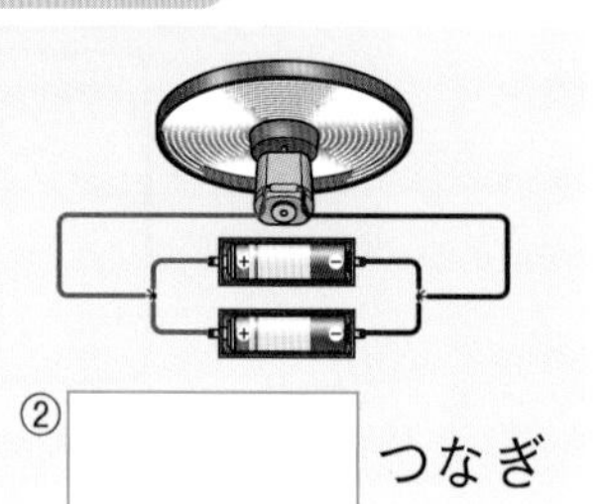

② □ つなぎ

モーターが速く回るのは③ □ つなぎの方である。

㋐

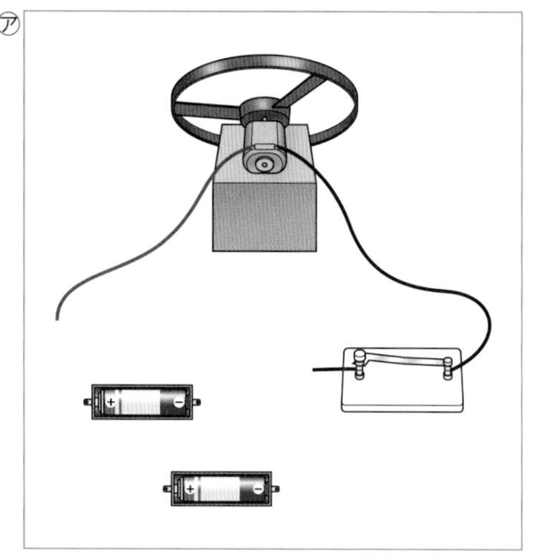

(1)　①～③の□に当てはまる言葉を書きましょう。

(2)　モーターが最も速く回るように、㋐のかん電池を線でつなぎましょう。

2 かん電池のつなぎ方と回路に流れる電流の大きさ

かん電池にモーターとけん流計をつないだときのようす

	モーターの回る速さ	けん流計の目もり
かん電池１こ	もとになる速さ	もとになる大きさ
かん電池２こ 直列つなぎ	①	より大きい
かん電池２こ へい列つなぎ	変わらない	②

● 表の①、②に当てはまる言葉を、次の〔　〕から選んで書きましょう。

〔 より速い　　より大きい　　変わらない 〕

まとめ　〔 へい列（れつ）　直列（ちょくれつ） 〕から選んで（　）に書きましょう。

● かん電池２この①（　　　）つなぎは、１このときより大きい電流が流れる。かん電池２この②（　　　）つなぎは、１このときとほとんど変わらない大きさの電流が流れる。

はってん　<かん電池を１こ取り外しても、モーターが回るつなぎ方>へい列つなぎは、かん電池を１こ取り外しても、回路がつながっているのでモーターが回ります。

1 モーターの回り方を調べました。次の問いに答えましょう。

(1) モーターがかん電池１このときよりも速く回るのは、㋐～㋓のどれですか。（　　）

(2) モーターがかん電池１このときと同じ速さで回るのは、㋐～㋓のどれですか。（　　）

(3) モーターを豆電球にかえてつないだ場合、最も明るくつくものは、㋐～㋓のどれですか。（　　）

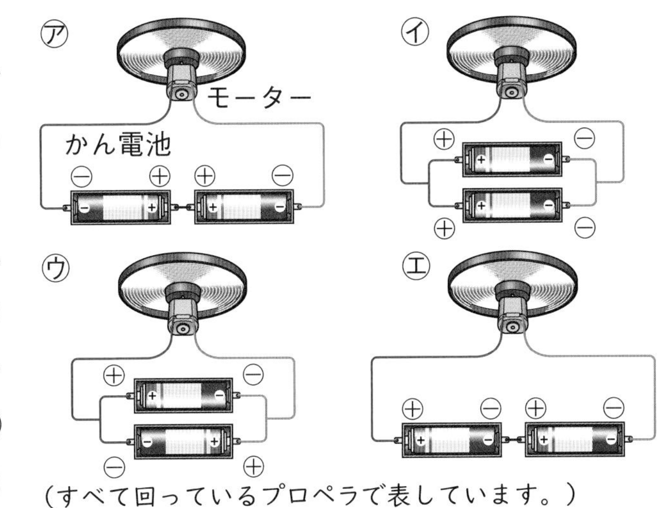

（すべて回っているプロペラで表しています。）

2 次の図のように、かん電池を２こ使った回路を作り、電流の大きさを調べました。あとの問いに答えましょう。

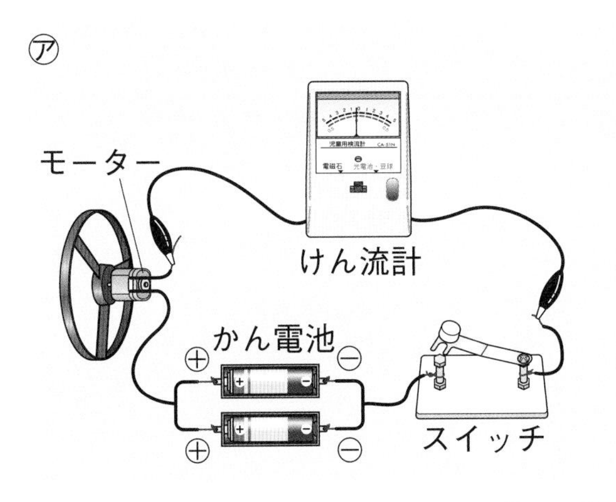

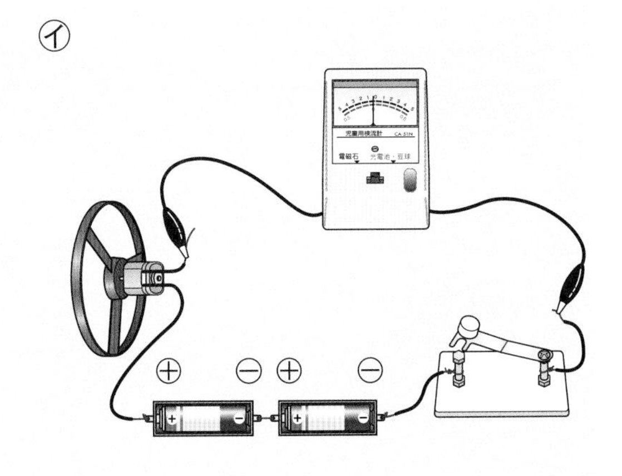

(1) かん電池の直列つなぎは、㋐、㋑のどちらですか。（　　）

(2) スイッチを入れたとき、流れる電流が大きいのは、㋐、㋑のどちらですか。（　　）

(3) スイッチを入れたとき、モーターが速く回るのは、㋐、㋑のどちらですか。（　　）

作図 (4) ㋐の回路を、回路図記号（かいろずきごう）を使って右の□にかきましょう。ただし、モーターは—Ⓜ—、けん流計は—(↑)—、スイッチは＿／＿、電池は—|⊢を使いましょう。

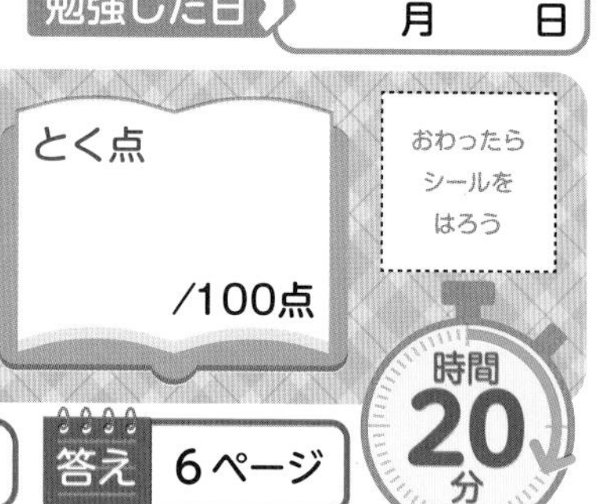

まとめのテスト

4 電気のはたらき

教科書 38～53ページ 答え 6ページ

1 電気の流れと通り道 かん電池とモーターを、下の図のようにつなぎました。次の問いに答えましょう。

1つ5〔20点〕

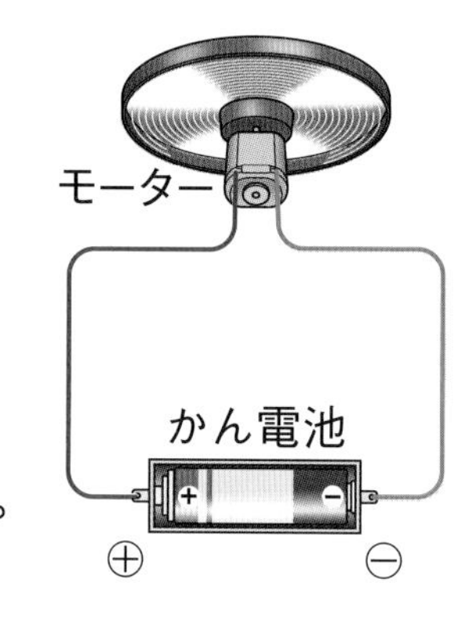

(1) 電気の流れを、何といいますか。 (　　　　　)

(2) 電気の通り道を、何といいますか。 (　　　　　)

(3) かん電池の＋極と－極を入れかえてつなぐと、モーターの回る向きはどうなりますか。

(　　　　　)

記述 (4) モーターの回る向きが、(3)のようになるのは、なぜですか。

(　　　　　)

よく出る **2 かん電池のつなぎ方** かん電池とモーターを、次の㋐～㋒のようにつなぎました。あとの問いに答えましょう。

(2)完答、1つ5〔30点〕

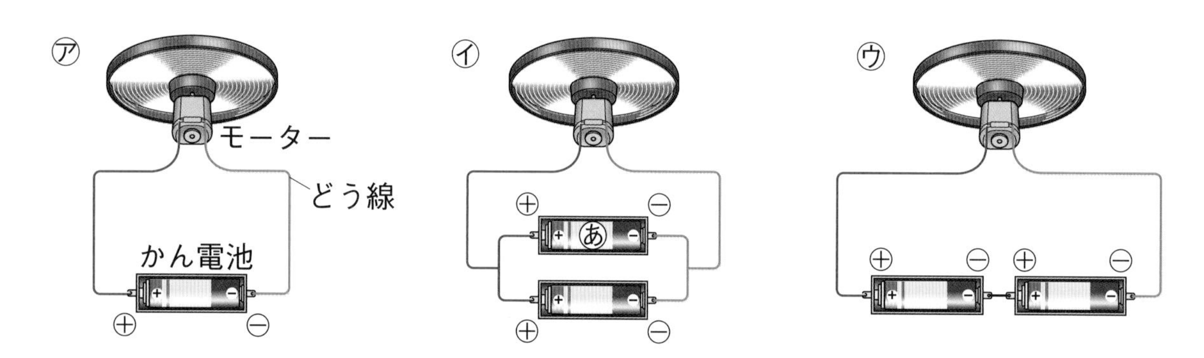

(1) ㋐～㋒のうち、モーターが最も速く回るのはどれですか。 (　　　　　)

(2) モーターが同じ速さで回るのは、どれとどれですか。㋐～㋒から2つ選びましょう。

(　　　と　　　)

(3) ㋑の図で、㋐のかん電池の＋極と－極を入れかえてつなぐと、モーターは回りますか、回りませんか。

(　　　　　)

(4) ㋐～㋒のうち、回路を流れる電流が最も大きいのは、どれですか。 (　　　　　)

(5) ㋒のようなかん電池のつなぎ方を、何といいますか。

(　　　　　)

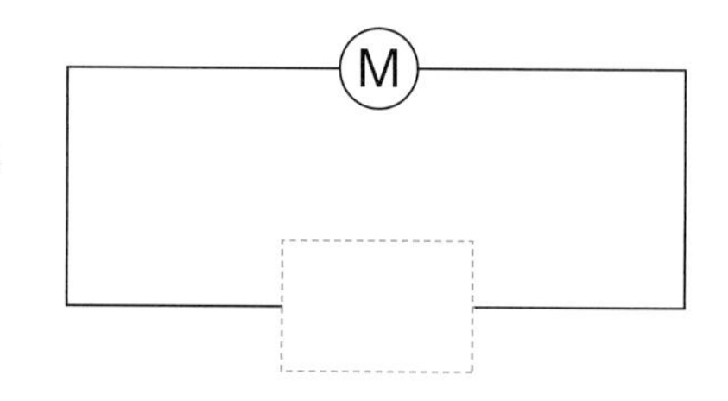

作図 (6) ㋒の回路になるように、右の図の[　]に、かん電池の回路図記号をかき、回路図を完成させましょう。

3 けん流計の使い方 かん電池と、けん流計を使って㋐～㋓のような回路を作りました。あとの問いに答えましょう。

1つ5〔30点〕

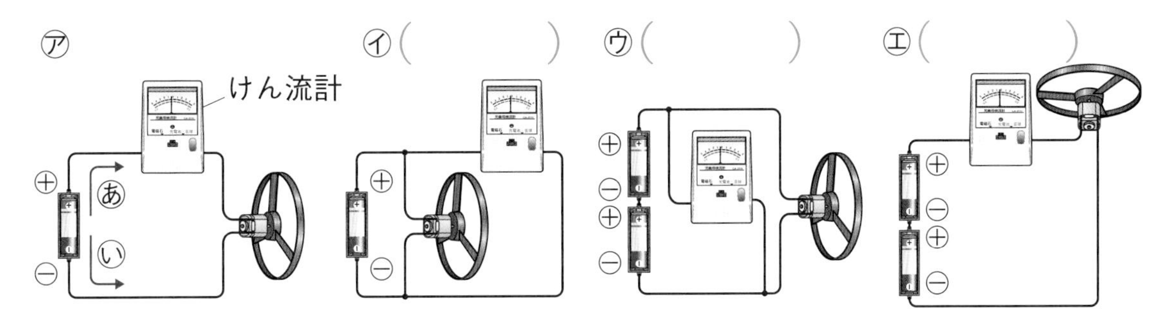

(1) ㋐は、けん流計が正しくつながれています。㋑～㋓のうち、けん流計が正しくつながれているものを１つ選んで（　）に○をつけましょう。

(2) けん流計を使うと、電流の何を調べることができますか。２つ書きましょう。
（　　　　　　）（　　　　　　）

(3) ㋐で、電流が流れる向きは、あ、いのどちらですか。（　　　）

(4) ㋐と、(1)で選んだものをくらべたとき、けん流計のはりがより大きくふれるのは、どちらですか。記号で書きましょう。（　　　）

(5) ㋐で、かん電池の＋極と－極を入れかえると、けん流計のはりはどのようにふれますか。（　　　　　　　　　　）

4 かん電池のつなぎ方 ２このかん電池とモーターを、次の㋐～㋓のようにつないでモーターの回る速さを調べました。あとの問いに答えましょう。

1つ4〔20点〕

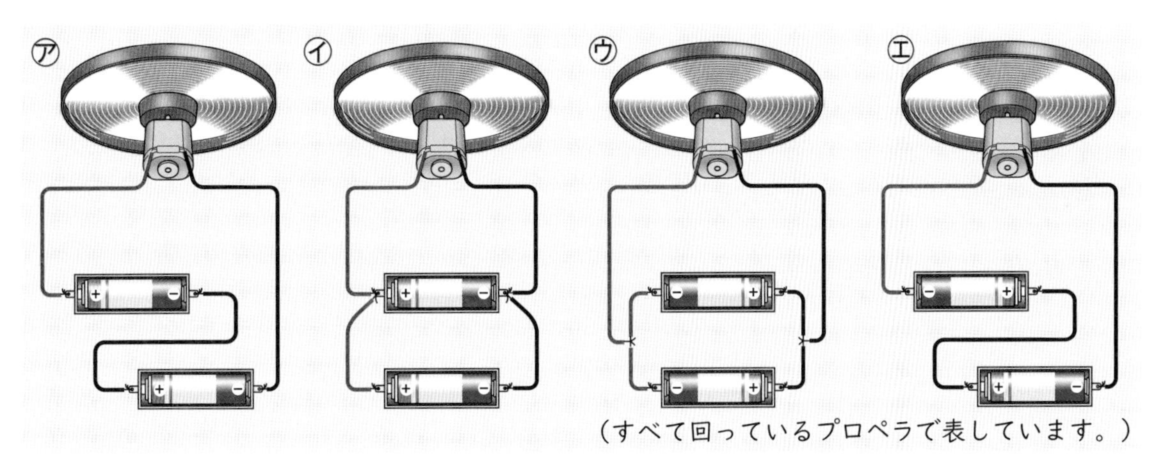

（すべて回っているプロペラで表しています。）

(1) ㋐～㋓のうち、かん電池１このときと、モーターの回る速さがほとんど同じものを２つ選びましょう。（　　　）（　　　）

(2) (1)で選んだかん電池のつなぎ方を何といいますか。
（　　　　　　　　　　）

(3) ㋐～㋓のうち、モーターが回らないのはどれですか。（　　　）

(4) かん電池のつなぎ方を変えると、モーターの回る速さが変わるのは、何が変わるからですか。（　　　　　　　　　　）

勉強した日　月　日

1　雨水の流れ
2　土のつぶと水のしみこみ方
きほんのワーク

もくひょう
雨水の流れる方向と水のしみこみやすさのちがいをかくにんしよう。

おわったらシールをはろう

教科書 54～65ページ　答え 7ページ

図を見て、あとの問いに答えましょう。

1 地面のかたむきと水の流れ方

校庭にふった雨水は、周りとくらべて地面の
①（ 高いところ　低いところ ）から
②（ 高いところ　低いところ ）へ流れ、
水たまりができる。

● 雨水の流れる方向を調べました。①、②の（　）のうち、正しい方を◯でかこみましょう。

2 土のつぶの大きさと水のしみこみ方

花だんの土　すな場のすな

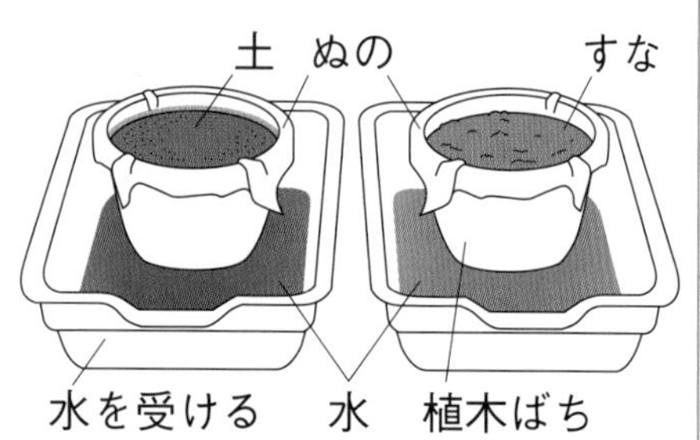

取ってきた場所	つぶの大きさ	水のしみこみ方	土の上に残っている水の量
花だん	小さい	①	③
すな場	大きい	②	④

● 同じ量の花だんの土とすな場のすなを入れた植木ばちに、ペットボトルで同じ量の水を入れました。水のしみこみ方と土の上に残っている水の量はどうなっていますか。下の〔　〕から選んで①～④の□に書きましょう。

〔　しみこみやすい　しみこみにくい　多い　少ない　〕

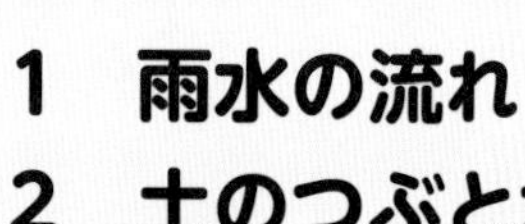

まとめ　〔　速い　高い　低い　〕から選んで（　）に書きましょう。

●水は①（　　　）ところから、②（　　　）ところへ流れて集まる。水のしみこみやすさは土のつぶの大きさによってちがい、つぶの大きい方がしみこむ速さは③（　　　）。

わくわくたんてい団　土のつぶは、大きいものから順に、すな、どろ、ねん土などに分けられます。ねん土は水がしみこみにくいので、地下のねん土のそうの上などに地下水がたまります。

1 雨がふった日に雨水の流れ方を調べました。次の問いに答えましょう。

(1) 図からわかる地面の高さについて、正しいものに◯をつけましょう。

①(　　)㋐より㋑の方が高い。

②(　　)㋑より㋐の方が高い。

③(　　)㋐と㋑の高さは同じ。

(2) 地面の水が、図の➡の方向に流れていくのはなぜですか。正しいものを、次のア～ウから選びましょう。(　　)

ア　水は、地面の高いところから低いところへ流れるから。

イ　水は、地面の低いところから高いところへ流れるから。

ウ　水は、地面の同じ高さのところで流れるから。

2 右の図のように、バットに置(お)いた植木ばちに、同じ量の花だんの土とすな場のすなを入れ、それぞれに同じ量の水を流しこみました。次の問いに答えましょう。

(1) しばらくして、土の上に残っている水の量をくらべると、すな場のすなを入れた方が少なくなっていました。つぶが大きいのは、すな場のすな、花だんの土のどちらと考えられますか。(　　)

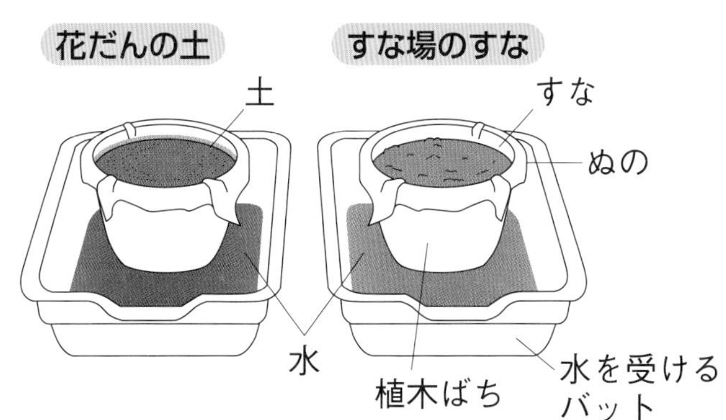

(2) 水のしみこみやすさは、つぶの大きさによってちがいます。水のしみこむ速さがおそいのは、すな場のすな、花だんの土のどちらですか。(　　)

(3) すな場のすなや花だんの土よりももっとつぶの小さいねん土を植木ばちに入れて同じ実験を行いました。水のしみこみ方と土の上に残っている水の量は、すな場のすなや花だんの土とくらべて、どうなりますか。正しいものに◯をつけましょう。

①(　　)水のしみこむ速さは速く、土の上に残っている水の量は少なくなる。

②(　　)水のしみこむ速さは速く、土の上に残っている水の量は多くなる。

③(　　)水のしみこむ速さはおそく、土の上に残っている水の量は少なくなる。

④(　　)水のしみこむ速さはおそく、土の上に残っている水の量は多くなる。

まとめのテスト

5 雨水の流れ

勉強した日 月 日

教科書 54～65ページ　答え 7ページ

1 雨水の流れ 右の図は、公園の地面を流れる雨水と水たまりのできたところを表したものです。次の問いに答えましょう。 1つ10〔30点〕

(1) 水はどのように流れますか。次のア、イから選びましょう。（　　　）

ア 低いところから高いところへ流れる。

イ 高いところから低いところへ流れる。

(2) 水たまりができるところは、周りとくらべて地面の高さがどのようになっていますか。

（　　　　　　　　　　）

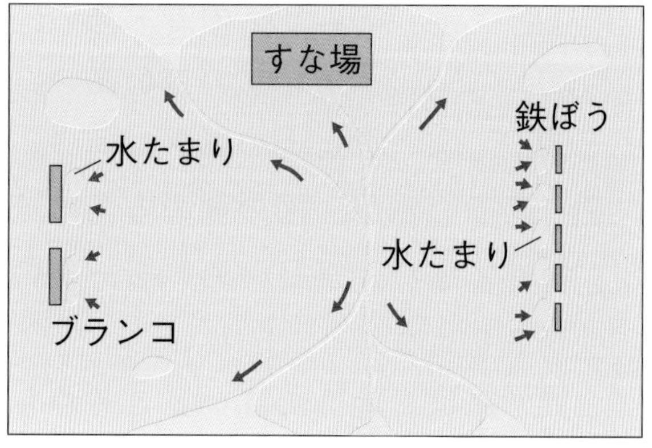

→ は雨水の流れる向き

(3) 図を見てわかることは何ですか。正しいものに○をつけましょう。

①（　　）公園の中のどこでも同じように水たまりができる。

②（　　）公園の中央部分より公園の周りの方が水たまりができやすい。

③（　　）公園の周りより公園の中央部分の方が水たまりができやすい。

2 水の流れ 次の図のように、ふろのゆかに水を流すと、水ははい水口（すいこう）へ流れていきました。ゆかが最も低いところを、㋐～㋓から選びましょう。 〔10点〕

（　　　）

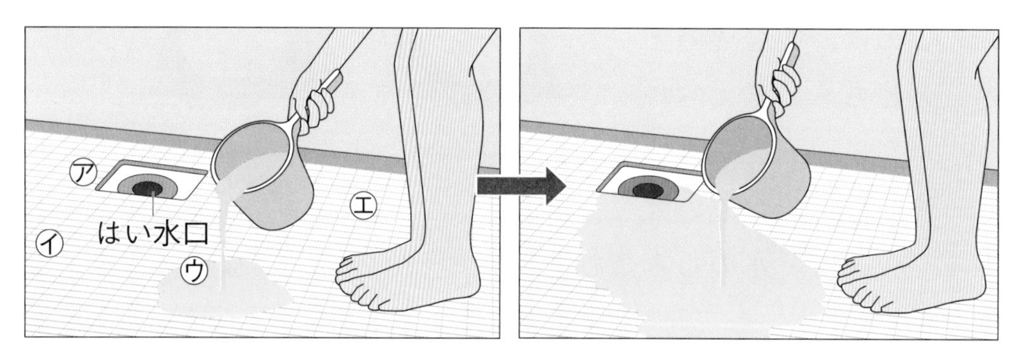

作図・3 地面のかたむき 地面のかたむきを調べるため、㋐のようなそう置（ち）を作りました。㋑のようにかたむけたときの水面のようすを□にかきましょう。 〔10点〕

㋐ 水平（すいへい）な地面に横向きに置いたとき

線（水面）　ペットボトル　水

㋑

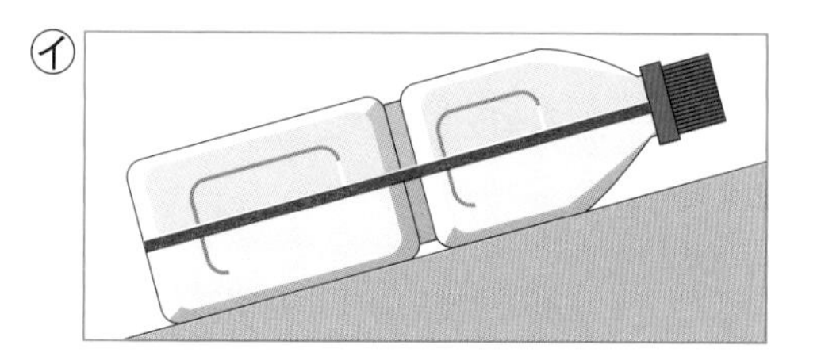

4 土のつぶの大きさと水のしみこむ速さ

次の図のように、バットの上に置いた植木ばちにぬのをしいて、同じ量のすな、どろ、ねん土を入れて、それぞれ同じ量の水を流しこみました。つぶの大きさは、大きい順にすな、どろ、ねん土です。あとの問いに答えましょう。

1つ5〔30点〕

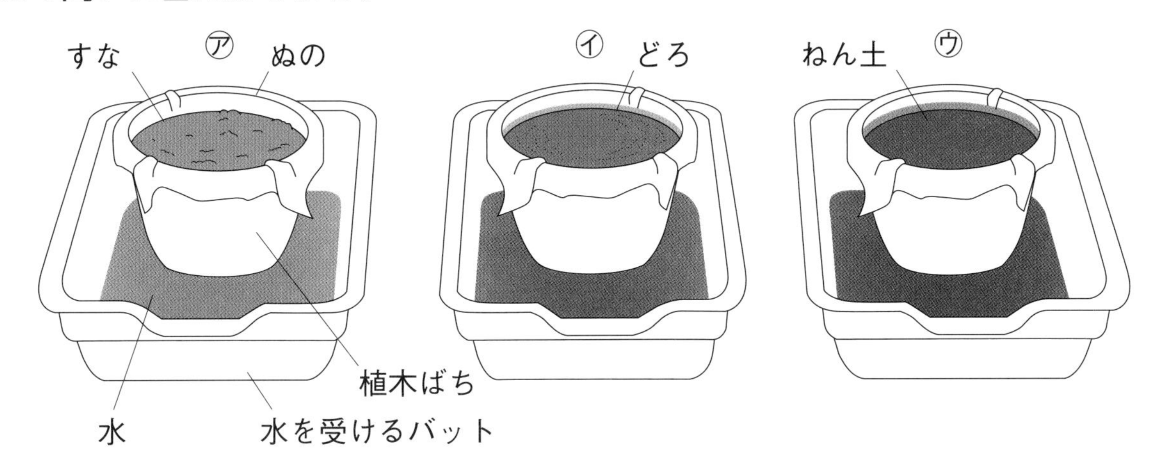

(1) しばらくして、土の上に残っている水の量を調べました。水の量が最も多かったものと、最も少なかったものを、それぞれ㋐～㋒から選びましょう。

最も多かったもの（　　　）　最も少なかったもの（　　　）

(2) 水のしみこむ速さが最も速かったものと、最もおそかったものを、それぞれ㋐～㋒から選びましょう。

最も速かったもの（　　　）　最もおそかったもの（　　　）

(3) 水のしみこみ方について、次の文の（　）に当てはまる言葉を、下の〔　〕から選んで書きましょう。

つぶとつぶの間にできるすき間と水のしみこみ方について調べると、土のつぶが①（　　　　）と、つぶの間にすき間が②（　　　　）ので、水が通りやすくなり、水のしみこむ速さが速くなることがわかった。

〔　大きい　　小さい　　たくさんできる　　あまりできない　〕

チャレンジ! 5 土のつぶの大きさと水のしみこみ方

右の図のように、水田でイネを育てるときには、地面に水をためておきます。次の問いに答えましょう。

1つ10〔20点〕

(1) 地面に水をためておくときには、どのような土を使うとよいですか。次のア、イから選びましょう。（　　　）

ア　水のしみこみやすい土　　イ　水のしみこみにくい土

(2) (1)で選んだ土は、選ばなかった方の土にくらべて、つぶは大きいですか、小さいですか。（　　　）

勉強した日　月　日

暑い季節①

きほんのワーク

もくひょう
夏のころの気温や植物の育ち方をかくにんしよう。

おわったらシールをはろう

教科書 66～69ページ　答え 8ページ

図を見て、あとの問いに答えましょう。

1 夏のころの気温

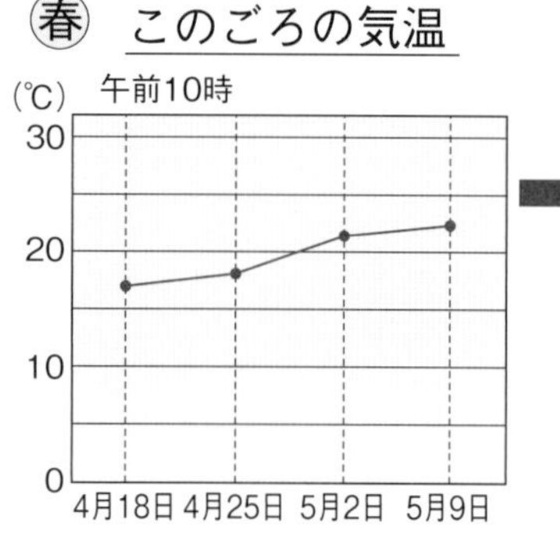

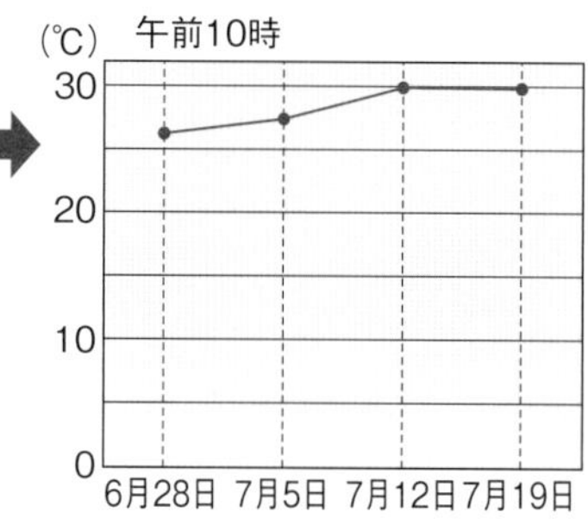

夏は春のころにくらべて気温が①□。

● 春のころにくらべて、気温はどう変わりましたか。①の□に書きましょう。

2 夏のころのヘチマの成長のようす

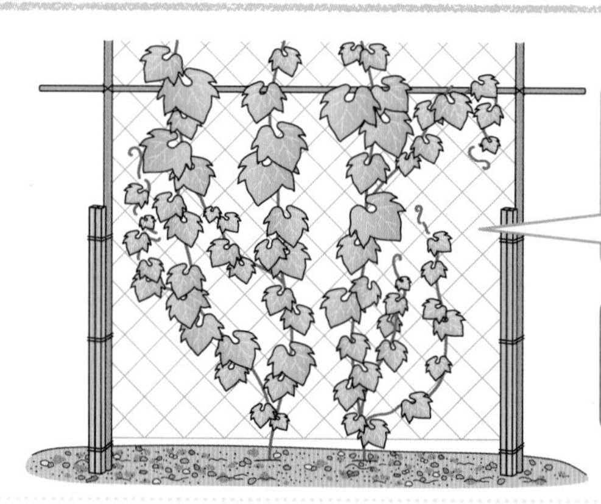

春のころにくらべて、くきが
①(よくのびる　あまりのびない)。
葉の数が②(ふえる　へる)。

植物は夏になると、
③(よく成長する　かれる)。

(1) ヘチマの成長のようすについて、①、②の(　)のうち、正しい方を◯でかこみましょう。

(2) 春のころとくらべて、植物のようすはどうなりますか。③の(　)のうち、正しい方を◯でかこみましょう。

まとめ〔 春　夏　成長 〕から選んで(　)に書きましょう。

●①(　　　　)のころになると、②(　　　　)のころにくらべて気温が高くなる。
●気温が高くなると、植物の③(　　　　)はさかんになる。

たくさんの植物が、春から夏にかけて花をさかせます。一方、コスモスのように、秋に花をさかせる植物や、サザンカのように、寒くなって花をさかせる植物もあります。

1 右のグラフは、春のころ(４月)の気温と、夏のころ(７月)の気温を表したものです。次の問いに答えましょう。

(1) 夏のころの気温を表しているのは、㋐、㋑のどちらですか。
（　　　）

(2) 春のころと夏のころの気温をくらべると、どちらの方が高いですか。
（　　　）

㋐
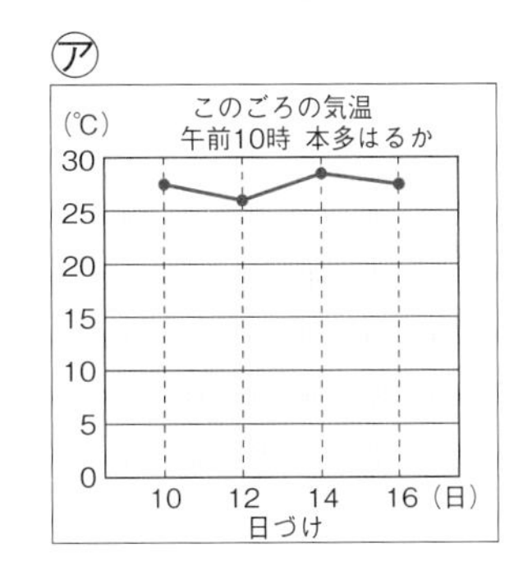

㋑
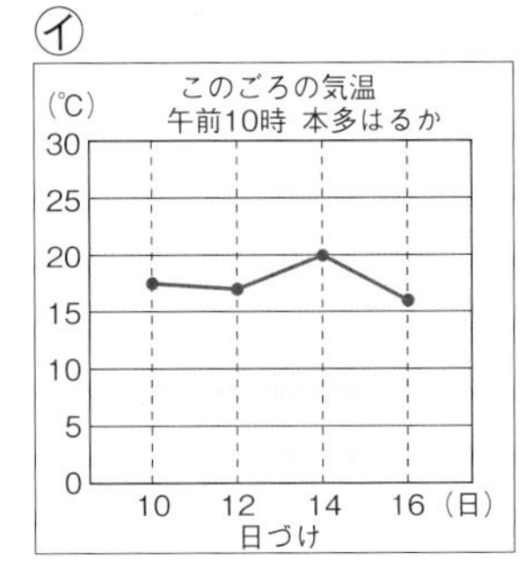

(3) 夏のころの気温を、春のころの気温とくらべるときに気をつけることを、次のア、イから選びましょう。　（　　　）

ア　春のころと同じ時こくに、同じ場所で気温をはかる。

イ　春のころと同じ時こくに、春のころとはちがう場所で気温をはかる。

2 次の文は、夏のころの植物のようすについて説明したものです。正しいものには○、まちがっているものには×をつけましょう。

①（　　　）サクラの花がさいている。

②（　　　）サクラの葉は落ちてしまったが、えだの先に芽が出てきている。

③（　　　）道ばたのいろいろな植物はくきが長くなり、どんどん成長している。

④（　　　）ヘチマはくきがよくのび、葉がたくさんしげっている。

⑤（　　　）ヘチマの葉やくきは黄色くなっている。

⑥（　　　）花だんのいろいろな植物は花がかれ、葉やくきもかれ始めている。

3 ６月の終わりごろ、サクラのようすを観察しました。正しいものに○をつけましょう。

①（　　　）葉がかれて、すべて落ちてしまっていた。

②（　　　）花がさきかけていた。

③（　　　）木のえだ全体が緑色の葉でおおわれていた。

④（　　　）さいていた花が散りかけていた。

暑い季節②

きほんのワーク

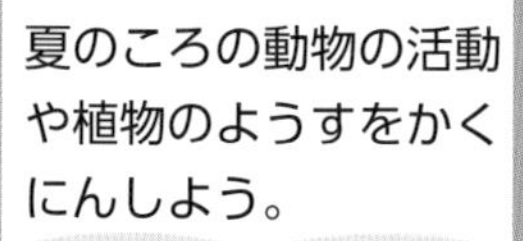

夏のころの動物の活動や植物のようすをかくにんしよう。

おわったらシールをはろう

教科書 70～73ページ　答え 8ページ

図を見て、あとの問いに答えましょう。

1 夏のころの動物の活動のようす

① [　　]　② [　　]　③ [　　]　ナナホシテントウ

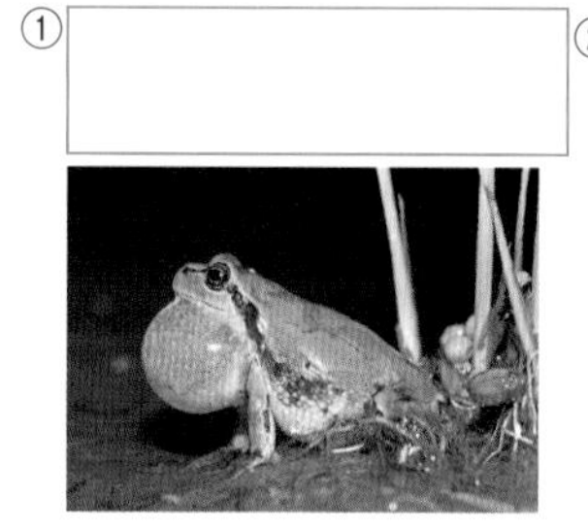

さなぎから ④ [　　] になった。

(1) ①～③の[　]に当てはまる動物の名前を書きましょう。

(2) ナナホシテントウは、さなぎから何になったところですか。④の[　]に当てはまる言葉を書きましょう。

2 春の記録とくらべる

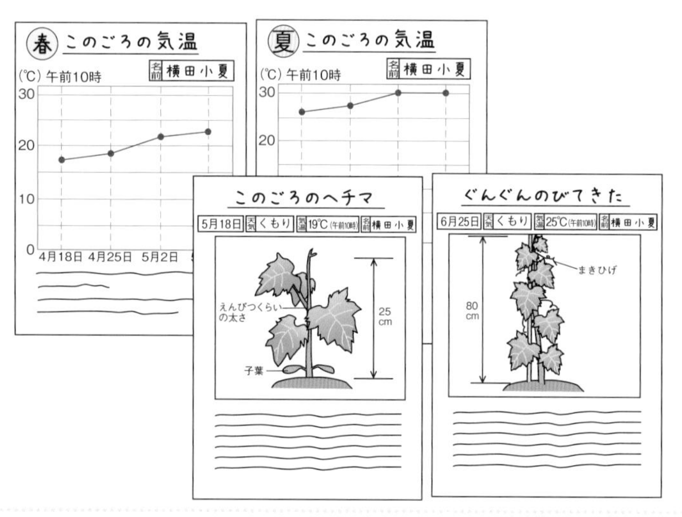

春と夏をくらべると

夏は、
- 気温… ① [　　] なる。
- 植物の育ち方…どんどん ② [　　] している。
- 動物のようす…活発に活動している。

● ①、②の[　]に当てはまる言葉を書きましょう。

まとめ 〔 植物　動物 〕から選んで（　）に書きましょう。

● 夏になると、①（　　　　）はくきや葉などの成長がさかんになり、②（　　　　）の活動は活発になる。

暑くなると、土の中で育っていたセミのよう虫が地上に出てきて成虫（せいちゅう）になり、さかんに鳴き始めます。

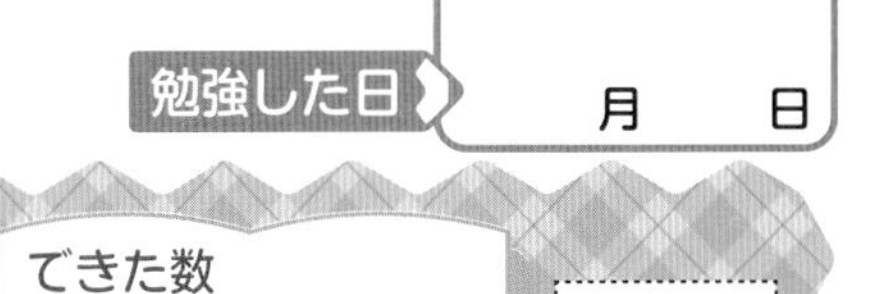

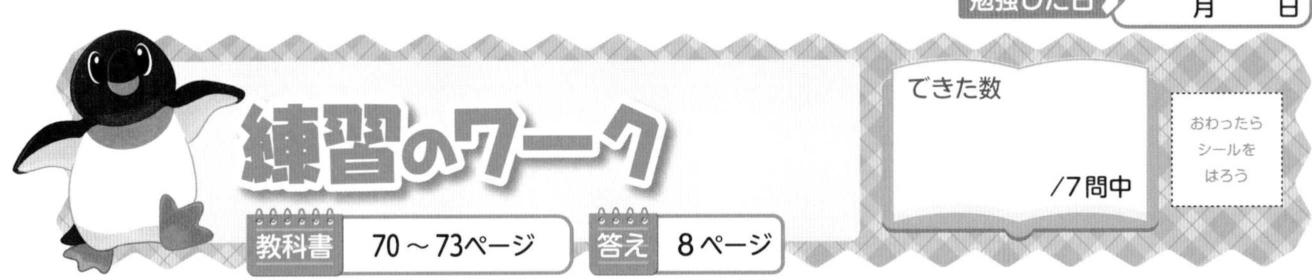

1 夏のころのヘチマの記録カードと、春のころのヘチマの記録カードをくらべました。あとの問いに答えましょう。

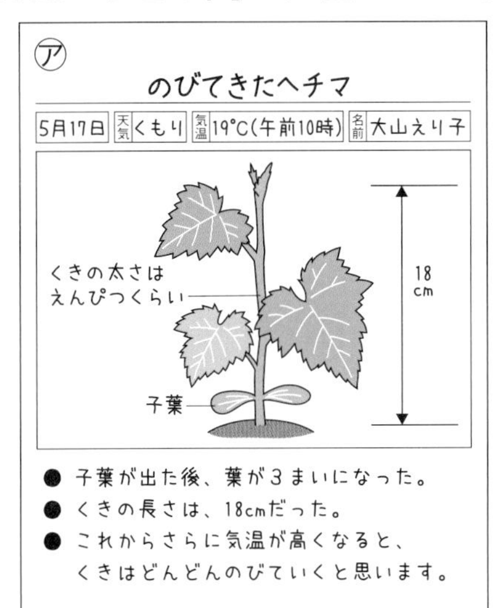

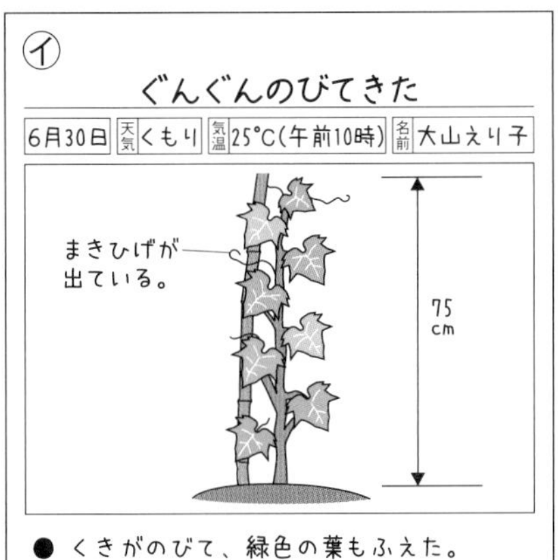

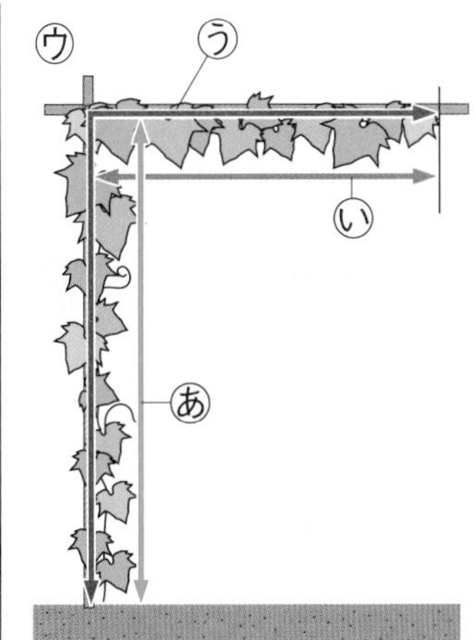

(1) ㋑のころの気温は㋐のころにくらべてどのように変化していますか。
（　　　　　　　）

(2) 次の①、②の記録は、それぞれ㋐、㋑のどちらのころのものですか。
① くきがぐんぐんのびて、葉がしげってきた。（　　　）
② ポットのヘチマを、花だんに植えかえた。（　　　）

(3) ㋒のようにヘチマのくきがのびたとき、くきの長さは、㋐～㋒のどこをはかりますか。（　　　）

2 次の図は、動物のすがたを表したものです。あとの問いに答えましょう。

㋐
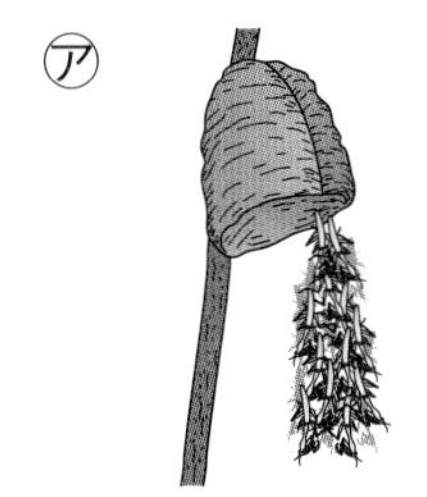
㋑
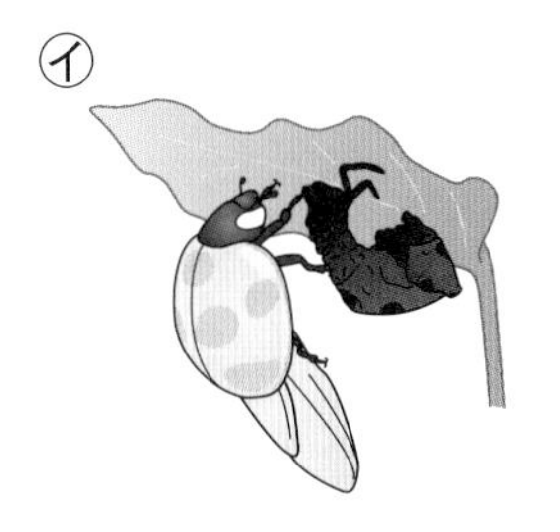
㋒
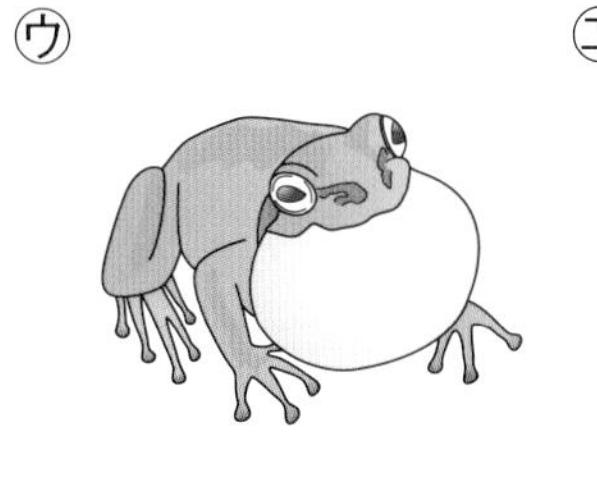
㋓
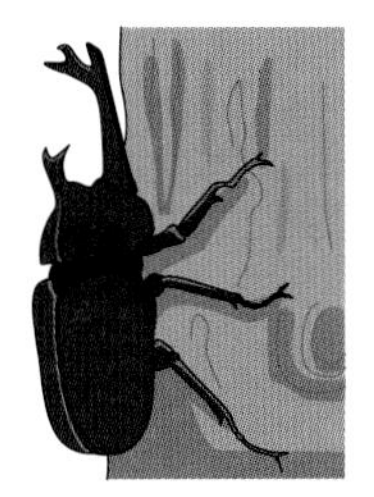

(1) ㋐～㋓のうち、夏に見られないすがたはどれですか。（　　　）
(2) (1)で答えたものは、春、秋、冬のいつごろ見られますか。（　　　）
(3) 春のころ、おたまじゃくしとよばれていた生き物は、㋐～㋓のどれですか。
（　　　）

まとめのテスト

1-2　暑い季節

とく点　/100点

おわったらシールをはろう

時間20分

教科書　66～73ページ　答え　9ページ

1 夏のころの気温と動物のようす　**暑くなってきたころのようすについて、次の問いに答えましょう。**　1つ5〔15点〕

(1)　春のころにくらべて、気温はどうなりましたか。（　　　）

(2)　春のころにくらべて、草むらで見られる動物の数や活動のようすはどうなりましたか。

動物の数（　　　）

活動のようす（　　　）

2 ヘチマの育ち方　**次の表は、気温とヘチマのくきの長さや葉の数を調べたものです。あとの問いに答えましょう。**　1つ5〔35点〕

	5月21日	6月2日	6月14日	6月26日
気　温	18℃	20℃	23℃	26℃
くきの長さ	6cm	20cm	53cm	130cm
葉の数	7まい	11まい	20まい	31まい

(1)　次の①～③の間に、くきはそれぞれ何cmのびていますか。

①　5月21日から6月2日まで（　　　）

②　6月2日から6月14日まで（　　　）

③　6月14日から6月26日まで（　　　）

(2)　くきののび方が最も大きかったのは、いつごろですか。正しいものに○をつけましょう。

①（　　）5月の終わりから6月のはじめごろ

②（　　）6月のはじめからなかばごろ

③（　　）6月のなかばから終わりごろ

記述　(3)　気温が高くなると、くきののび方や葉の数は、どうなるといえますか。

（　　　）

(4)　7月になると、6月26日とくらべて、気温はどのようになると考えられますか。

（　　　）

(5)　6月26日より後でもヘチマの観察を続けると、花がさきました。ヘチマの花は何色ですか。（　　　）

よく出る **3 ツバメの夏のころのようす** 右の図は、暑くなってきたころのツバメのようすです。次の問いに答えましょう。 1つ4〔20点〕

(1) 図のツバメのようすを説明した次の文の(　)に当てはまる言葉を、下の〔　〕から選んで書きましょう。

①(　　　　)をはなれて電線にとまっている②(　　　　)に、
③(　　　　)が
④(　　　　)をあたえている。

〔親ツバメ　　草むら　　ひな
たまご　　巣　　食べ物〕

(2) 次の文のうち、正しい方に○をつけましょう。

①(　　)春に生まれたひなは、春のころより夏のころには大きく成長している。

②(　　)春に生まれたひなは、夏になっても春のころとあまりようすが変わっていない。

よく出る **4 こん虫の夏のころのようす** 次の図は、夏のころのこん虫のようすです。あとの問いに答えましょう。 1つ6〔30点〕

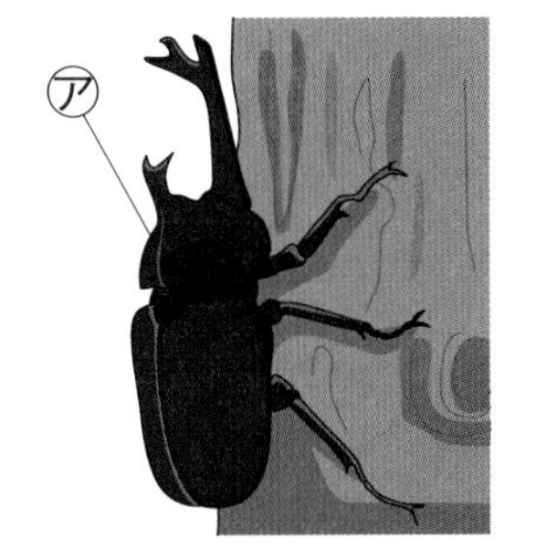

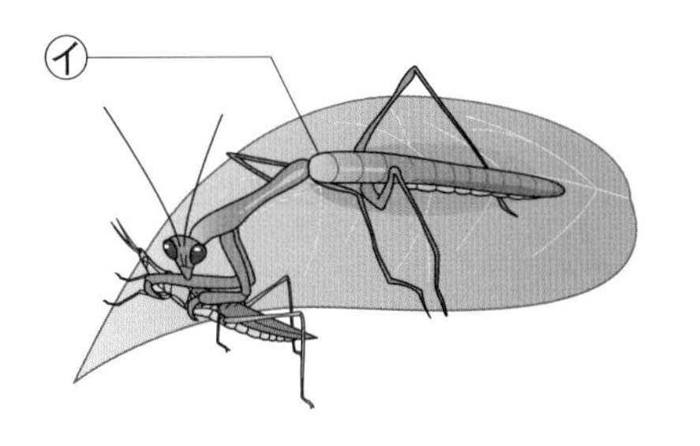

(1) ㋐、㋑のこん虫を何といいますか。 ㋐(　　　　) ㋑(　　　　)

(2) ㋑のこん虫は何をしているところですか。正しいものに○をつけましょう。

①(　　)木のしるをすっている。

②(　　)花のみつをすっている。

③(　　)ほかのこん虫を食べている。

(3) ㋑のこん虫のすがたを、何といいますか。次のア～ウから選びましょう。 (　　)

ア　よう虫　　イ　さなぎ　　ウ　成虫

(4) 春のころにくらべて、㋑のこん虫の体の大きさはどのようになっていますか。

(　　　　　　　　)

月　日

夏の星

きほんのワーク

もくひょう
夏の星や北極星の見つけ方、星ざ早見の使い方をおぼえよう。

おわったらシールをはろう

教科書 74～85ページ　答え 9ページ

図を見て、あとの問いに答えましょう。

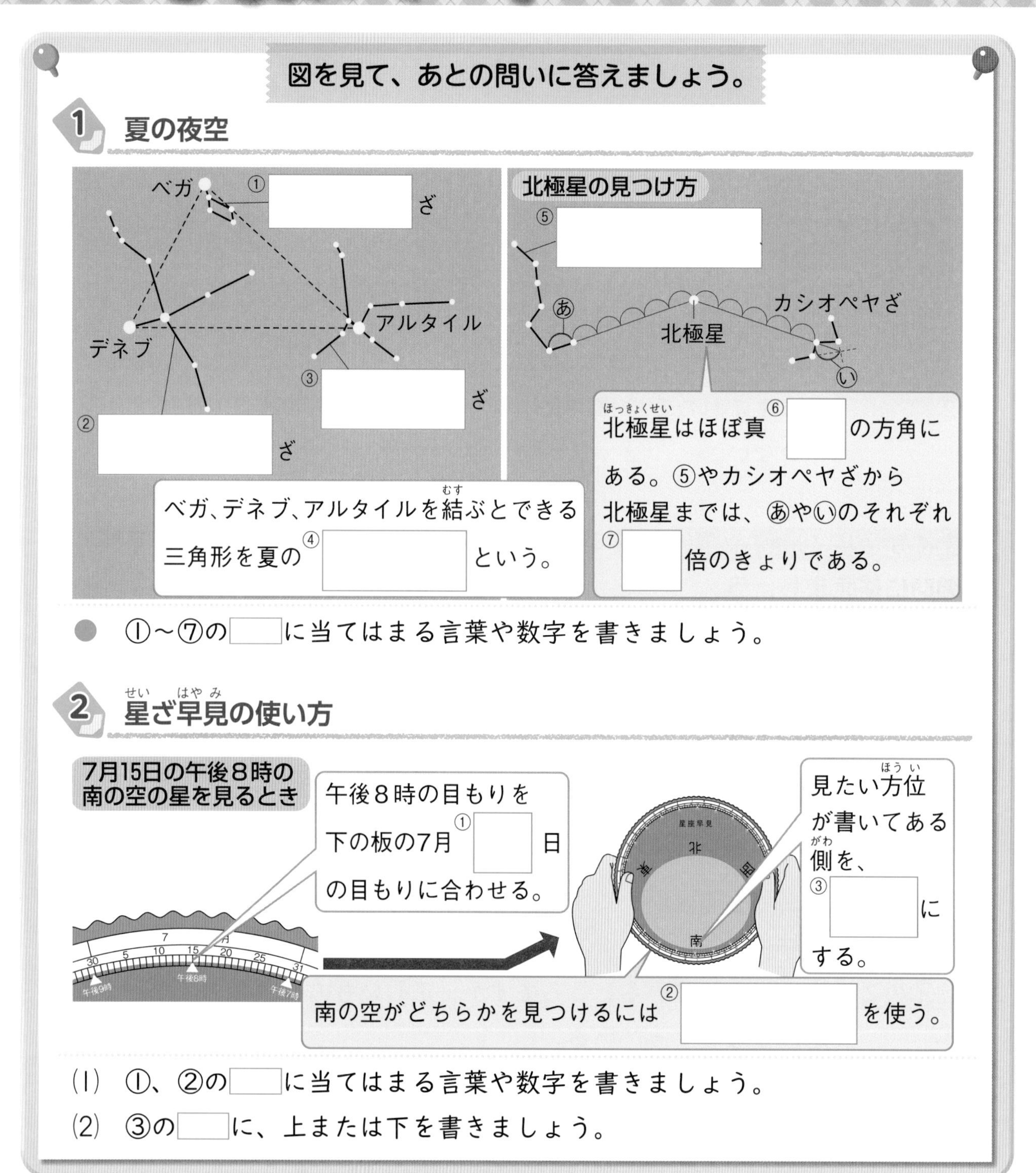

まとめ　〔 夏の大三角　北極星　星ざ 〕から選んで（　）に書きましょう。

- 星と星を結び、いくつかのまとまりに分けたものを①（　　　　）という。
- 夏の空には②（　　　　）が、ほぼ真北には③（　　　　）がある。

星ざを同じ時こくに観察しても、日がたつと、その位置はしだいに動いていきます。季節によって見える星ざがちがうのは、このためです。

1 右の図は、夏の夜空で明るく見える３つの星のようすです。次の問いに答えましょう。

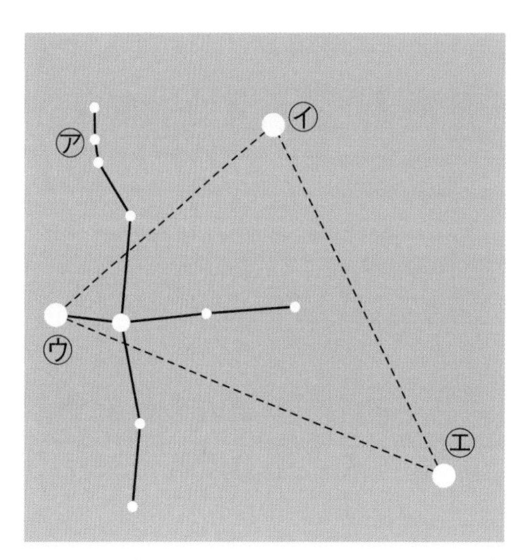

(1) ㋐の星ざを、何といいますか。

（　　　　　　）

(2) 明るく見える㋑～㋓の星をそれぞれ何といいますか。下の〔　〕から選んで書きましょう。

㋑（　　　　　　）　㋒（　　　　　　）

㋓（　　　　　　）

〔　ベガ　　アルタイル　　デネブ　〕

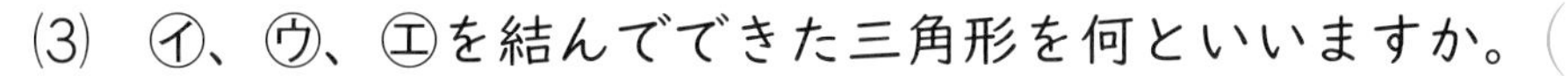

(3) ㋑、㋒、㋓を結んでできた三角形を何といいますか。（　　　　　　）

2 下の図の㋐は、星ざ早見で見たい日と時こくを合わせたもの、㋑は、星ざ早見を上にかざしているところです。また、㋒は、ある日の北の空の星のようすです。次の問いに答えましょう。

(1) ㋐のようにしたとき、観察するのは、何月何日の午後８時の空ですか。

（　　　　　　）

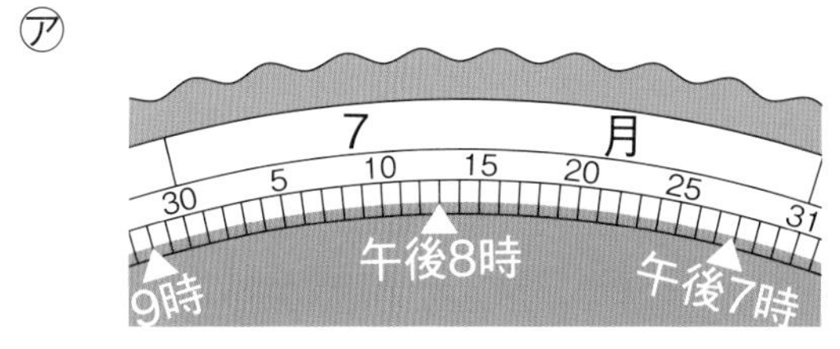

(2) 北の空の星をさがすときは、㋑の㋐、㋑のどちらの持ち方をしますか。

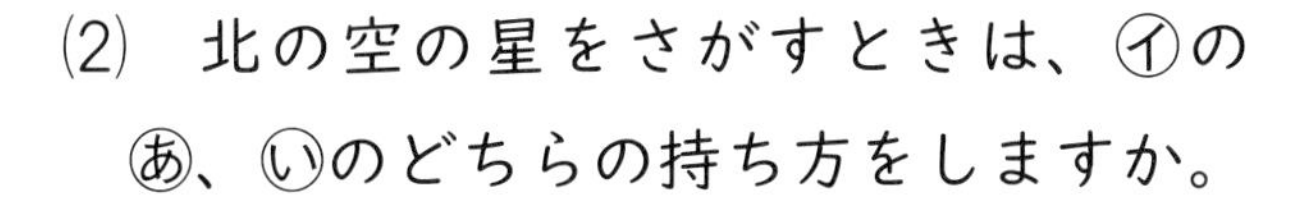

（　　　　）

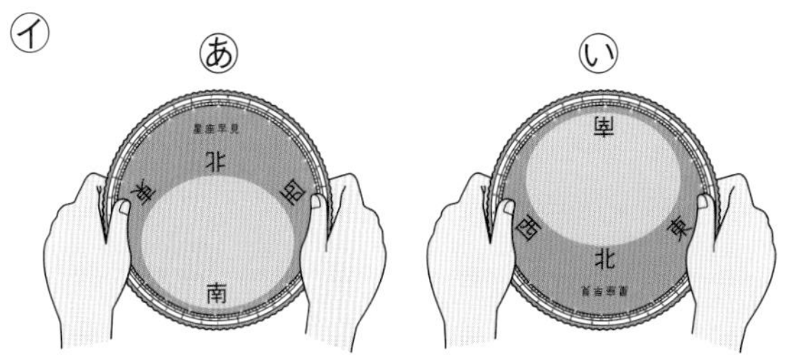

(3) ㋒の㋒、㋓の星や星ざを何といいますか。下の〔　〕から選んで書きましょう。

㋒（　　　　　　）

㋓（　　　　　　）

〔　こぐまざ　　おおぐまざ
　　カシオペヤざ　　北極星　〕

(4) ㋒の北と七星(ほくとしちせい)は、何という星ざの中にありますか。(3)の〔　〕から選んで書きましょう。

（　　　　　　）

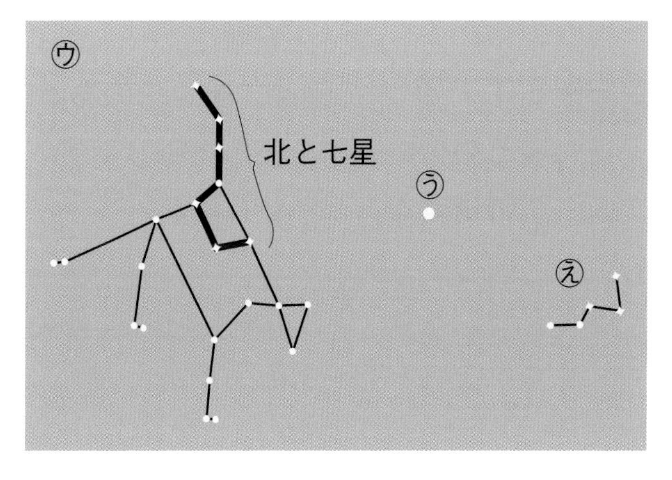

勉強した日　月　日

まとめのテスト

夏の星

おわったら シールを はろう

時間 20分

教科書 74～85ページ　答え 10ページ

よく出る **1** **夏の大三角** 右の図は、夜空で見える夏の星を表したものです。次の問いに答えましょう。　1つ4〔36点〕

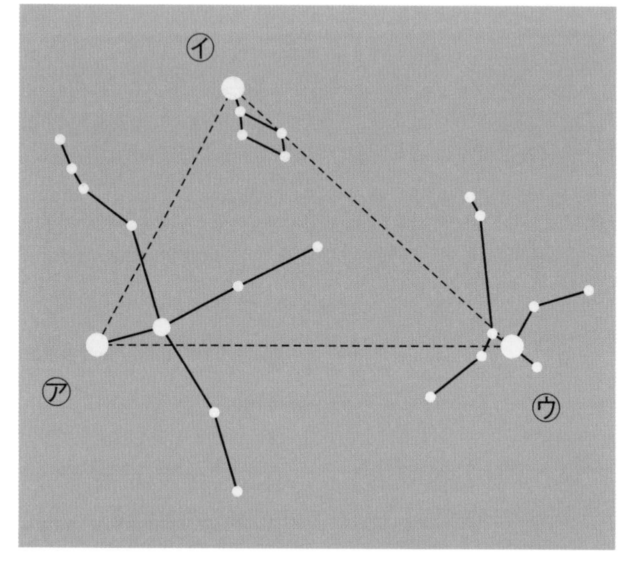

(1) 星と星を結んで、いくつかのまとまりに分けたものを、何といいますか。
（　　　　）

(2) ㋐～㋒の星のまとまりを、何といいますか。それぞれ下の〔　〕から選んで書きましょう。

㋐（　　　　）
㋑（　　　　）
㋒（　　　　）

〔　ことざ　はくちょうざ　わしざ　〕

(3) ㋐～㋒で、最も明るく見える星の名前を、それぞれ下の〔　〕から選んで書きましょう。

㋐（　　　　）
㋑（　　　　）
㋒（　　　　）

〔　ベガ　デネブ　アルタイル　〕

(4) (3)の3つの星を結んでできた三角形を何といいますか。
（　　　　）

(5) 夜空に見える星の色や明るさについて、正しいものに○をつけましょう。

①（　　）どの星も、色は同じだが、明るさがちがう。
②（　　）どの星も、色はちがうが、明るさは同じである。
③（　　）どの星も、色も明るさもちがう。

2 **星の観察** 右の図は、ある日のある時こくに、どんな星が見えるかを調べるときに使うものの一部を表したものです。次の問いに答えましょう。　1つ7〔14点〕

(1) 図の道具を何といいますか。
（　　　　）

(2) 図は、6月15日の午後何時に見える星を調べようとしたものですか。
（　　　　）

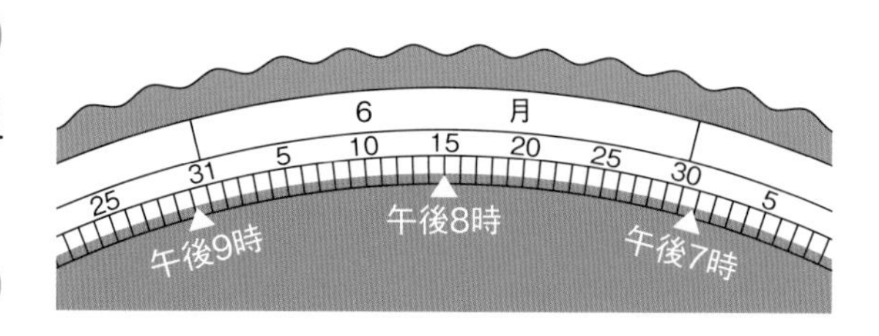

よく出る 3 北の空の星 **右の図は、北の夜空を観察したものです。次の問いに答えましょう。**

1つ5〔30点〕

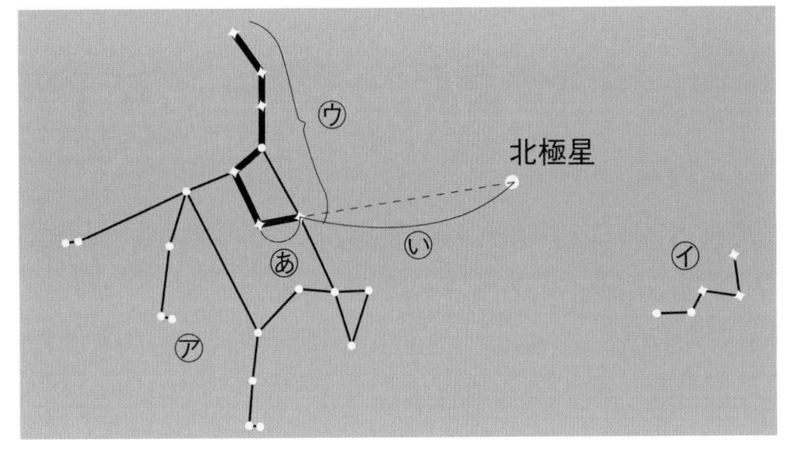

(1) 図の㋐と㋑の星ざを何といいますか。

㋐(　　　　　　　　)

㋑(　　　　　　　　)

(2) ㋐と㋑の星ざと北極星はどのように見えますか。正しいものに○をつけましょう。

①(　　　)北極星をはさんで、いつも同じきょりに㋐と㋑の星ざが見える。

②(　　　)北極星をはさんで、㋐と㋑の星ざが見えるが、時間がたつと、㋐と㋑の星ざは北極星に近づいてくる。

記述 (3) 北極星は、夜に方位を知るときの目印になります。それはなぜですか。

(　　　　　　　　　　　　　　　　　　　　　　　　　　　　)

(4) 7つの明るい星からできている㋒の星の集まりを、何といいますか。

(　　　　　　　　)

(5) 図のいのきょりは、あのきょりの何倍ですか。次のア～ウから選びましょう。

(　　　)

ア　3倍　　イ　5倍　　ウ　10倍

4 方位じしんの使い方 **ある場所で、方位を調べようと思い、方位じしんを手のひらにのせると、右の図のようになりました。次の問いに答えましょう。**

1つ10〔20点〕

(1) まず、初(はじ)めに何をしますか。次のア～ウから選びましょう。

(　　　)

ア　文字ばんを回して、文字ばんの「南」を、色をぬってあるはりの先に合わせる。

イ　文字ばんを回して、文字ばんの「北」を、色をぬってあるはりの先に合わせる。

ウ　色をぬってあるはりの先を、文字ばんの「南」へ動かす。

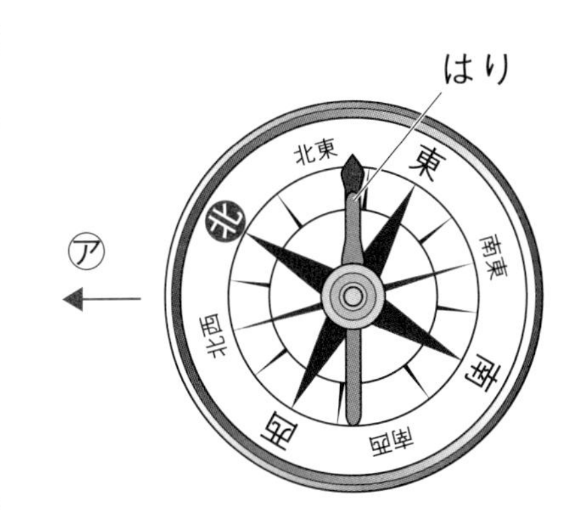

(2) 図の㋐の方位を、次のア～エから選びましょう。

(　　　)

ア　西　　イ　北西

ウ　南東　　エ　東

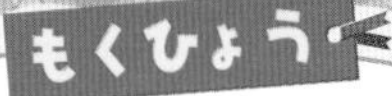

月　日

1　朝の月の動き

もくひょう
朝見える月の動きを、太陽の動きとくらべてみよう。

おわったらシールをはろう

きほんのワーク

教科書 88～91ページ　答え 11ページ

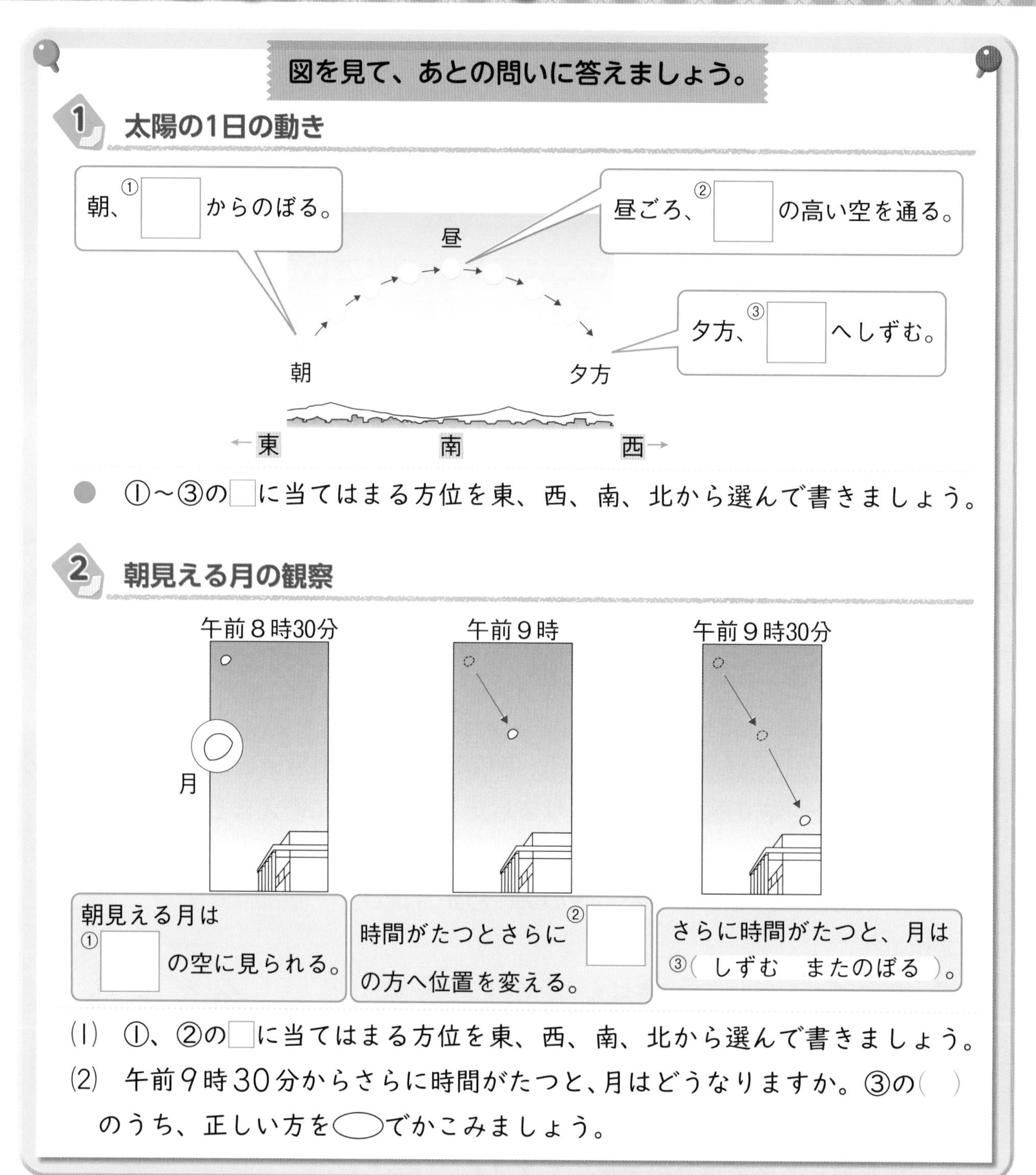

まとめ　〔 太陽　西の空 〕から選んで( )に書きましょう。

- 朝の月は①(　　　　)に見られ、時間がたつとさらに西の方へ位置を変える。
- 朝の月の動きは、②(　　　　)が西の方へしずむ動きとにている。

月が東からのぼる時こくや、西にしずむ時こくは、新聞にものっています。新聞のこよみらんにある、月の出(月出)、月の入り(月入)というところです。月の形ものっています。

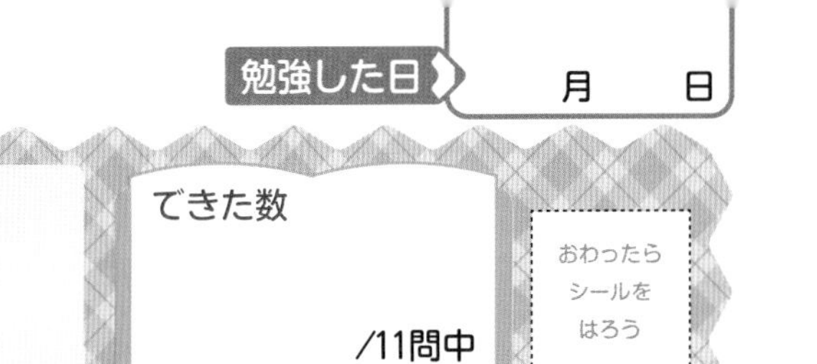

1 右の図は、太陽の１日の動きを表したものです。次の問いに答えましょう。

⑴ 太陽は、東、西、南、北のどの方位からのぼりますか。（　　　）

⑵ ⑴の後、太陽はどの方位の空を通り、どの方位にしずみますか。東、西、南、北で答えましょう。（　　→　　）

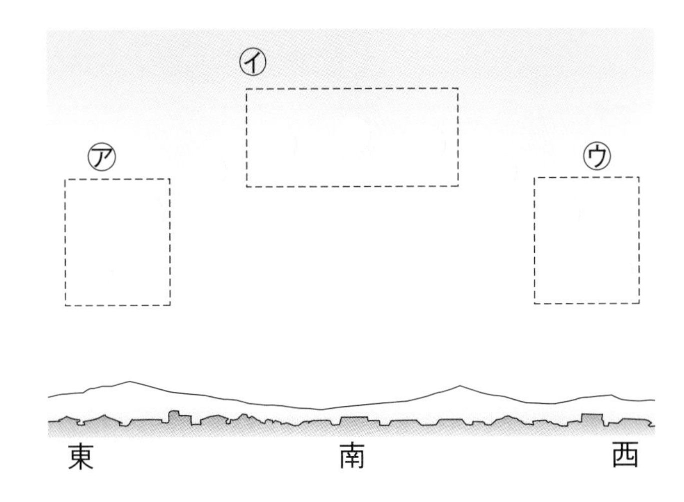

⑶ 朝、西の空に見られた月は、昼には見られなくなりました。このときの月は、太陽の㋐～㋒のどこと同じ動き方をしたと考えられますか。（　　　）

⑷ 月は、東、西、南、北のどの方位にしずみますか。（　　　）

2 ある日の朝、月が見られたので、観察しました。㋐～㋒はそのときの記録です。次の問いに答えましょう。

⑴ 月の動きの調べ方について、（　）に当てはまる言葉を、下の〔　〕から選んで書きましょう。

記録用紙には、目印(めじるし)になる①（　　　）をかき、月の位置、形、②（　　　）を記録する。③（　　　）場所で、30分ごとに調べる。

〔 木や建物(たてもの)　雲　ちがう　同じ　かたむき　色 〕

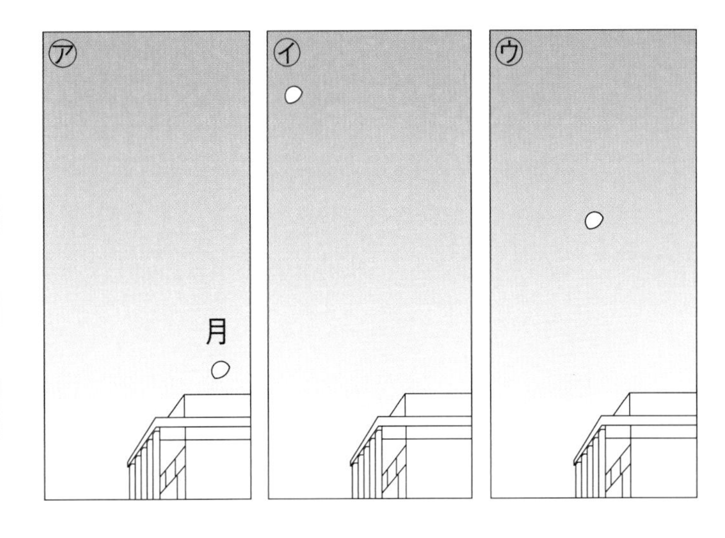

⑵ ㋐の月が見られたのは、東、西、南、北のどの方位の空ですか。（　　　）

⑶ ㋐～㋒を、月が見られる順にならべましょう。（　　→　　→　　）

⑷ ㋐の月は、やがてのぼっていきますか、しずんでいきますか。（　　　）

⑸ 月の動き方は、太陽の動き方とにていますか、にていませんか。（　　　）

勉強した日　　月　　日

2　星の動き
3　午後の月の動き

きほんのワーク

もくひょう　星の動きや、午後に見える半月の動きをかくにんしよう。

おわったらシールをはろう

教科書　92～99ページ　答え　11ページ

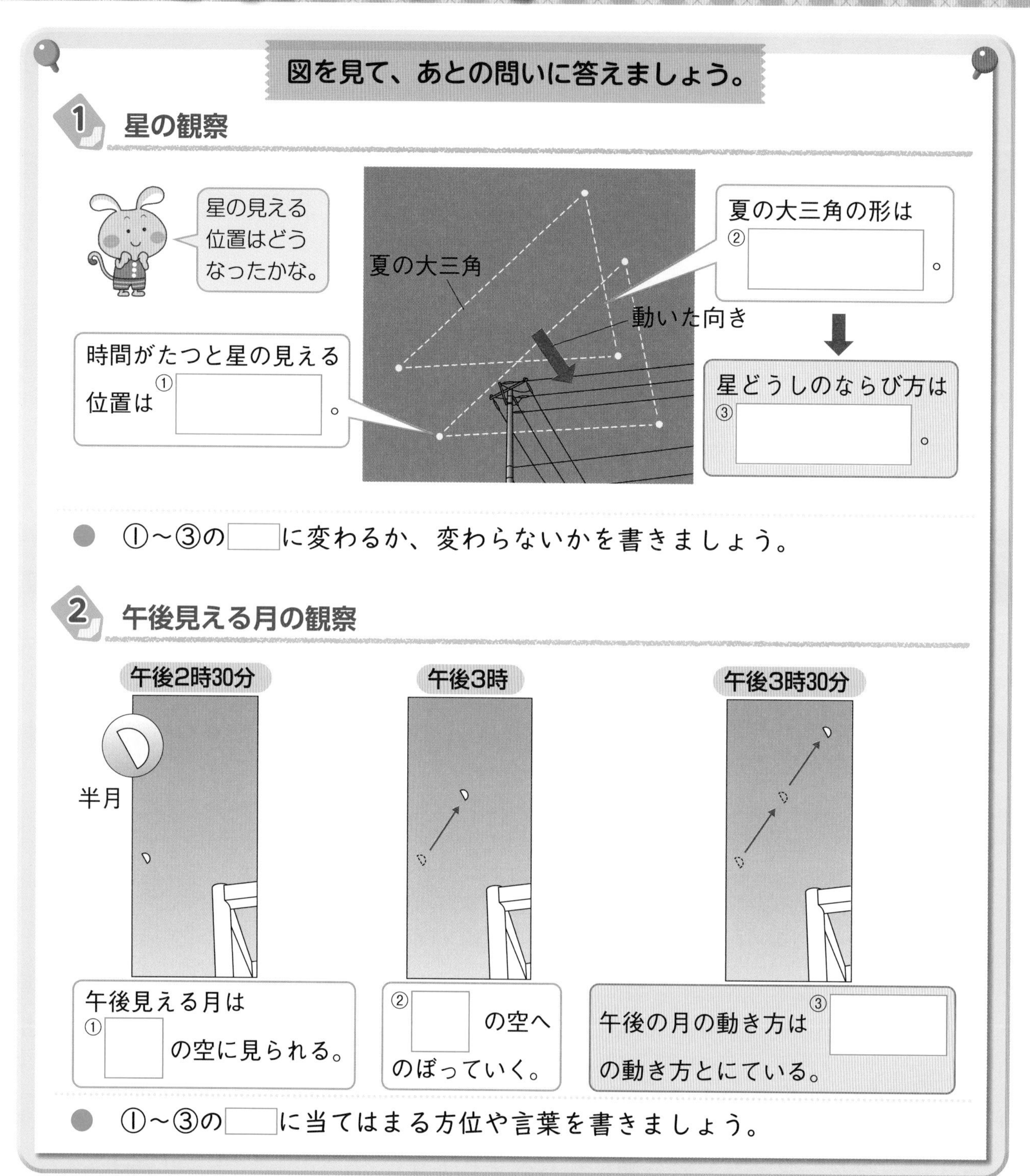

まとめ　〔　ならび方　太陽　〕から選んで（　）に書きましょう。

- 星は時間がたつと見える位置は変わるが、星どうしの①（　　　　）は変わらない。
- 月の１日の動き方は、②（　　　　）の動き方とにている。

日によっていろいろな形の月が観察できますが、すべて同じ１つの月です。なぜ日によって形がちがって見えるのかは、６年生で学習します。

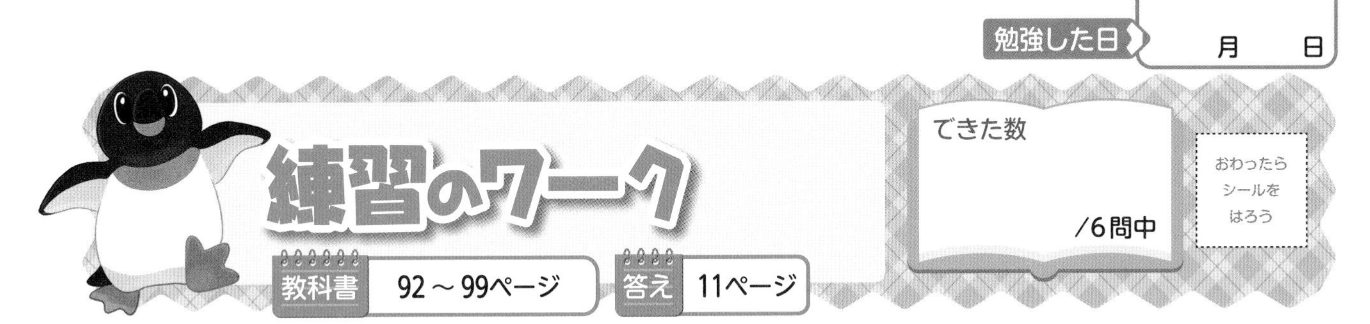

1　次の図のような夏の大三角を見つけ、その動きを調べました。あとの問いに答えましょう。

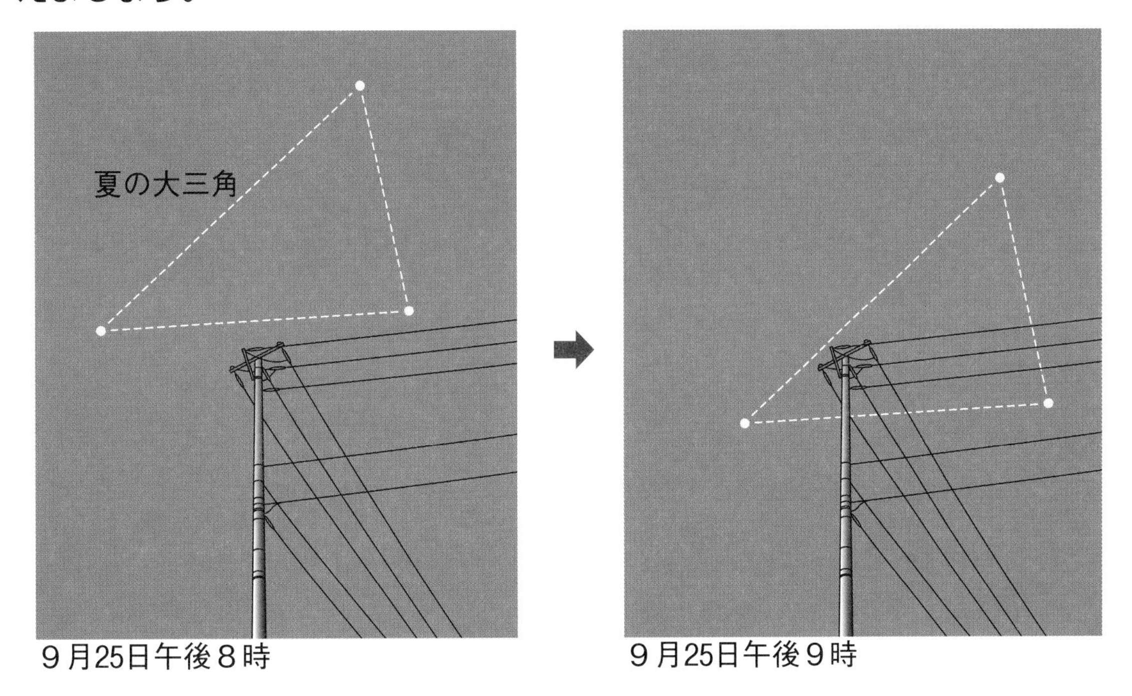

(1)　星の動きを調べるとき、いつも同じ場所で観察しますか、ちがう場所で観察しますか。（　　　　）

(2)　時間がたつとともに、星の見える位置は変わりますか、変わりませんか。（　　　　）

(3)　時間がたつとともに、星どうしのならび方は変わりますか、変わりませんか。（　　　　）

2　右の図は、ある日の半月（はんげつ）の動きを表したものです。次の問いに答えましょう。

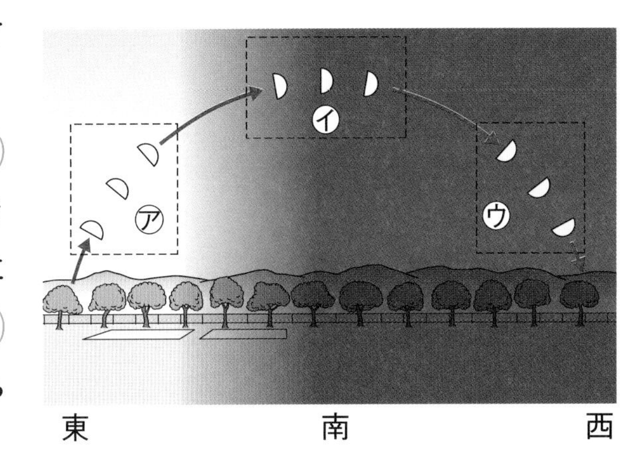

(1)　昼すぎに見られた半月の動きを表しているのは、㋐～㋒のどれですか。（　　　　）

(2)　(1)の動きは、太陽がのぼるときの動き方としずむときの動き方の、どちらににていますか。（　　　　）

(3)　空に見られる月の形は、日によってちがいますか、いつでも同じですか。（　　　　）

まとめのテスト

6　月や星の動き

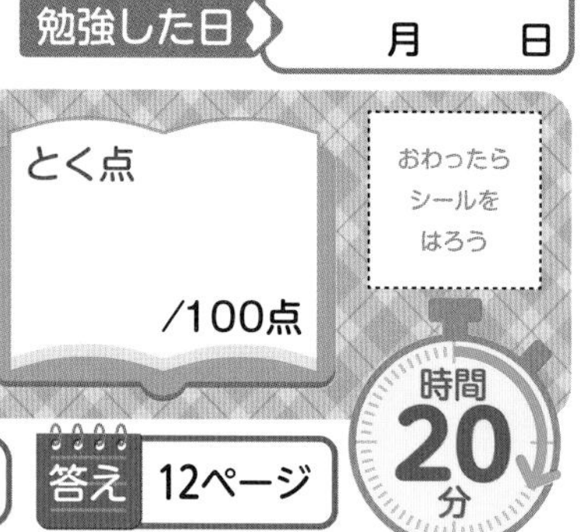

教科書 88～99ページ　答え 12ページ　時間 20分

よく出る **1** **午後見える月の観察** 右の図は、夕方から夜にかけて、南の空に見えた月の動き方を記録したカードです。次の問いに答えましょう。　1つ5〔55点〕

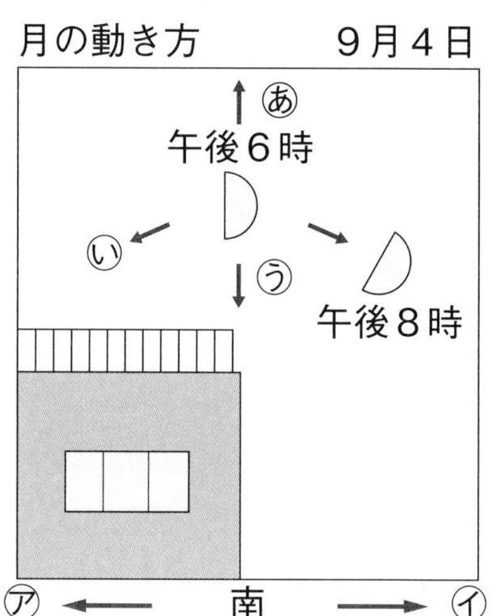

(1)　図のような形の月を、何といいますか。
(　　　　　　)

(2)　図のア、イは、東、西、北のうち、どの方位ですか。　ア(　　　　)　イ(　　　　)

(3)　この月は、この日の午後6時から午後8時にかけて、どのように動きましたか。次の文のうち、正しいものに○をつけましょう。

①(　　　)東の上の方に動いた。
②(　　　)東の下の方に動いた。
③(　　　)西の上の方に動いた。
④(　　　)西の下の方に動いた。

(4)　この月は、この日の午後4時には、図のあ～うのどの方向に見えていたと考えられますか。(　　　)

チャレンジ! (5)　この月は、午後6時の見え方とくらべて、午後10時にはどのように見えると考えられますか。次の①～③のうち、正しいものに○をつけましょう。

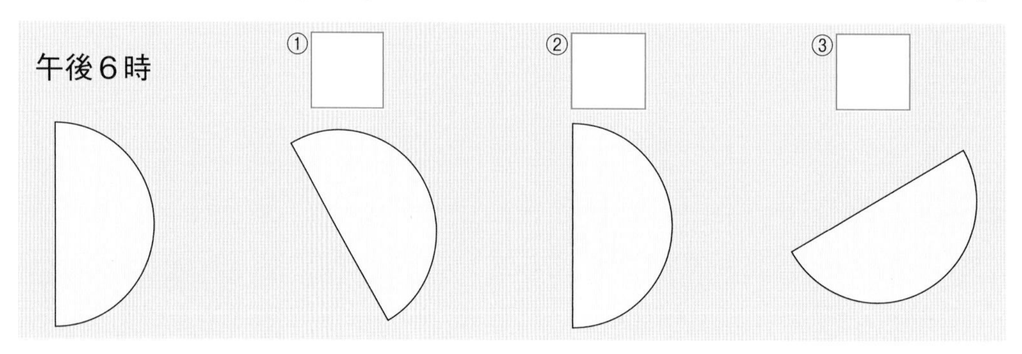

(6)　この月がしずむのは、この日の真夜中ですか、次の日の昼ごろですか。
(　　　　　　)

(7)　次の文は、月の動き方についてまとめたものです。(　)に当てはまる方位を書きましょう。

月は、①(　　　　)からのぼって②(　　　　)の空の高い位置を通り、③(　　　　)へしずむ。月の1日の動き方は、太陽の動き方とにている。

チャレンジ! (8)　この日からおよそ1週間後に見える月の形を何といいますか。(　　　　)

2 **朝見える月の観察** **右の図は、月の動き方を観察したときの記録カードです。次の問いに答えましょう。**

1つ3〔6点〕

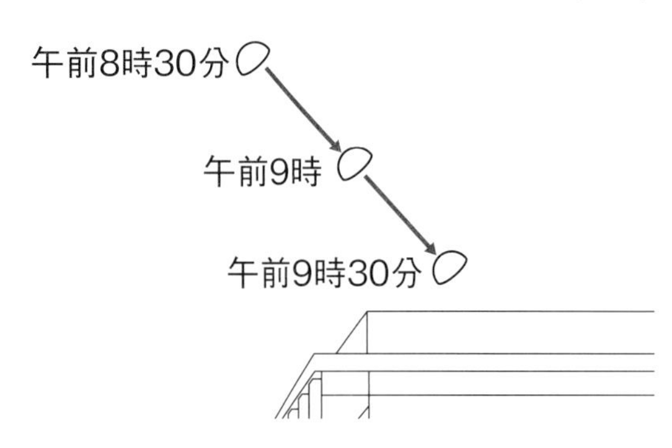

(1) 朝見える月は、どの方位に見えますか。東、西、南、北で答えましょう。

(　　　　　)

(2) この月の動き方として、正しいものを、次のア、イから選びましょう。

(　　　)

ア　東からのぼってきた。　　イ　西からのぼってきた。

3 **星の観察** **次の図は、9月15日の午後8時と午後9時の三角形にならんだ星を記録したものです。あとの問いに答えましょう。**

1つ3〔9点〕

㋐

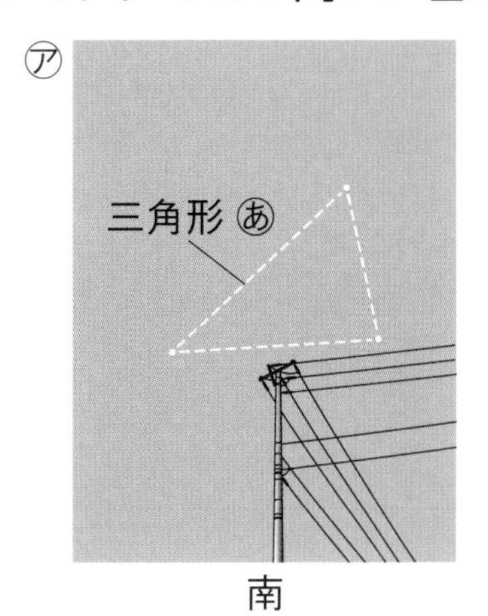

南

㋑

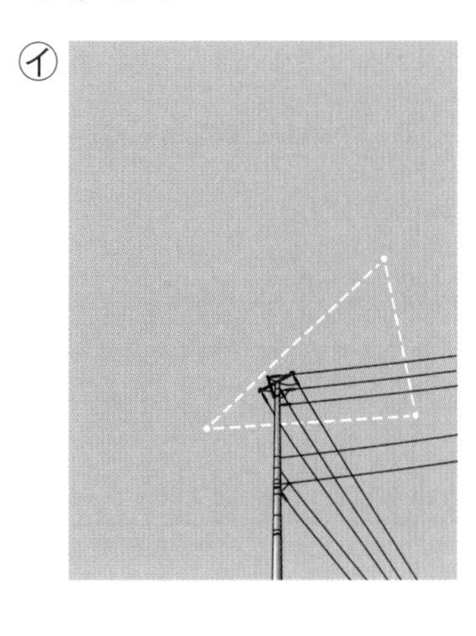

(1) ㋐の三角形を、何といいますか。(　　　　　)

(2) 午後8時の記録は、図の㋐、㋑のどちらですか。(　　　)

(3) 時間がたっても変わらないものを、次のア、イから選びましょう。(　　　)

ア　星どうしのならび方　　イ　星が見える位置

4 **月や星の見え方と動き方** **次の文は、月や星について説明(せつめい)したものです。正しいものには○、まちがっているものには×をつけましょう。**

1つ5〔30点〕

①(　　　)月の見える形は、毎日少しずつ変わる。

②(　　　)午後、東の空に見えた半月は、時間がたつと東にしずむ。

③(　　　)月は、東からのぼり、南の空を通って、西へしずむ。

④(　　　)星は、時間がたつと見える位置が変わる。

⑤(　　　)星どうしのならび方は、時間がたつと変わる。

⑥(　　　)月を観察した日からおよそ1か月後にふたたび観察すると、1か月前とほとんど同じ形の月が見られる。

勉強した日　月　日

すずしくなると①
きほんのワーク

もくひょう
秋のころの気温や、動物のようすをかくにんしよう。

おわったらシールをはろう

教科書 100～103ページ　答え 12ページ

図を見て、あとの問いに答えましょう。

1 夏とくらべた気温

夏　このごろの気温
(℃) 午前10時
30 20 10 0
6月28日 7月5日 7月12日 7月19日

秋　このごろの気温
(℃) 午前10時
30 20 10 0
9月27日 10月4日 10月11日 10月18日

秋の気温は、夏のころとくらべて①（ 高い　低い ）。

気温の変化をくらべてみよう。

● 秋の気温は、夏のころとくらべてどのようになっていますか。①の（　）のうち、正しい方を◯でかこみましょう。

2 秋のころの動物のようす

オオカマキリ　①［　　］を産んでいる。

アゲハ　花の②［　　］をすっている。

③［　　］　④［　　］

活動が⑤［　　］。

(1) オオカマキリとアゲハは何をしているか、①、②の［　］に書きましょう。
(2) ③、④の［　］に、秋に見られる動物の名前を書きましょう。
(3) 動物の活動は、活発ですか、にぶいですか。⑤の［　］に書きましょう。

まとめ　〔 低く　にぶく 〕から選んで（　）に書きましょう。

● 秋は、夏にくらべて、気温が①（　　　　）なる。
● 秋になると、動物のようすは変わり、動物の活動は②（　　　　）なる。

秋のころのスズメバチは、とてもきけんです。巣の近くを通るだけで人をこうげきしてきます。このころは、黒い服はなるべく着ないで、巣をさけて歩きましょう。

勉強した日　月　日

1 夏のころとくらべて、秋の気温はどのようになったのかを調べました。次の問いに答えましょう。

(1) 右のグラフで、秋の気温の変化を表しているものを、㋐、㋑から選びましょう。（　　　）

(2) 秋の気温は、夏のころとくらべて、どうなりましたか。正しいものに○をつけましょう。

①（　　　）10℃くらい低くなった。
②（　　　）20℃くらい低くなった。
③（　　　）あまり変わっていない。

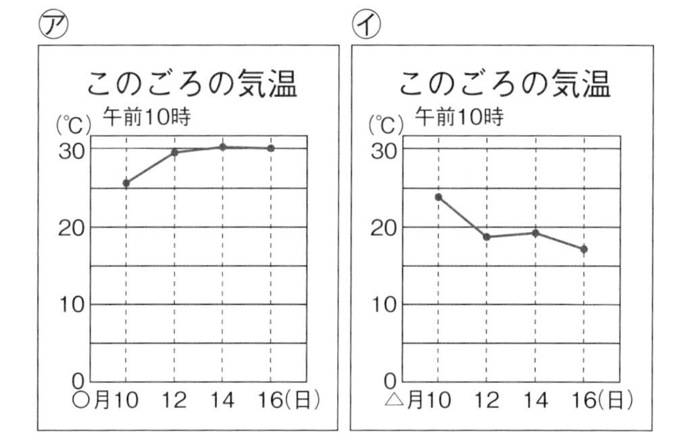

2 秋のころの動物のようすについて説明した次の文のうち、正しいものには○、まちがっているものには×をつけましょう。

①（　　　）オオカマキリがたまごを産んでいる。
②（　　　）セミが成虫になり、さかんに鳴いている。
③（　　　）ナナホシテントウの動きがにぶくなってきた。
④（　　　）草むらでエンマコオロギが鳴いている。
⑤（　　　）アマガエルが活発に動き回っている。
⑥（　　　）校庭の木でアゲハがさなぎになっている。
⑦（　　　）カブトムシのよう虫がたまごからかえっている。

3 次の図は、春から秋にかけて見られたツバメの活動のようすを表しています。㋐～㋒を、春から秋に見られる順にならべましょう。

（　　　→　　　→　　　）

㋐

親ツバメがひなに
食べものをあたえる。

㋑

親ツバメがたまごを
あたためる。

㋒

ひなが育って
飛べるようになる。

勉強した日　　月　　日

すずしくなると②

きほんのワーク

もくひょう 秋の植物の育ち方や夏のようすとのちがいをかくにんしよう。

おわったらシールをはろう

教科書 104～107ページ　答え 13ページ

図を見て、あとの問いに答えましょう。

1 ヘチマの秋のようす

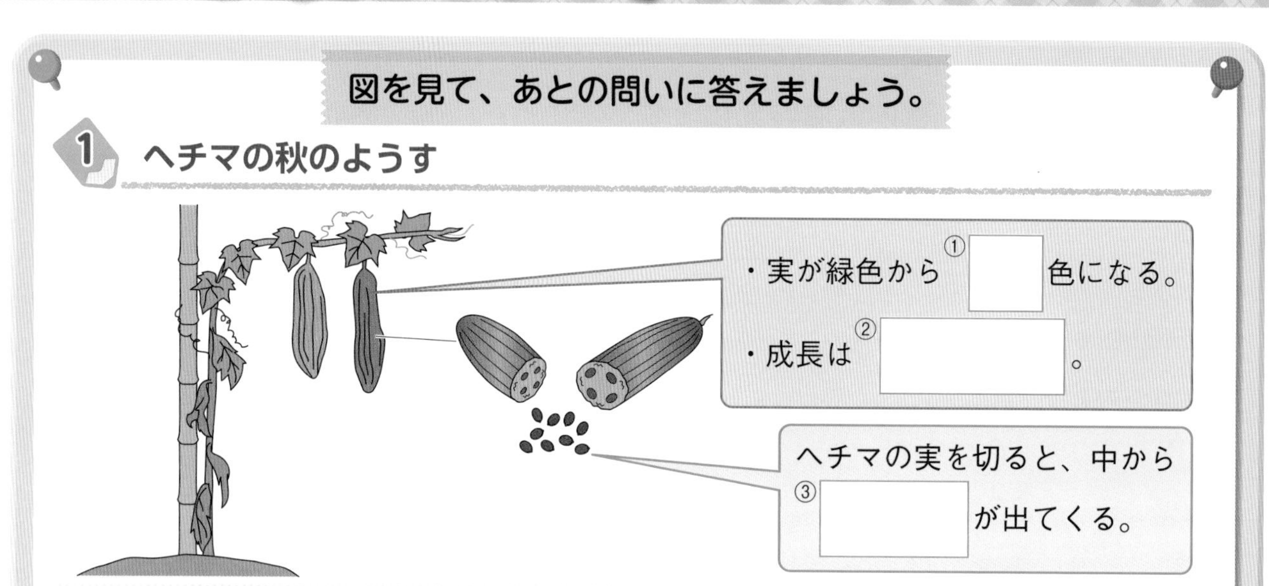

・実が緑色から①［　　］色になる。

・成長は②［　　］。

ヘチマの実を切ると、中から③［　　］が出てくる。

● ①、③の［　　］に当てはまる言葉を書きましょう。また、秋になると、ヘチマの成長は続きますか、止まりますか。②の［　　］に書きましょう。

2 夏の記録とくらべる

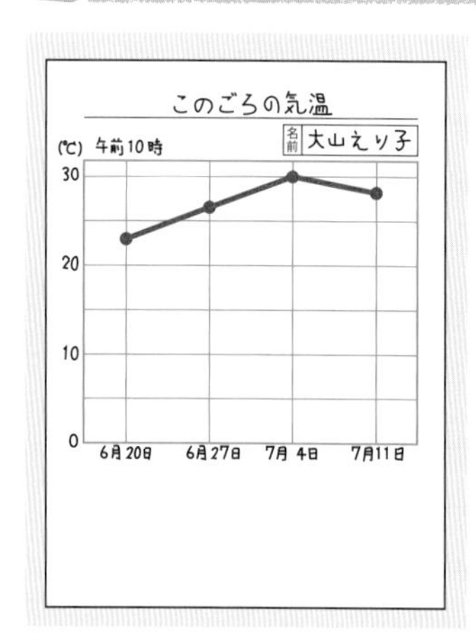

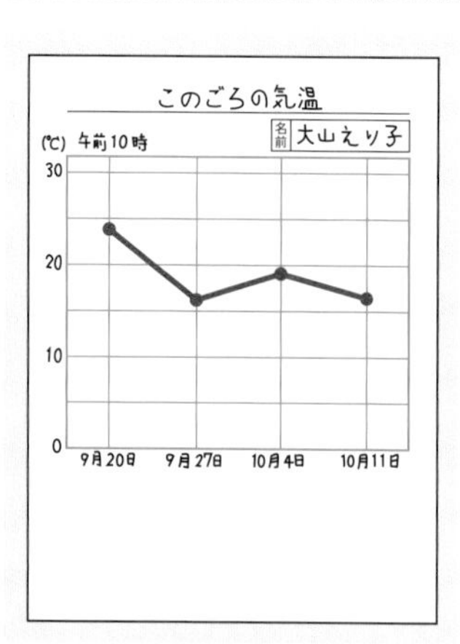

・秋になり夏のころとくらべて①［　　］が低くなった。

・見られる動物の数は、②（ 多く　少なく ）なり、活動は③（ 活発に　にぶく ）なっている。

(1) ①の［　　］に当てはまる言葉を書きましょう。

(2) 秋になると、見られる動物の数や活動のようすはどうなりますか。②、③の（　）のうち、正しい方を○でかこみましょう。

まとめ 〔 たね　実　にぶく　少なく 〕から選んで（　）に書きましょう。

●秋になるとヘチマの成長は止まり、①（　　　　）の中に②（　　　　）ができる。

●秋になると、見られる動物の数は③（　　　　）なり、活動は④（　　　　）なる。

秋に実をつけ、たねができる植物がたくさんあります。植物はかれてしまっても、たねで寒い冬をこすことができるのです。

できた数　/6問中

おわったら シールを はろう

1 花がさいた後、ヘチマがどのように育っているかを調べました。次の問いに答えましょう。

(1) 右の図は、花がさいた後、3つのヘチマの実がついたようすです。最も早く実になったと考えられるものを、㋐～㋒から選びましょう。

（　　　）

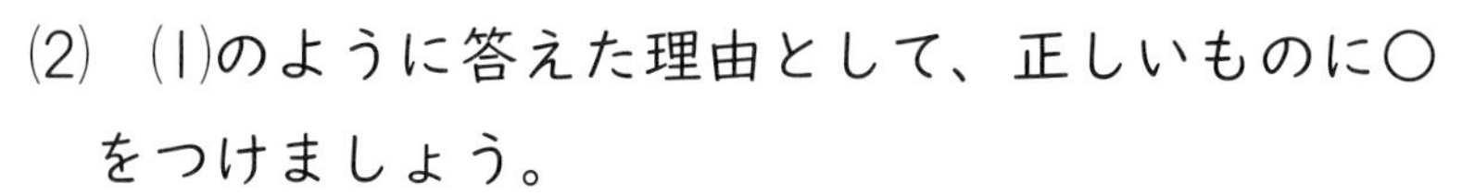

(2) (1)のように答えた理由として、正しいものに○をつけましょう。

①（　　　）最も小さくて、先にまだ花がついているから。

②（　　　）大きくて、緑色だから。

③（　　　）茶色になりかかっているから。

(3) 茶色になったヘチマの実を切りました。切り口は、次のあ～えのどれですか。

（　　　）

あ 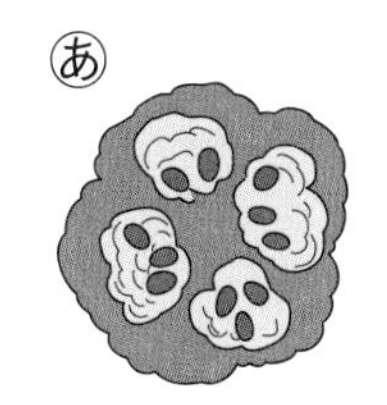
い 
う 
え 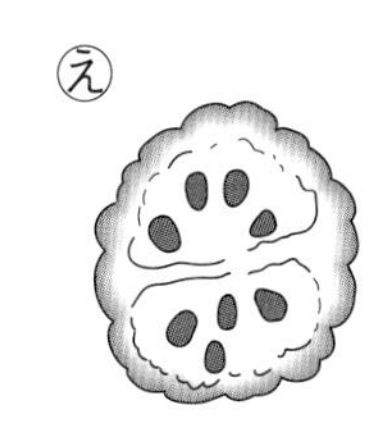

(4) (3)で、実の中にある、黒っぽいつぶは何ですか。

（　　　）

2 次のグラフは、夏と秋の1週間ごとの気温の変化を調べたものです。あとの問いに答えましょう。

㋐
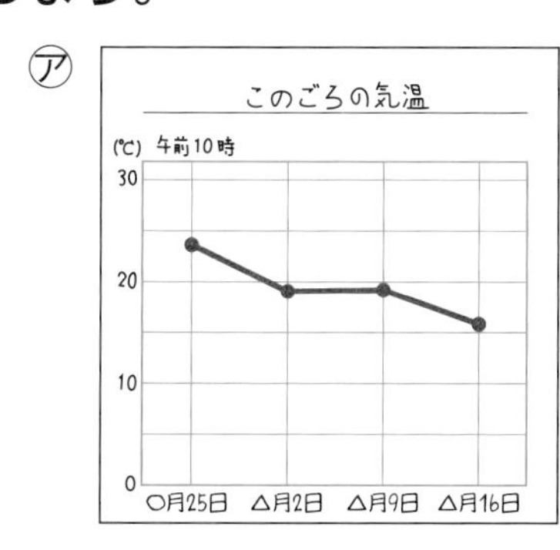

㋑
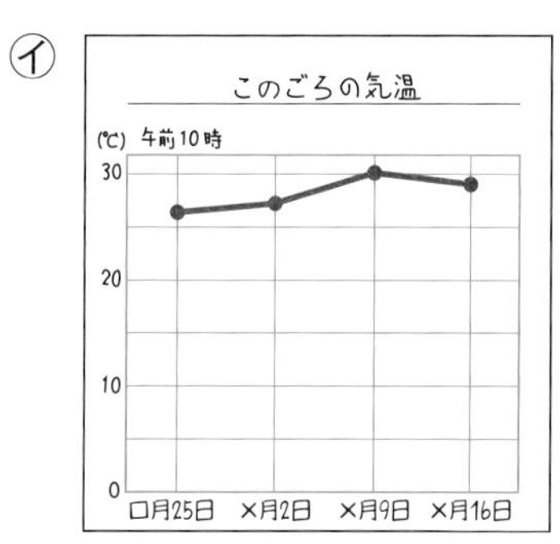

(1) 秋のころの気温の変化を表したグラフはどれですか。㋐、㋑から選びましょう。

（　　　）

記述 (2) 秋のころになって、動物の動きがにぶくなるのは、なぜですか。

（　　　　　　　　　　　　　　　　）

勉強した日　月　日

まとめのテスト

1-3　すずしくなると

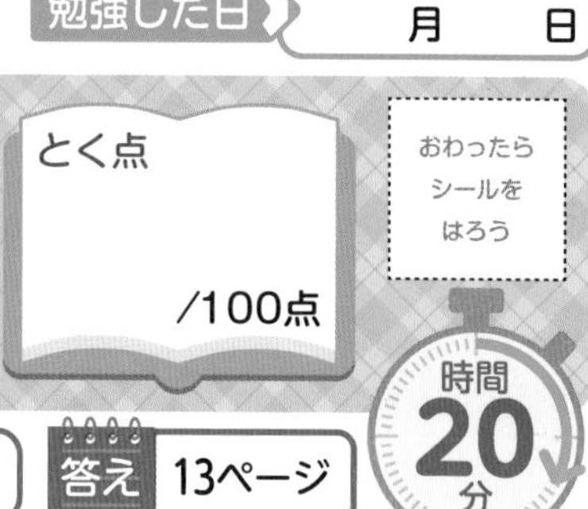

教科書　100～107ページ　答え　13ページ

よく出る **1** **ヘチマの秋のようす**　次の図は、すずしくなったころのヘチマのようすとその記録カードです。あとの問いに答えましょう。　1つ6〔42点〕

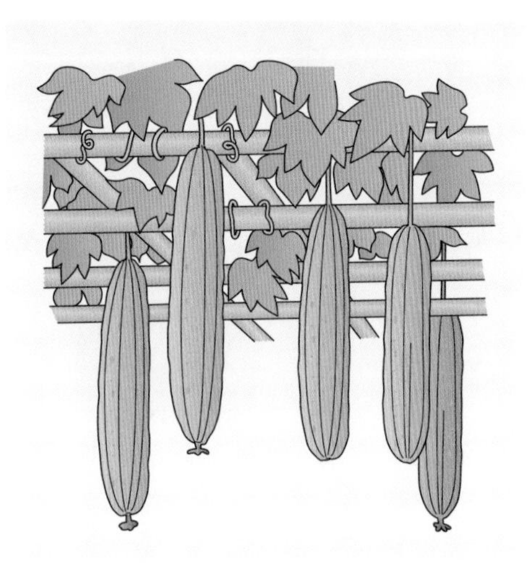

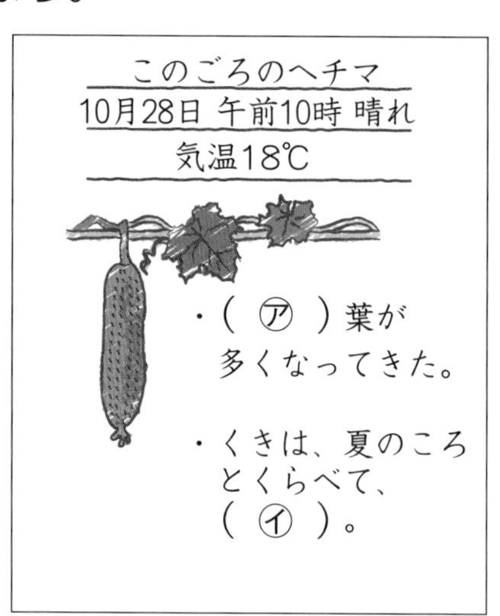

⑴　記録カードの㋐、㋑に当てはまるものを、次の**ア**～**カ**から選びましょう。

㋐（　　　）　㋑（　　　）

ア　かれた　　**イ**　新しい　　**ウ**　緑の　　**エ**　同じくらいのびている
オ　さらにのびるようになった　　**カ**　ほとんどのびていない

⑵　すずしくなってきたころのヘチマの実は、何色に変わっていますか。正しいものに○をつけましょう。

①（　　　）緑色　　②（　　　）茶色　　③（　　　）白色

⑶　⑵のころのヘチマの実は、成長していますか、成長は止まっていますか。

（　　　　　　　　　　）

⑷　すずしくなってきたころの実の中に見られるヘチマのたねを、次のあ～うから選びましょう。　（　　　）

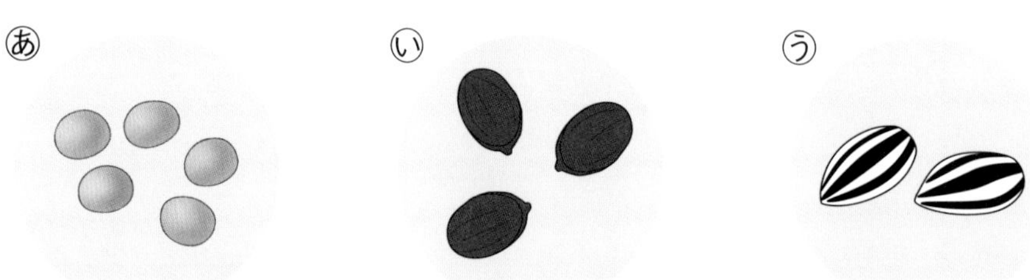

⑸　ヘチマの育ち方が記録カードのようになるのは、夏のころにくらべて、気温がどうなったからですか。　（　　　　　　　　　　）

⑹　この後、ヘチマはどうなりますか。　（　　　　　　　　　　）

2 **動物の秋のようす** 次の図は、あるこん虫の秋のようすです。あとの問いに答えましょう。

1つ5〔20点〕

㋐

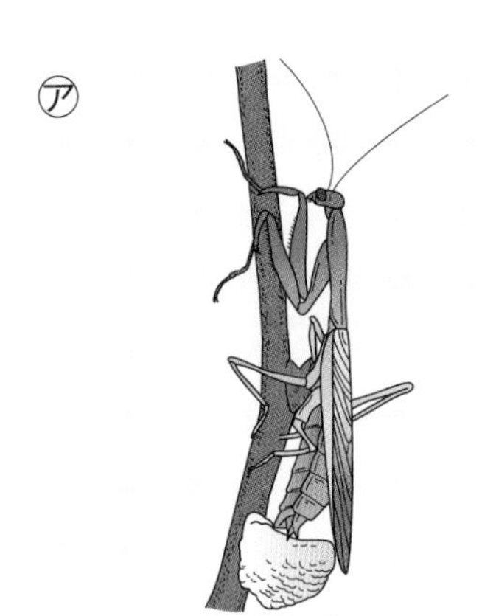

㋑

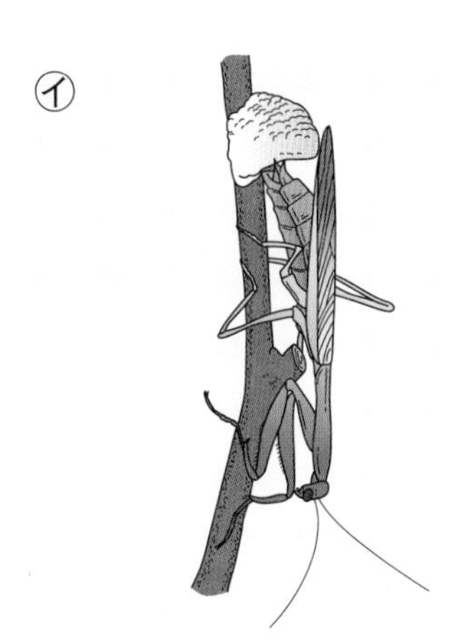

(1) 図のこん虫は何ですか。 (　　　　　　　　)

記述 (2) 図のこん虫は、何をしていますか。

(　　　　　　　　　　　　　　　　)

(3) 図のこん虫が、(2)のことをするときのようすとして正しいものを、㋐、㋑から選びましょう。 (　　　)

(4) 図のようなこん虫は、秋になると、夏とくらべて動きはどうなりますか。

(　　　　　　　　　　　　　　　　)

3 **サクラの秋のようす** 次の文のうち、サクラの秋のようすとして、正しいものには○、まちがっているものには×をつけましょう。

1つ6〔18点〕

①(　　　)さいていた花が散り、緑色の葉が出てきた。

②(　　　)葉の色が変わり、かれ落ちてきた。

③(　　　)木のえだ全体に花がさいている。

4 **ツバメの秋のようす** 次の文のうち、ツバメの秋のようすとして、正しいものには○、まちがっているものには×をつけましょう。

1つ5〔20点〕

①(　　　)親ツバメが、どろやかれ草で巣を作っている。

②(　　　)親ツバメが、巣にたまごを産んで、あたためている。

③(　　　)ひなは大きく育ち、飛べるようになっている。

④(　　　)親ツバメが、たまごからかえったひなに食べものをあたえている。

1 水のゆくえ

きほんのワーク

勉強した日　月　日

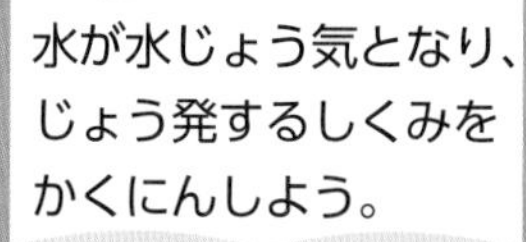

水が水じょう気となり、じょう発するしくみをかくにんしよう。

おわったらシールをはろう

教科書 108～113ページ　答え 14ページ

図を見て、あとの問いに答えましょう。

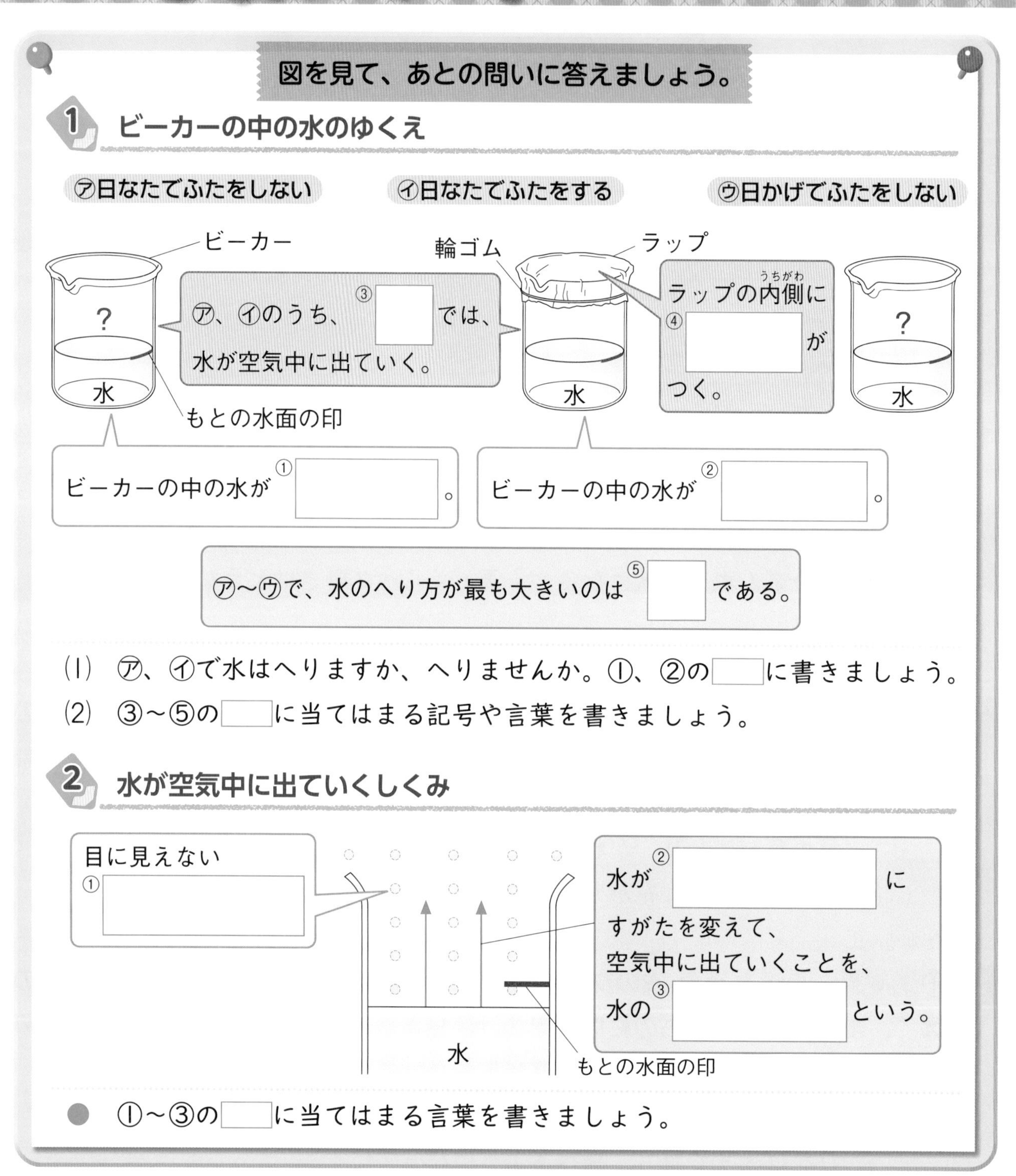

まとめ　〔 水じょう気　じょう発 〕から選んで（　）に書きましょう。

●水は、目に見えない①（　　　　）にすがたを変えて、空気中に出ていく。これを水の②（　　　　）という。

水は、陸からも海からもじょう発しています。1年間に海からじょう発する水の量は、陸からじょう発する水の量のおよそ6倍もあります。

練習のワーク

教科書 108～113ページ　答え 14ページ

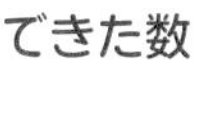

できた数　/9問中

おわったらシールをはろう

1 **右の図のように、㋐、㋑のビーカーを用意して、ビーカーの中の水が空気中に出ていくのかどうかを調べました。次の問いに答えましょう。**

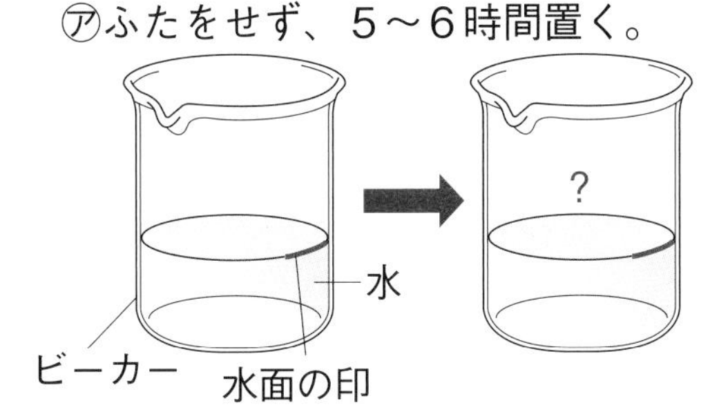

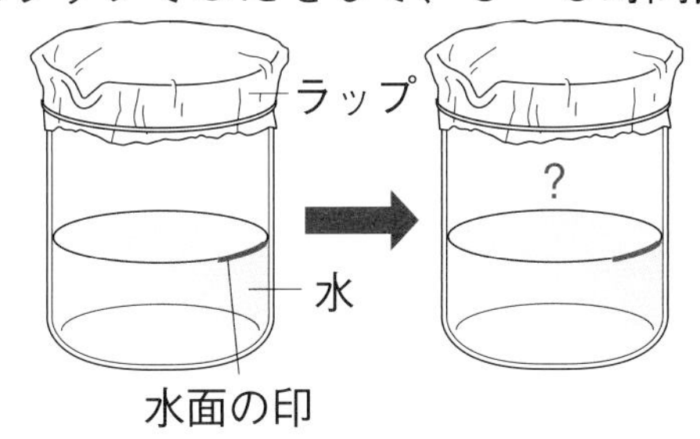

(1) 5～6時間後に水の量がへっていたビーカーを、㋐、㋑から選びましょう。

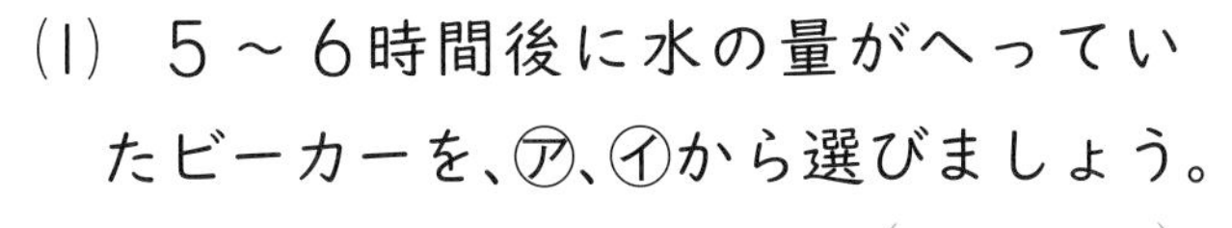

(　　　)

(2) (1)で、水は何になって空気中に出ていきましたか。　(　　　)

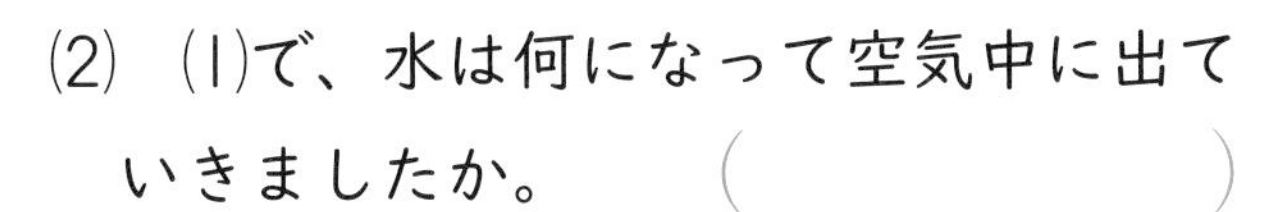

(3) 水が(2)になって、空気中に出ていくことを、何といいますか。

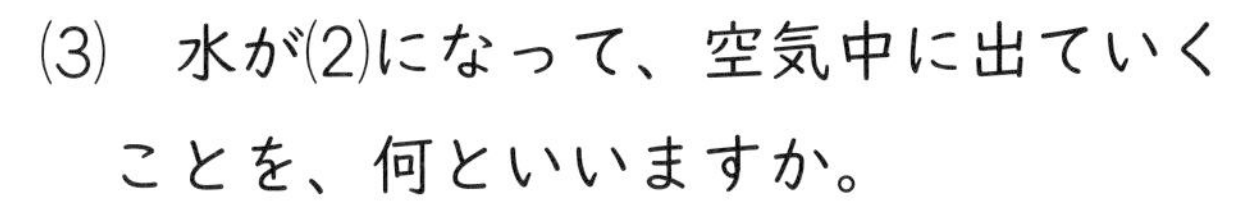

(　　　)

(4) (3)は日なたと日かげのどちらで、より起こりやすいですか。

(　　　)

(5) 5～6時間後に、㋑のビーカーのラップの内側についていたものは何ですか。

(　　　)

2 **晴れた日に、右の図のように、校庭の地面の上にとう明(めい)なプラスチックのよう器をふせて置き、よう器の内側がどうなったかを調べました。次の問いに答えましょう。**

置いたばかりのよう器

(1) 1時間後に、よう器の内側はどうなりましたか。正しいものに○をつけましょう。

①(　　)地面に水たまりができていた。

②(　　)内側に水てきがついていた。

③(　　)よう器を置いたばかりのときと変わりなかった。

(2) (1)のようになったのはなぜですか。次の文の(　)に当てはまる言葉を、下の〔　〕から選んで書きましょう。

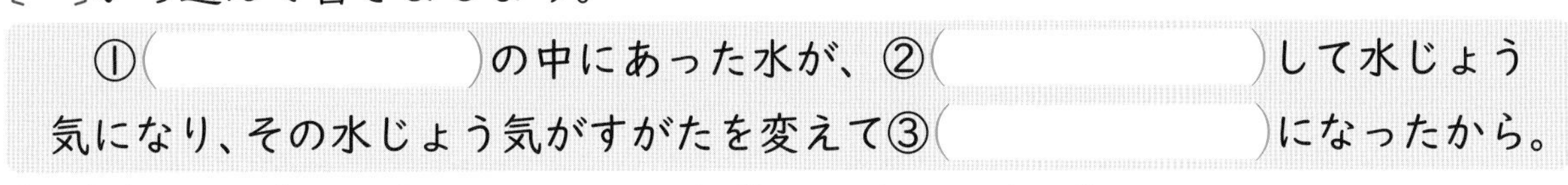

①(　　　　)の中にあった水が、②(　　　　)して水じょう気になり、その水じょう気がすがたを変えて③(　　　　)になったから。

〔 空気　プラスチック　じょう発　水　土 〕

勉強した日　月　日

2　空気中の水じょう気

もくひょう
空気中の水じょう気や自然の中の水のすがたをかくにんしよう。

おわったらシールをはろう

きほんのワーク

教科書 114～117ページ　答え 14ページ

図を見て、あとの問いに答えましょう。

1 空気中の水じょう気

しばらくすると、水が入っている部分のよう器のまわりに①［　　］がつく。

↓

空気中には②［　　］があり、冷やすと水に変わる。

● ①、②の［　］に当てはまる言葉を書きましょう。

2 身の回りの水の変化

晴れた日の外が寒いときのようす

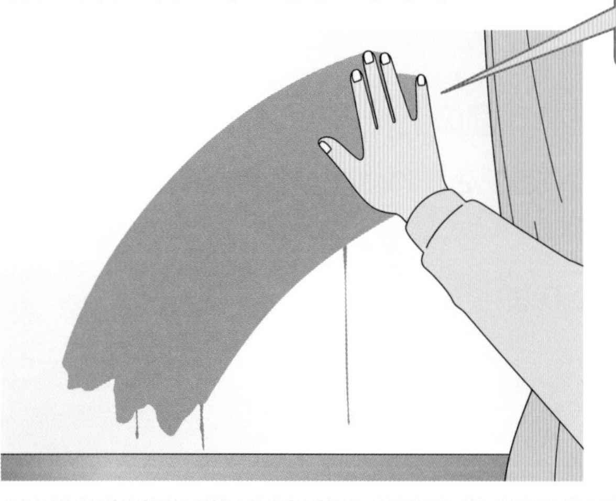

外が寒いとき、まどガラスの①（ 内側　外側 ）に水てきがついた。

外の空気に②（ あたためられた　冷やされた ）ガラスによって、部屋の中の空気中の③［　　］が冷やされ、水てきになる。

● ①、②の（　）のうち、正しいほうを◯でかこみましょう。また、③の［　］に当てはまる言葉を書きましょう。

まとめ　〔 水　氷　水じょう気 〕から選んで（　）に書きましょう。

● 空気中には①（　　　　）があり、冷やされるとふたたび②（　　　　）になる。
● 水は、自然の中で、水じょう気や③（　　　　）にすがたを変える。

<自然の中の水のめぐり>空気中の水じょう気は、上空に上がっていくと、冷やされて雲になります。雲の中の水てきや氷のつぶが集まって雨や雪となり、地上にもどってきます。

1 ふたのついたよう器に氷水を入れ、㋐～㋒の場所に持っていきました。あとの問いに答えましょう。

(1) よう器のまわりに水てきがついたのは、どの場所に持っていったときですか。次のア～エから選びましょう。（　　　）

ア ㋐と㋑　イ ㋑と㋒　ウ ㋐と㋒　エ ㋐と㋑と㋒すべて

(2) よう器のまわりに水てきがついたのは、なぜですか。次の文の（　）に当てはまる言葉を書きましょう。

空気中にある（　　　　　）が、氷水で冷やされて、水になったから。

2 右の㋐、㋑は、冬に見られるようすです。次の問いに答えましょう。

(1) ㋐の雪は、何がすがたを変えたものですか。（　　　）

(2) ㋑は、こおったたきを表しています。図のようすは、何がこおってできたものですか。（　　　）

(3) 自然の中で、水はすがたを変えますか、変えませんか。

（　　　　　）

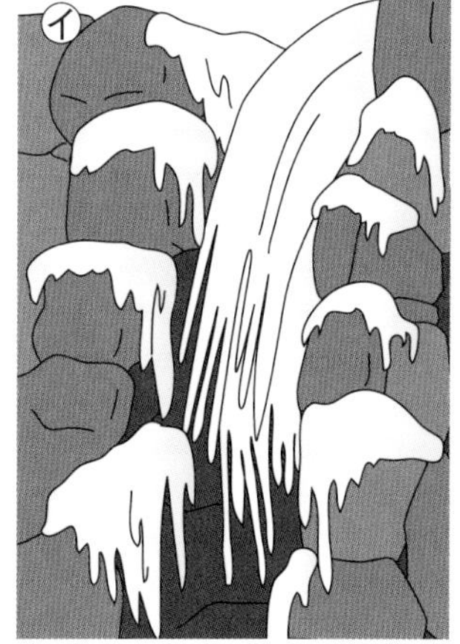

(4) ㋒は、自然の中での水のすがたや変化を表したものです。あ～えは、何を表していますか。あとのア～エからそれぞれ選びましょう。

あ（　　　）　い（　　　）

う（　　　）　え（　　　）

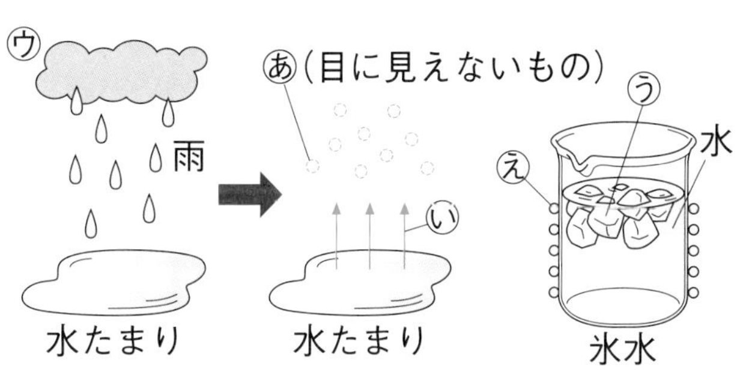

ア 水てき　イ 氷　ウ 水じょう気　エ じょう発

まとめのテスト

7　自然の中の水

勉強した日　月　日

時間20分

教科書 108～117ページ　答え 15ページ

よく出る **1** **水のゆくえ** 下の図のように、同じ量の水を入れたビーカーにふたをしないものとラップでふたをしたものを日なたに置いて、中の水がどうなるかを調べました。次の問いに答えましょう。

1つ5〔25点〕

(1)　3～4日後にようすを見たとき、水がへっているビーカーを、㋐、㋑から選びましょう。

(　　　)

(2)　(1)のビーカーを、日なたと日かげのどちらに置くと、より多くの水がへると考えられますか。

(　　　)

(3)　ビーカーのラップのふたの内側にたくさんついていたものは何ですか。(　　　)

(4)　ビーカーの中の目に見えない何が、(3)に変わったと考えられますか。

(　　　)

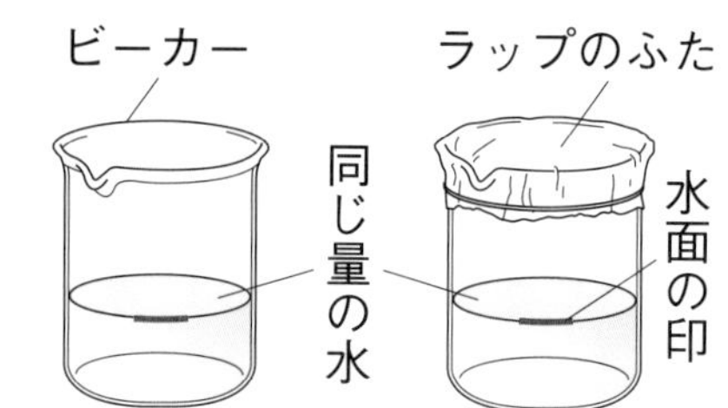

(5)　(1)～(4)のことから、水がへったビーカーの、へった水はどうなったと考えられますか。「水面」という言葉を使って書きましょう。

(　　　)

2 **水のじょう発** 水のじょう発について説明した次の文のうち、正しいものには○、まちがっているものには×をつけましょう。

1つ4〔24点〕

①(　　)雨がふったときにできた土の校庭の水たまりの水は、すべて土の中にしみこんでいき、じょう発はしないので、やがて校庭はかわいてくる。

②(　　)水は、水面や地面などいろいろなものの表面から、水じょう気となって、空気中に出ていく。

③(　　)水は、水面からはじょう発しているが、地面からじょう発して水じょう気になることはない。

④(　　)日なたでも、日かげでも、水はじょう発している。

⑤(　　)せんたく物は、かわく前とかわいた後では、水がじょう発したかわいた後の方が軽くなる。

⑥(　　)じょう発した水じょう気は、ふたたび水にもどることはない。

3 せんたく物のかわき方 右の図のように、ぬれたせんたく物をほしたら、せんたく物がかわきました。次の問いに答えましょう。

1つ6〔30点〕

(1) ぬれたせんたく物の重さをはかったら、600gありました。かわいたせんたく物の重さは200gでした。ほす前とほした後で、せんたく物は何g軽くなりましたか。

（　　　　）

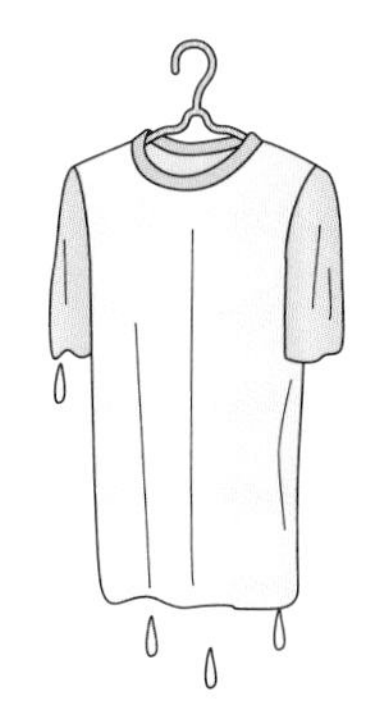

ぬれたせんたく物
600g

かわいたせんたく物
200g

(2) (1)で軽くなった重さは、何の重さですか。次の文の（　）に当てはまる言葉を書きましょう。

ぬれたせんたく物から、水が①（　　　　）して、水じょう気となり、②（　　　　）中に出ていった水の重さである。

(3) (2)のことから、水じょう気は何がすがたを変えたものであると考えられますか。

（　　　　）

記述 (4) ぬれたせんたく物を、ビニルふくろに入れておくと、ビニルふくろの内側のようすはどうなりますか。（　　　　）

よく出る 4 空気中の水じょう気 冷（れい）ぞう庫の中で冷（ひ）やしておいたペットボトルを外に出して、表面のようすを観察しました。次の問いに答えましょう。

1つ3〔21点〕

記述 (1) しばらくすると、ペットボトルの表面には、どのような変化が見られますか。

（　　　　）

(2) 右の図は、(1)のときのようすを表しています。㋐は空気中にある目に見えないものです。㋐と㋑は、それぞれ何を表していますか。

㋐（　　　　）

㋑（　　　　）

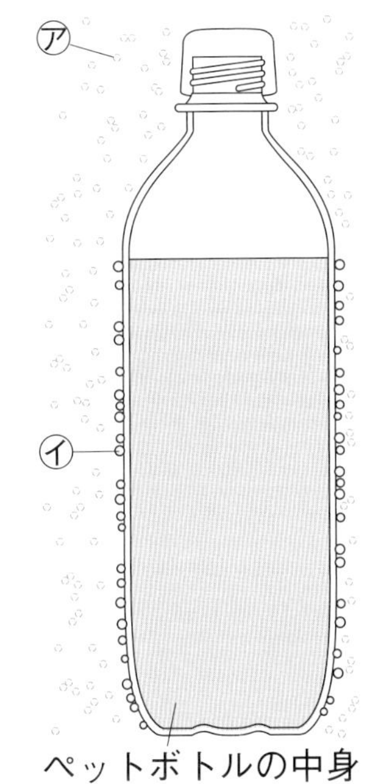

ペットボトルの中身

(3) 次の文は、(1)のときのようすを説明したものです。（　）に当てはまる言葉を、下の〔　〕から選んで書きましょう。

空気中にふくまれている①（　　　　）がペットボトルで②（　　　　）て、③（　　　　）に変わって、表面についた。

〔 水じょう気　水てき　空気　あたためられ　冷やされ 〕

(4) 部屋と同じ温度のペットボトルを部屋の中に置いておくと、上の図のように㋑がつきますか、つきませんか。

（　　　　）

勉強した日　月　日

1　水を熱したときのようす

きほんのワーク

もくひょう
水を熱したときのようすや水の温度、体積の変化をかくにんしよう。

おわったらシールをはろう

教科書 118~124、196~201ページ　答え 16ページ

図を見て、あとの問いに答えましょう。

1 水を熱したときのようす

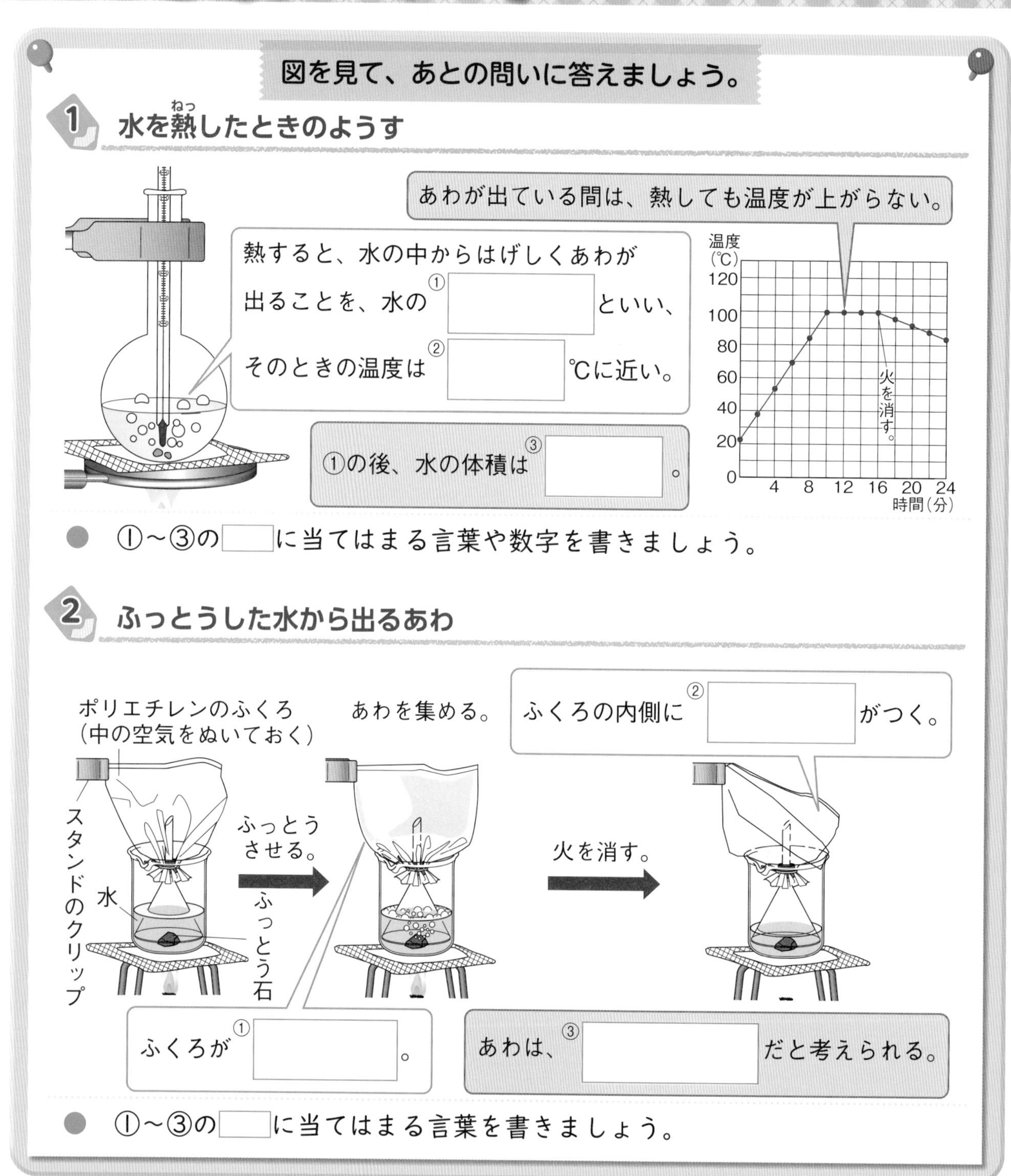

● ①～③の□に当てはまる言葉や数字を書きましょう。

2 ふっとうした水から出るあわ

● ①～③の□に当てはまる言葉を書きましょう。

まとめ

〔 水じょう気　ふっとう　水 〕から選んで（ ）に書きましょう。

● 水は100℃に近づくと①（　　　）し、①をしている間、温度が上がらない。
● ①で出るあわは②（　　　）で、冷やすとふたたび③（　　　）にもどる。

水をふっとう（じょう発）させて水じょう気にした後、冷やして水にもどすという方法は、きれいな水を作るときにも使われています。

できた数　　/10問中

おわったらシールをはろう

1 右の図の㋐のように水を熱して、そのときの温度の変化を、㋑のグラフに表しました。次の問いに答えましょう。

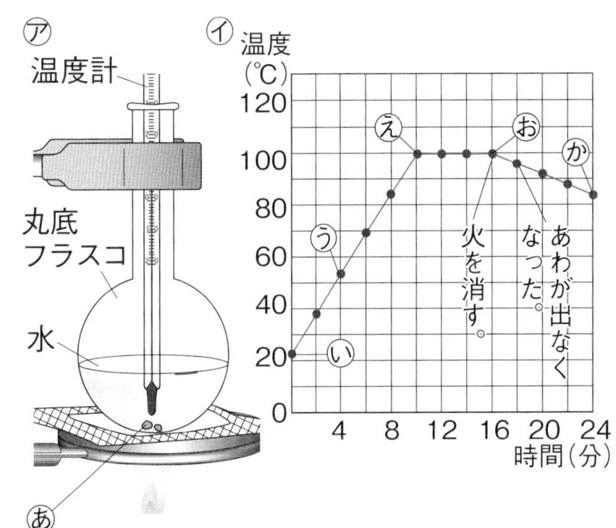

(1) 丸底（まるぞこ）フラスコに入れておく、（あ）の石を何といいますか。

（　　　　　）

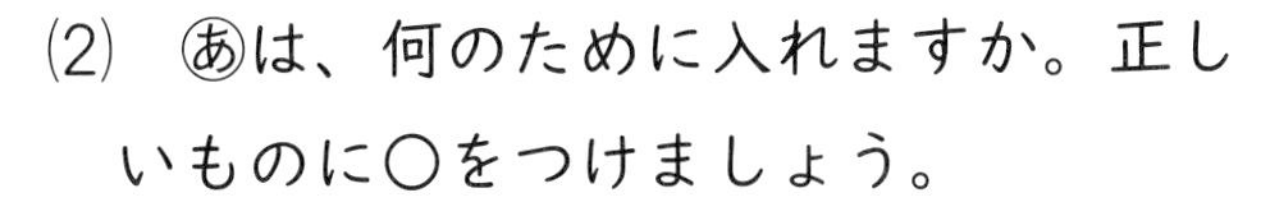

(2) （あ）は、何のために入れますか。正しいものに○をつけましょう。

①（　　　）フラスコが熱（あつ）くならないようにするため。

②（　　　）水が急にわき立たないようにするため。

③（　　　）水の温度を早く上げるため。

(3) ㋑で、はげしくあわが出始めたのは、（い）～（か）のどのときですか。（　　　）

(4) (3)のときの温度は、およそ何℃ですか。（　　　）

(5) 水の中からはげしくあわが出ることを、何といいますか。（　　　）

(6) (5)の間、温度は変化しますか、変化しませんか。（　　　）

(7) 火を消した後、フラスコの水の体積は、熱する前とくらべて、ふえていますか、へっていますか、変わらないですか。（　　　）

2 右の図のように水を熱して、ようすを調べました。次の問いに答えましょう。

(1) 右の図で水じょう気を表しているものを、㋐～㋕からすべて選びましょう。

（　　　　　）

(2) 水じょう気のように、目に見えず、自由に形を変えられるすがたを何といいますか。次のア、イから選びましょう。

（　　　）

ア　えき体（たい）　　イ　気体（きたい）

(3) 水のように、目に見え、自由に形を変えられるすがたを何といいますか。(2)のア、イから選びましょう。（　　　）

㋒　㋓（白く見える）　㋔　㋑　㋐（あわ）　水　試験管　㋕　冷たい水

㋒の部分に冷たい水の入った試験管（しけんかん）を近づけた場合。

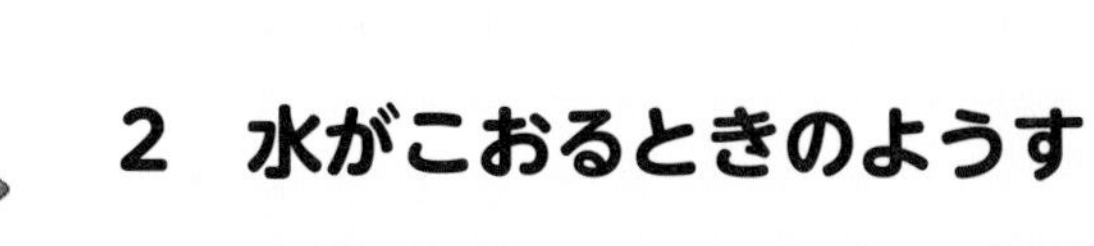

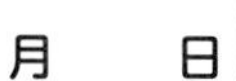

勉強した日　月　日

もくひょう
水がこおるときのようすや水の温度、体積の変化をかくにんしよう。

おわったらシールをはろう

2 水がこおるときのようす

きほんのワーク

教科書 125～131ページ　答え 16ページ

図を見て、あとの問いに答えましょう。

1 水をこおらせたときの変化

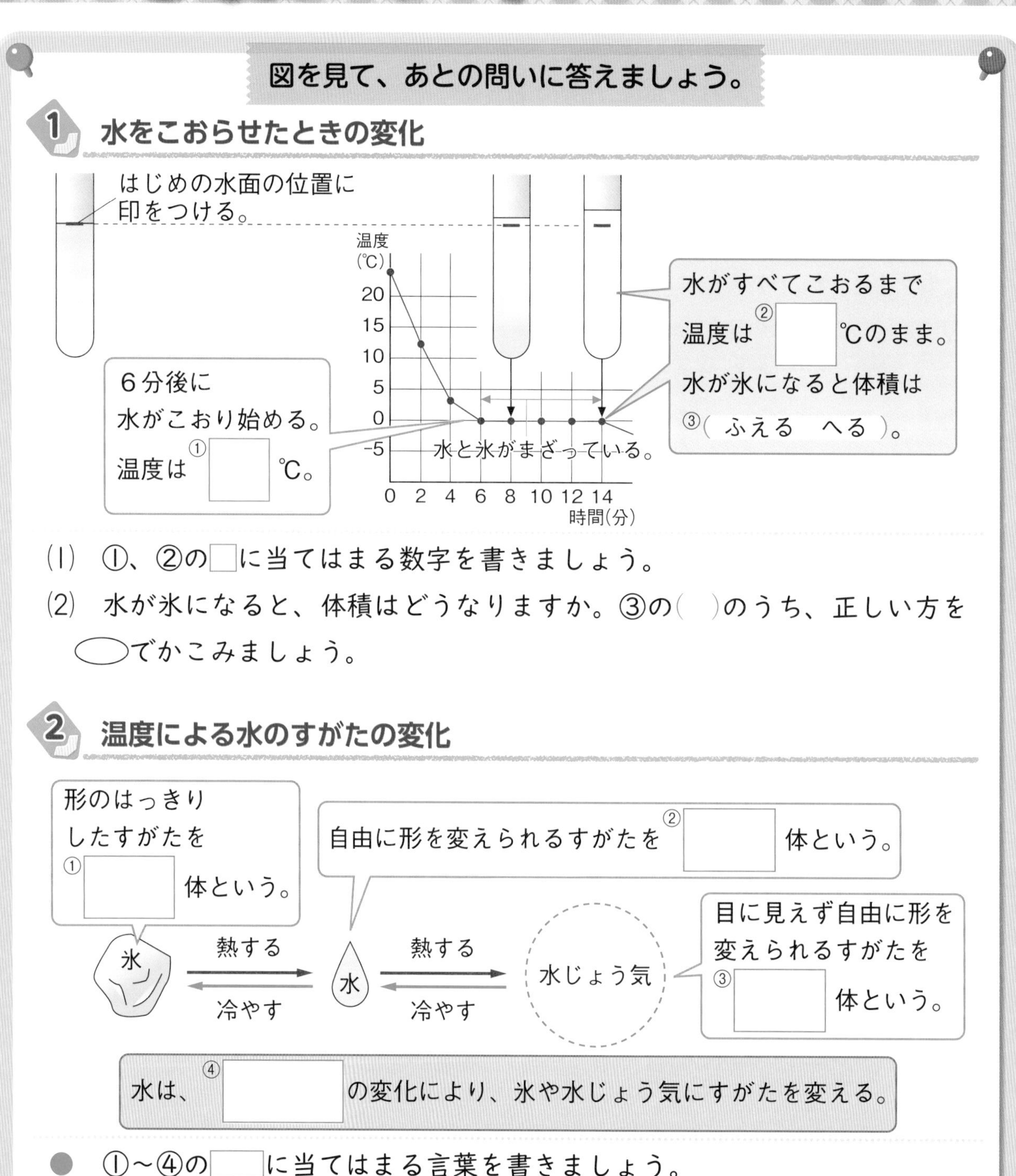

(1) ①、②の□に当てはまる数字を書きましょう。

(2) 水が氷になると、体積はどうなりますか。③の（　）のうち、正しい方を◯でかこみましょう。

2 温度による水のすがたの変化

● ①～④の□に当てはまる言葉を書きましょう。

まとめ〔 固体（こたい）　気体 〕から選んで（　）に書きましょう。

● 水は０℃でこおり始め、すべて氷になるまで温度は変わらない。

● 水は温度により、①（　　　　）の水じょう気や②（　　　　）の氷になる。

水に食塩（しょくえん）などがまざっていると、０℃より低くなってもこおりにくくなります。そのため、湖の水がこおっても、近くにある海の水がこおっていないことがあるのです。

1 次の図のようにして、水がこおるときのようすを調べました。あとの問いに答えましょう。

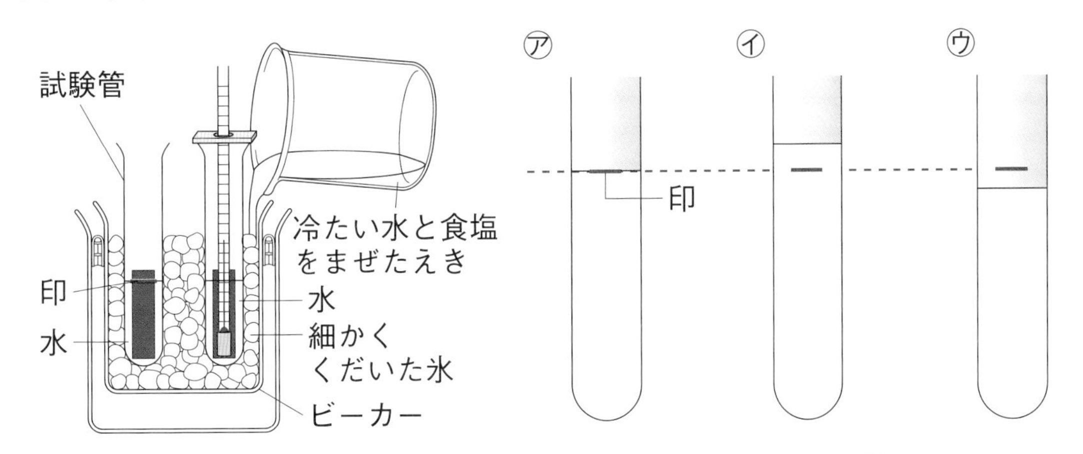

(1) 細かくくだいた氷に、冷たい水と食塩をまぜたえきを加えたのは、なぜですか。正しい方に○をつけましょう。

①(　　　)ビーカーの中の温度を0℃のままにするため。

②(　　　)ビーカーの中の温度を0℃よりも低くするため。

(2) 試験管の水がすべてこおったときのようすとして正しいものを、図の㋐～㋒から選びましょう。ただし、赤い印は、はじめの水の位置です。(　　　)

2 右のグラフは、水を冷やしたときの温度の変化を表したものです。次の問いに答えましょう。

(1) この実験で、水がこおり始めたのは、何分後ですか。(　　　)

(2) (1)のときの温度は、何℃ですか。(　　　)

(3) この実験で、水がすべて氷になったのは、何分後ですか。(　　　)

(4) (3)のときの温度は、何℃ですか。(　　　)

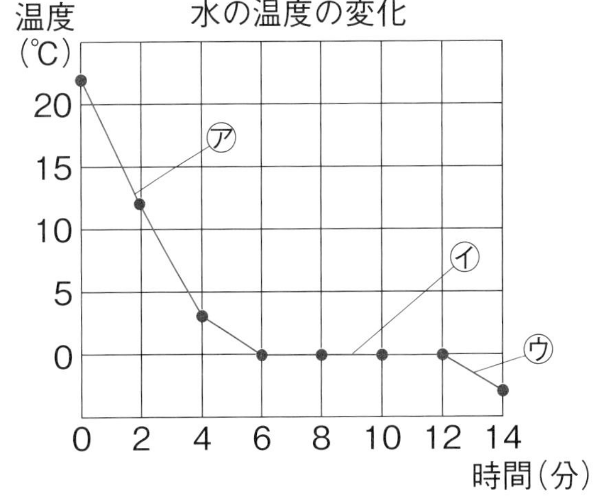

(5) グラフの㋐～㋒のときに、水はどのようなすがたになっていますか。それぞれ次のア～エから選びましょう。

㋐(　　　)　㋑(　　　)　㋒(　　　)

ア　気体　　イ　えき体　　ウ　固体　　エ　えき体と固体

勉強した日　　月　　日

まとめのテスト

8　水の３つのすがた

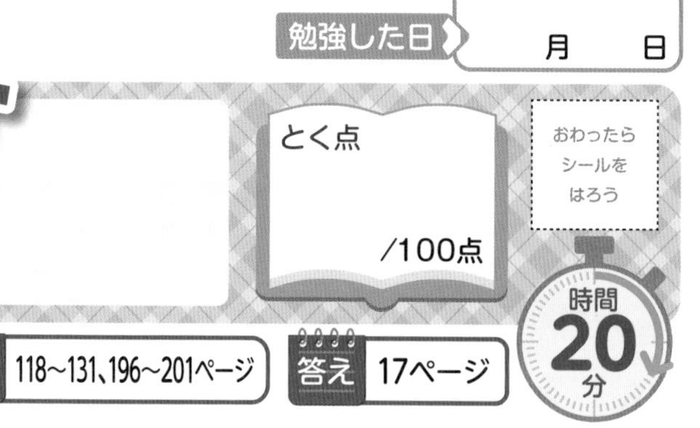

教科書 118～131、196～201ページ　答え 17ページ

1 水を熱したときのようす 水を熱し続(つづ)けたときのようすを調べるために、次の図のようにして水を熱し、水の温度の変わり方と熱した時間の関係をグラフに表しました。あとの問いに答えましょう。　1つ8〔32点〕

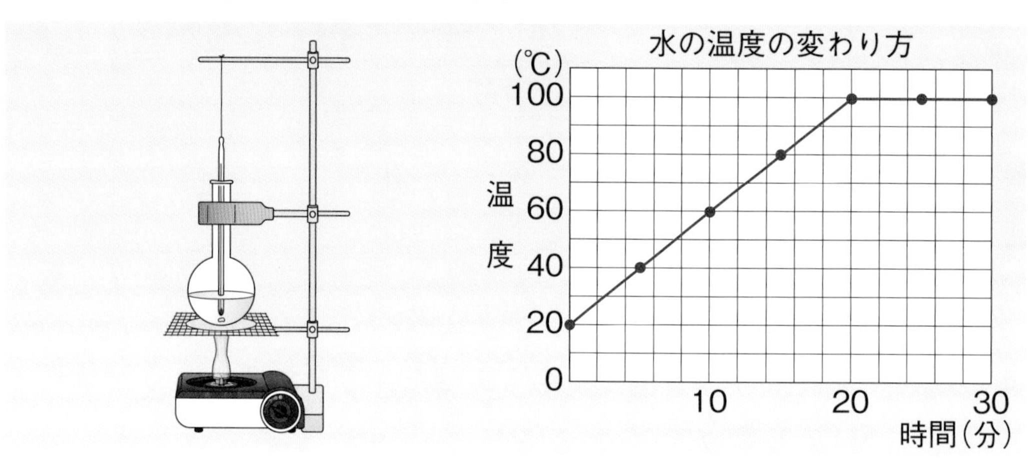

(1)　熱した水の中からはげしくあわが出てくることを、水の何といいますか。（　　　　）

(2)　(1)で見られたあわは何ですか。（　　　　）

(3)　(1)のときの温度は、何℃くらいですか。（　　　　）

(4)　熱し続けると、(1)の間、水の温度はどうなりますか。（　　　　）

よく出る **2 水がふっとうしたときのようす** 次の図は、水がふっとうしているときのようすを表しています。あとの問いに答えましょう。　1つ8〔24点〕

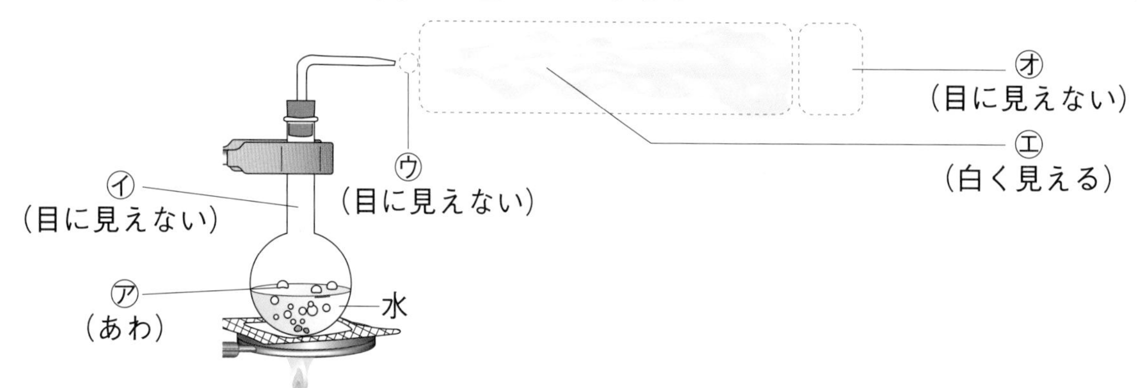

(1)　気体は、㋐～㋔のどれですか。すべて選びましょう。（　　　　）

(2)　えき体は、㋐～㋔のどれですか。すべて選びましょう。（　　　　）

(3)　㋒のところに、冷たい水の入った試験管を近づけると、試験管の外側(そとがわ)に何がつきますか。（　　　　）

3 **水を冷やしたときのようす** 次の図のようにして試験管の中の水を冷やし続け、そのときの温度の変わり方と冷やした時間との関係をグラフに表しました。あとの問いに答えましょう。

1つ4〔44点〕

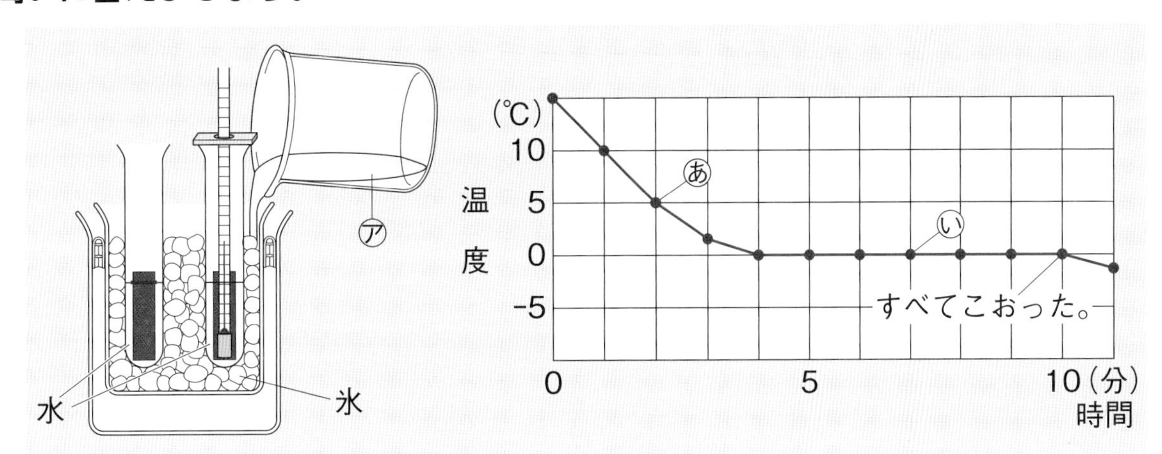

(1) 上の図で、試験管の中の水を冷やすために、ビーカーの氷に加えた㋐は何ですか。（　　　）

(2) この実験では、水の温度を何分おきにはかっていますか。（　　　）

(3) 試験管の中の水がこおり始めたときの温度は、何℃ですか。（　　　）

(4) 水がこおり始めてからすべてこおるまで、何分かかりましたか。（　　　）

(5) 水がこおり始めてからすべてこおるまでの、水の温度の変わり方として、正しいものに○をつけましょう。

①（　　）温度は、上がっていく。

②（　　）温度は、下がっていく。

③（　　）温度は、変わらない。

(6) グラフのあ、いのときの水のようすを、次のア～ウから選びましょう。

あ（　　）　い（　　）

ア 水だけ　**イ** 水と氷　**ウ** 氷だけ

(7) 水はえき体です。氷は、水が何のすがたになったものですか。（　　　）

(8) 試験管の中の水がすべてこおったときのようすを、次のう～おから選びましょう。（　　　）

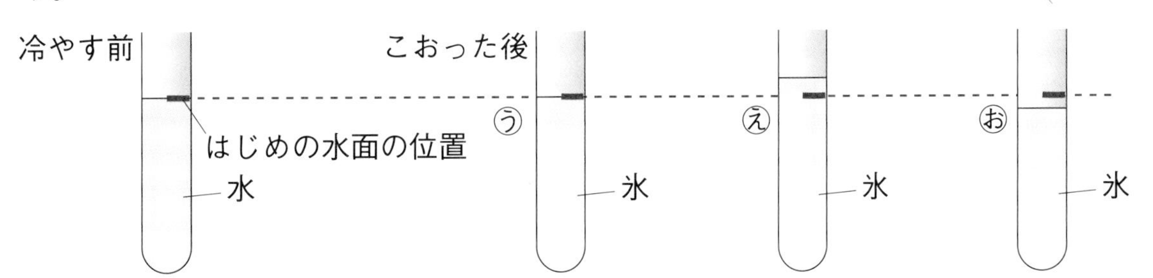

(9) (8)から、水が氷になると、体積はどうなりますか。（　　　）

(10) 水がすべてこおった後、その氷をさらに冷やし続けると、氷の温度はどうなりますか。（　　　）

勉強した日　月　日

1　空気の体積と温度

きほんのワーク

もくひょう
空気の体積と温度との関係をかくにんしよう。

おわったらシールをはろう

教科書 132～136ページ　答え 17ページ

図を見て、あとの問いに答えましょう。

1 空気を温めたときのようす

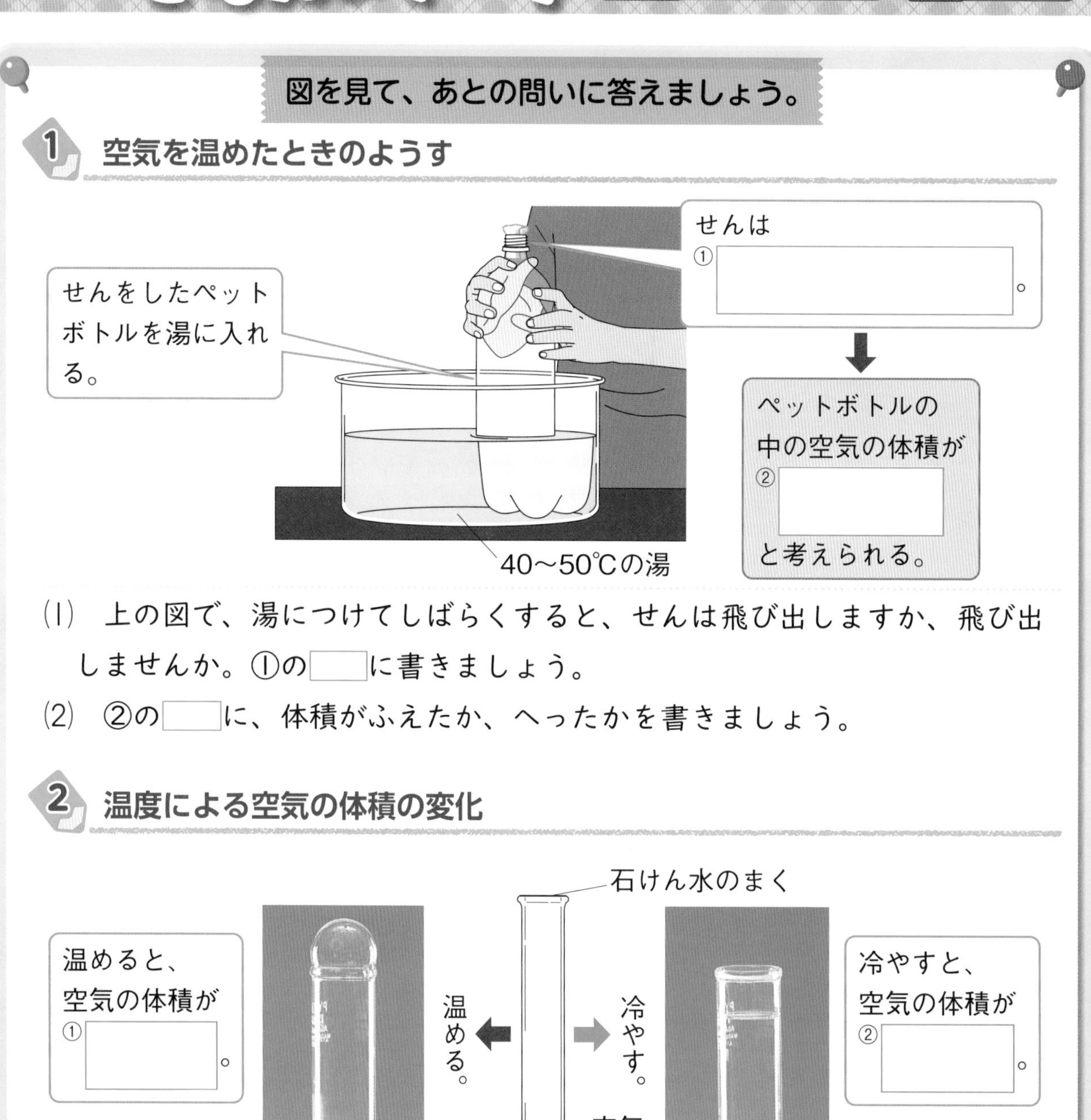

(1)　上の図で、湯につけてしばらくすると、せんは飛び出しますか、飛び出しませんか。①の□に書きましょう。

(2)　②の□に、体積がふえたか、へったかを書きましょう。

2 温度による空気の体積の変化

● 空気を温めたり、冷やしたりすると、体積はふえますか、へりますか。①、②の□に書きましょう。

まとめ　〔　冷やされる　温められる　〕から選んで（　）に書きましょう。

●空気の体積は①（　　　　）とふえ、②（　　　　）とへる。

ストロー式の水とうでは、冷たい飲み物がぬるくなると、ふたを開けたときに中身が飛び出すことがあります。これは水とうの中の空気の体積がふえて、飲み物をおすからです。

1 **右の図のようにして、せんをしたペットボトルを、湯の中で温めました。次の問いに答えましょう。**

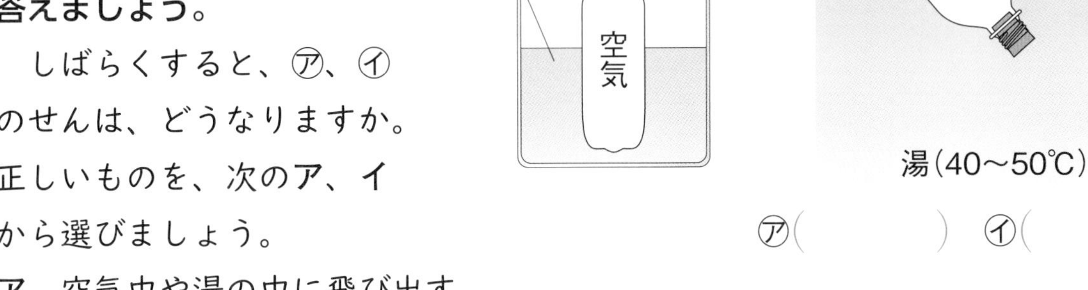

(1) しばらくすると、㋐、㋑のせんは、どうなりますか。正しいものを、次のア、イから選びましょう。

㋐(　　　) ㋑(　　　)

ア　空気中や湯の中に飛び出す。

イ　ペットボトルの中に入る。

(2) (1)のようになるのはなぜですか。正しい方に○をつけましょう。

①(　　　)ペットボトルの中の空気が温まり、体積がへったから。

②(　　　)ペットボトルの中の空気が温まり、体積がふえたから。

2 **右の図のように、試験管の口にせっけん水をつけてまくを作り、中の空気を、氷水で冷やしたり、湯で温めたりしました。次の問いに答えましょう。**

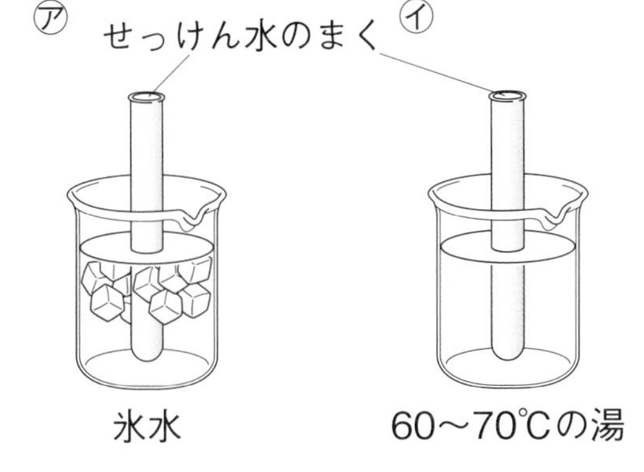

(1) 試験管を氷水や湯につけてしばらくすると、㋐、㋑のせっけん水のまくの位置は、どのように変化しますか。正しいものを、次のア～ウから選びましょう。

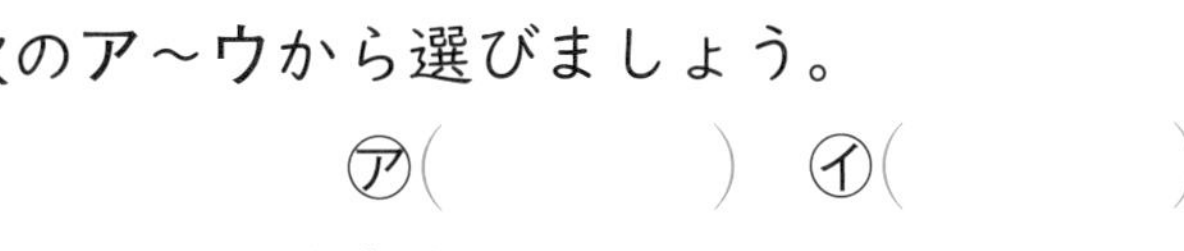

㋐(　　　) ㋑(　　　)

ア　上にふくらむ。

イ　下に下がる。

ウ　変わらない。

(2) ㋐の試験管を取り出し、両手でにぎってしばらくすると、せっけん水のまくはどのようになりますか。(　　　　　　　　　　)

(3) 少しへこんだピンポン玉を元の形にもどしたいとき、どのようにすればよいですか。正しいものに○をつけましょう。

①(　　　)ピンポン玉を70℃ぐらいの湯につける。

②(　　　)ピンポン玉を氷水につける。

③(　　　)ピンポン玉を冷ぞうこの中に入れる。

勉強した日 月 日

もくひょう
水の体積と温度の関係を、空気のときとくらべてかくにんしよう。

おわったらシールをはろう

2 水の体積と温度

きほんのワーク

教科書 137～140ページ　答え 18ページ

図を見て、あとの問いに答えましょう。

1 温度による水の体積の変化

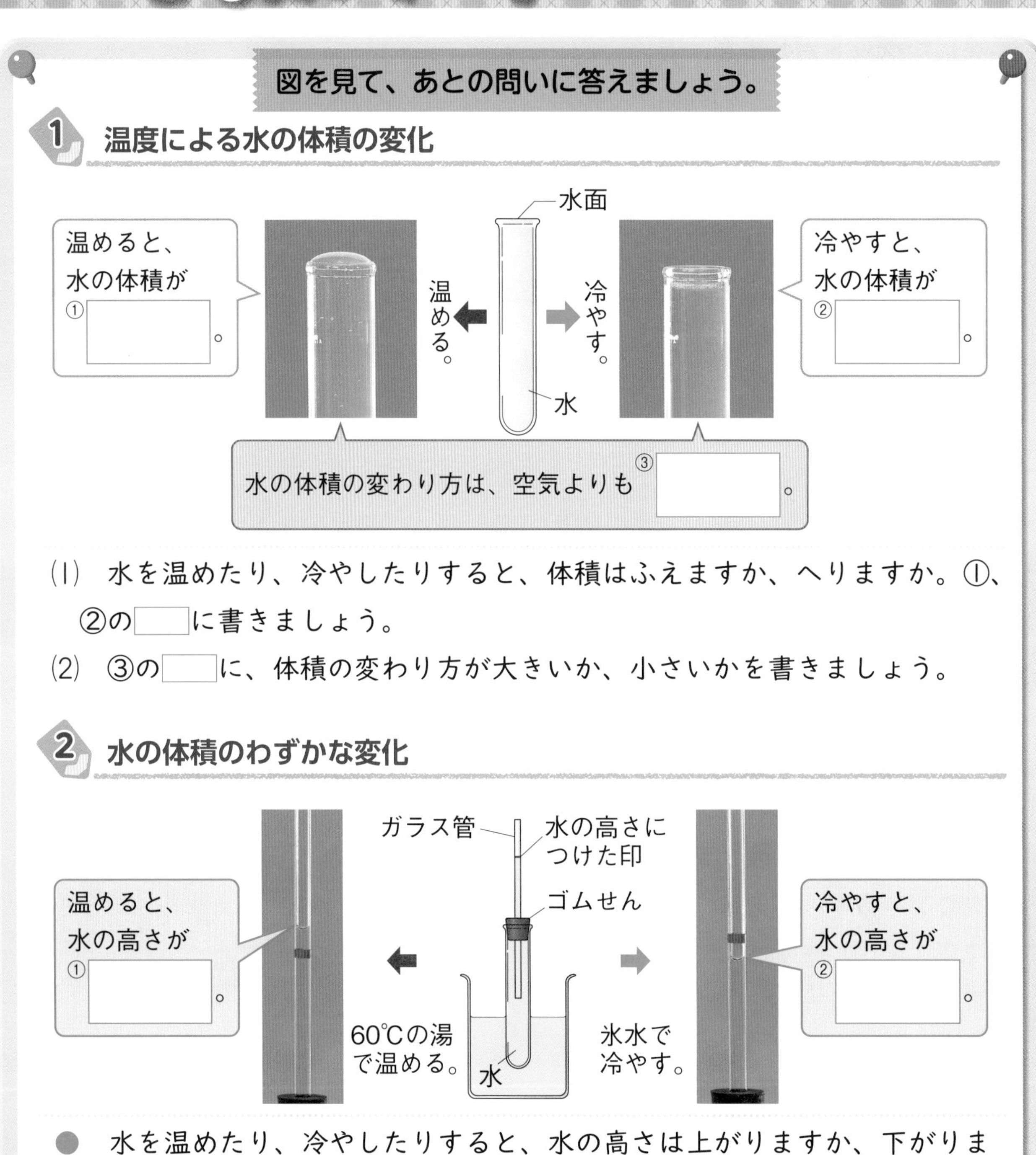

(1) 水を温めたり、冷やしたりすると、体積はふえますか、へりますか。①、②の□に書きましょう。

(2) ③の□に、体積の変わり方が大きいか、小さいかを書きましょう。

2 水の体積のわずかな変化

● 水を温めたり、冷やしたりすると、水の高さは上がりますか、下がりますか。①、②の□に書きましょう。

まとめ 〔 小さい　ふえ　へる 〕から選んで（ ）に書きましょう。

● 水の体積は温められると①（　　　）、冷やされると②（　　　）。

● 温度による水の体積の変わり方は、空気とくらべて③（　　　）。

水の体積は、およそ4℃のときに、最も小さくなります。水を冷やし続けると、4℃までは体積がへっていきますが、その後は体積がふえていきます。

1　**水を口いっぱいまで入れた試験管㋐と、口に石けん水のまくを作った試験管㋑を、それぞれ温めたり冷やしたりしました。ⓐ～ⓔはその結果です。あとの問いに答えましょう。**

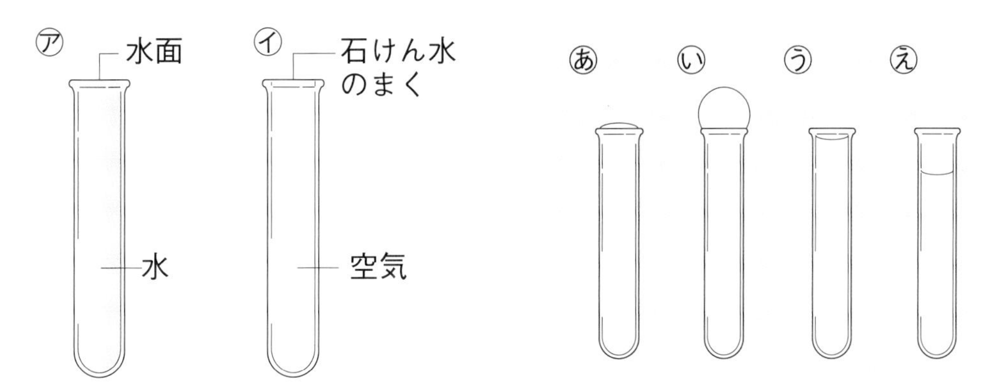

(1)　㋐を温めたり冷やしたりしたときの結果を、ⓐ～ⓔから選びましょう。

①温めたとき（　　　　）　②冷やしたとき（　　　　）

(2)　㋑を温めたり冷やしたりしたときの結果を、ⓐ～ⓔから選びましょう。

①温めたとき（　　　　）　②冷やしたとき（　　　　）

(3)　温度を変えたときの体積の変わり方が大きいのは、水と空気のどちらですか。

（　　　　）

2　**右の図のように、水を口いっぱいまで入れた試験管にガラス管を通したゴムせんをして、水を温めたり冷やしたりしました。次の問いに答えましょう。**

(1)　この実験で、ガラス管を使った理由として正しいものを、次のア、イから選びましょう。（　　　　）

ア　体積のわずかな変化を、調べやすくするため。

イ　体積の大きな変化だけを調べられるようにするため。

(2)　湯で温めたときの変化を、図の㋐、㋑から選びましょう。（　　　　）

(3)　水の体積と温度の関係について、（　）に当てはまる言葉を書きましょう。

水の体積は、温度が高くなると①（　　　　　　　　）、温度が低くなると②（　　　　　　　　）。

まとめのテスト①

勉強した日　　月　　日

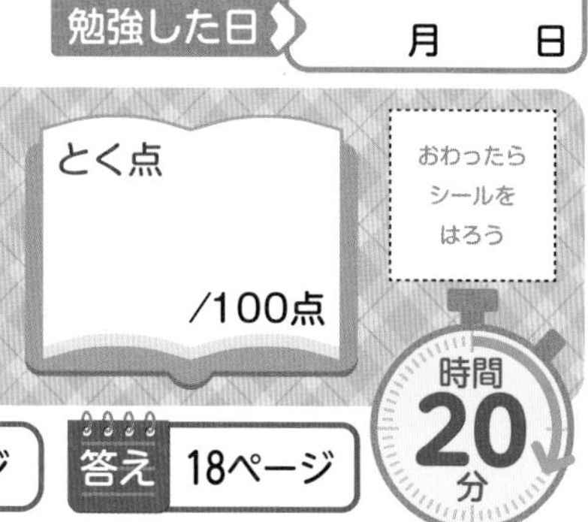

9　ものの体積と温度

教科書 132～140ページ　答え 18ページ

1 空気の体積と温度の関係　下の図のように、口に石けん水のまくを作った試験管を2本用意して、湯の中と、氷水の中に入れました。次の問いに答えましょう。

1つ9〔36点〕

(1) 石けん水のまくが、㋐のようになるのは、湯の中、氷水の中のどちらに試験管を入れたときですか。

（　　　　　）

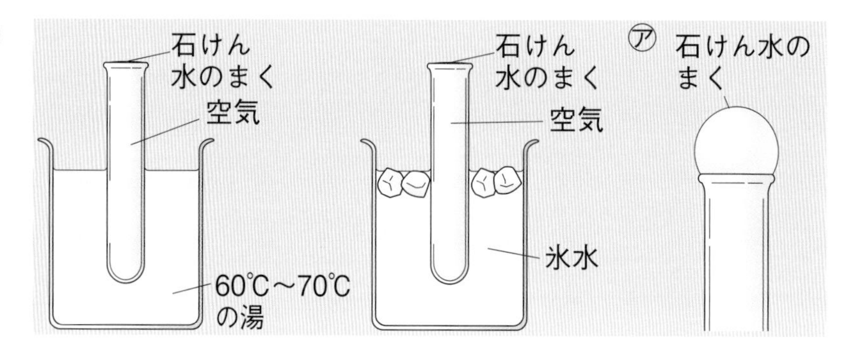

(2) ㋐のようになるのは、空気の体積がどうなったからですか。

（　　　　　）

(3) 空気のせいしつについて、正しいものに2つ○をつけましょう。

①（　　）空気は、温められると、体積がふえる。
②（　　）空気は、冷やされると、体積がふえる。
③（　　）空気は、温められると、体積がへる。
④（　　）空気は、冷やされると、体積がへる。

2 水の体積と温度の関係　右の図のように、水を口いっぱいまで入れた試験管にガラス管を通したゴムせんをして、水の高さに印をつけました。次の問いに答えましょう。

1つ8〔16点〕

(1) ㋐のように、水の高さが印より下がったのは、試験管をどうしたからですか。正しい方に○をつけましょう。

①（　　）試験管の中の水よりも高い温度の湯に、試験管をつけたから。
②（　　）氷水の中に、試験管をつけたから。

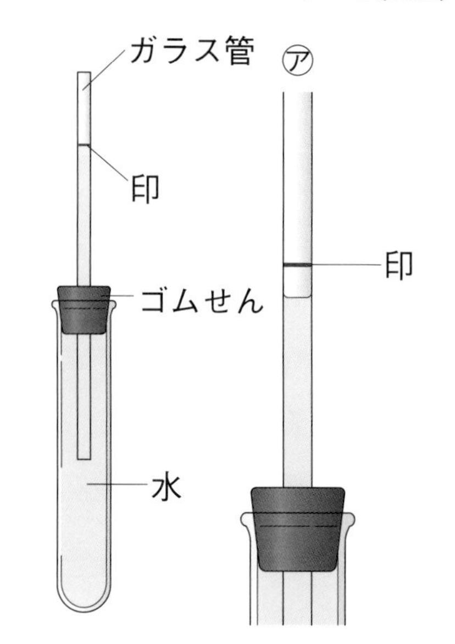

記述 (2) (1)から、どのようなことがわかりますか。「体積」と「温度」という言葉を使って書きましょう。

（　　　　　　　　　　　　）

3 温度と水や空気の体積 同じ大きさの丸底フラスコに□いっぱいまで水を入れました。次に、右の図の㋐～㋒のように太さのちがうガラス管を取りつけ、水を温めたり冷やしたりして、水の高さの変化を調べました。次の問いに答えましょう。

1つ6〔30点〕

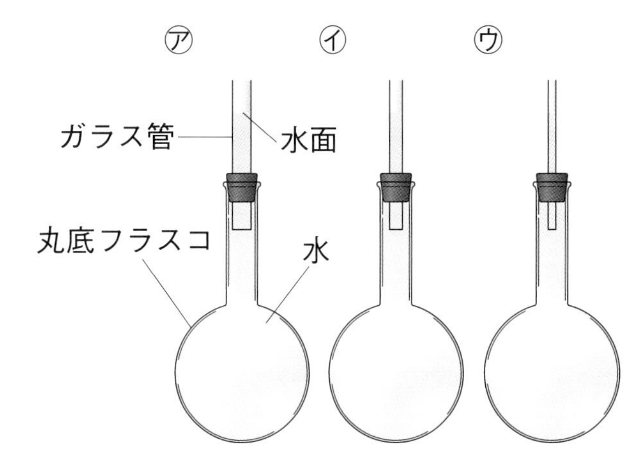

(1) 丸底フラスコを湯の中に入れたとき、水の高さが変化するようすが最も見やすいものを、㋐～㋒から選びましょう。 (　　)

(2) (1)を選んだのは、水の体積が温度の変化によって、大きく変わるからですか、あまり変わらないからですか。
(　　　　　　　　)

(3) 丸底フラスコを湯の中に入れたとき、ガラス管の中の水の高さの変化が最も小さいものを、㋐～㋒から選びましょう。 (　　)

(4) 丸底フラスコを氷水の中に入れたとき、ガラス管の中の水の高さの変化が最も大きいものを、㋐～㋒から選びましょう。 (　　)

(5) 温度による体積の変化をくらべたとき、変わり方がより大きいのは、空気と水のどちらですか。 (　　　)

4 温度計のしくみ 右の図のようにして、温度計で湯の温度をはかったところ、50℃でした。次の問いに答えましょう。

1つ6〔18点〕

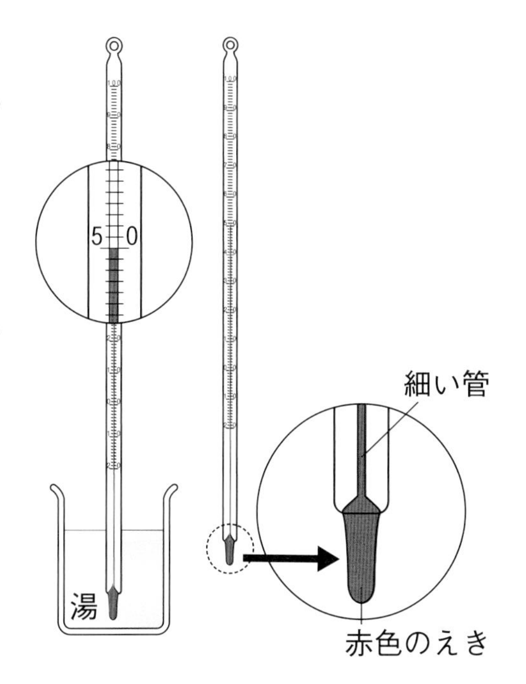

(1) 温度計を湯から取り出し、70℃の湯につけると、細い管(くだ)の中のえきの面はどのようになりますか。正しいものに○をつけましょう。

①(　　)上に上がる。
②(　　)下に下がる。
③(　　)変わらない。

(2) 次の文は、温度計のしくみについて説明したものです。(　)に当てはまる言葉を、下の〔　〕から選んで書きましょう。

赤色のえきの温度が①(　　　　　)なると、えきの体積がふえ、えきの温度が②(　　　　　)なると、えきの体積がへるというせいしつが利用されている。

〔 変わらなく　　低く　　高く 〕

勉強した日 月 日

3 金ぞくの体積と温度

きほんのワーク

もくひょう
金ぞくの体積と温度の関係についてかくにんしよう。

おわったらシールをはろう

教科書 141～145、199ページ　答え 19ページ

図を見て、あとの問いに答えましょう。

1 温度による金ぞくの体積の変化

	温める前	金ぞく球を湯で温めたとき	金ぞく球を熱したとき
	輪 金ぞく球	60～70℃の湯	
輪(わ)を通りぬけるか	金ぞく球は、輪を通りぬける。	金ぞく球は、輪を通り①(ぬける　ぬけない)。	金ぞく球は、輪を通り②(ぬける　ぬけない)。

金ぞくの体積は温めるとふえるが、空気や水とくらべると，その変化はとても③(大きい　小さい)。また、冷やすと体積は④(ふえる　へる)。

● 金ぞくを温めたときや冷やしたときの、体積の変化を調べました。①～④の( )のうち、正しい方を◯でかこみましょう。

2 実験用ガスコンロの使い方

①火を(つける　消す)。

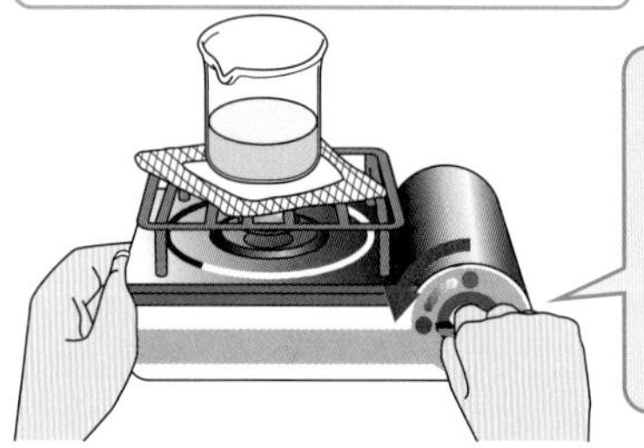

②(温度　ほのおの大きさ)を調節する。

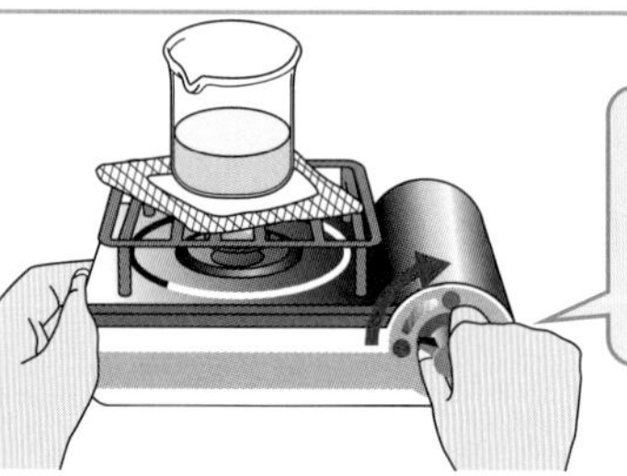

● ①、②の( )のうち、正しい方を◯でかこみましょう。

まとめ 〔 小さい　ふえる　へる 〕から選んで( )に書きましょう。

●金ぞくの体積は、温度が高くなると①(　　　　)。また、低くなると②(　　　　)。
●金ぞくの温度による体積の変わり方は、空気や水よりも③(　　　　)。

わくわくたんてい団
ガラスも、温めたり冷やしたりすると、体積がふえたりへったりします。しかし、その変わり方は、金ぞくよりも、さらに小さいです。

できた数 /8問中

おわったらシールをはろう

1 次の図のように、金ぞく球を使って、温度による金ぞくの体積の変化を調べました。あとの問いに答えましょう。

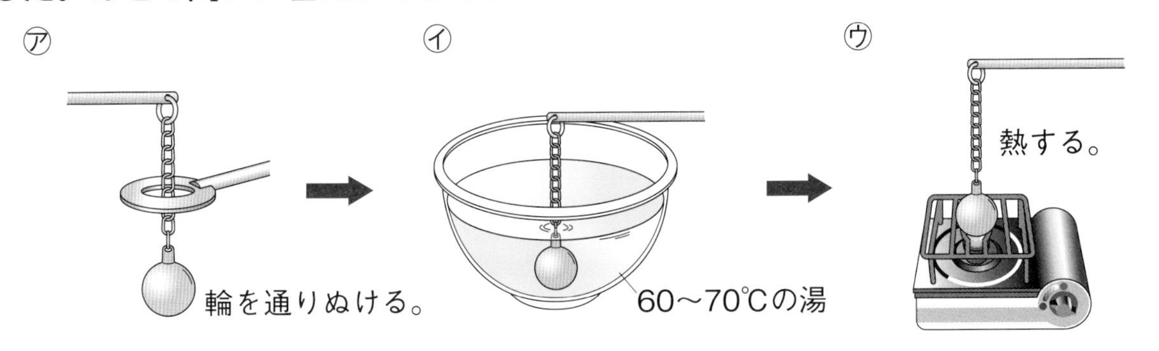

(1) アの球を、イのように湯で少し温めた後、輪に通してみました。球は輪を通りぬけますか、通りぬけませんか。（　　　　）

(2) 次に、ウのように球を実験用ガスコンロでよく熱した後、輪に通してみました。球は輪を通りぬけますか、通りぬけませんか。（　　　　）

(3) ウの後、球がじゅうぶん冷えるまで待ち、輪に通してみました。球は輪を通りぬけますか、通りぬけませんか。（　　　　）

(4) 金ぞくの体積は、温度が高くなったり、低くなったりすると、ふえますか、へりますか、変わりませんか。
①高くなったとき（　　　　）
②低くなったとき（　　　　）

(5) (1)、(2)のことから、金ぞくの温度による体積の変化は、空気や水とくらべて、大きいですか、小さいですか。（　　　　）

2 右の図は、金ぞくでできた鉄道のレールの夏と冬のようすを表しています。次の問いに答えましょう。

(1) 夏のレールのようすを表しているのは、ア、イのどちらですか。（　　　）

(2) レールは、どのようなときにのびたりちぢんだりしますか。正しい方に○をつけましょう。

①（　　）気温が高くなるとちぢみ、低くなるとのびる。

②（　　）気温が高くなるとのび、低くなるとちぢむ。

ア

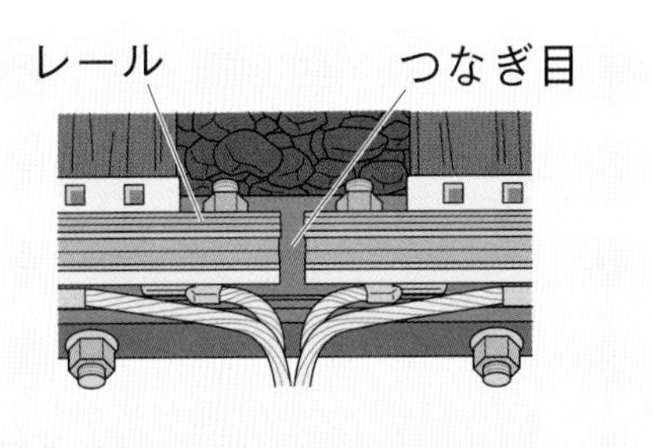

イ

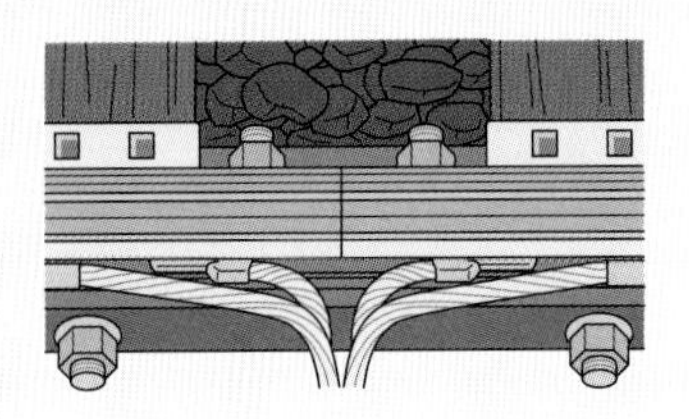

まとめのテスト②

9 ものの体積と温度

教科書 141～145、199ページ　答え 19ページ

よく出る **1** **温度と金ぞくの体積** 輪を通りぬける金ぞく球を、図㋐、㋑のように熱したり冷やしたりして、輪を通りぬけるかどうかを調べました。あとの問いに答えましょう。

1つ6〔36点〕

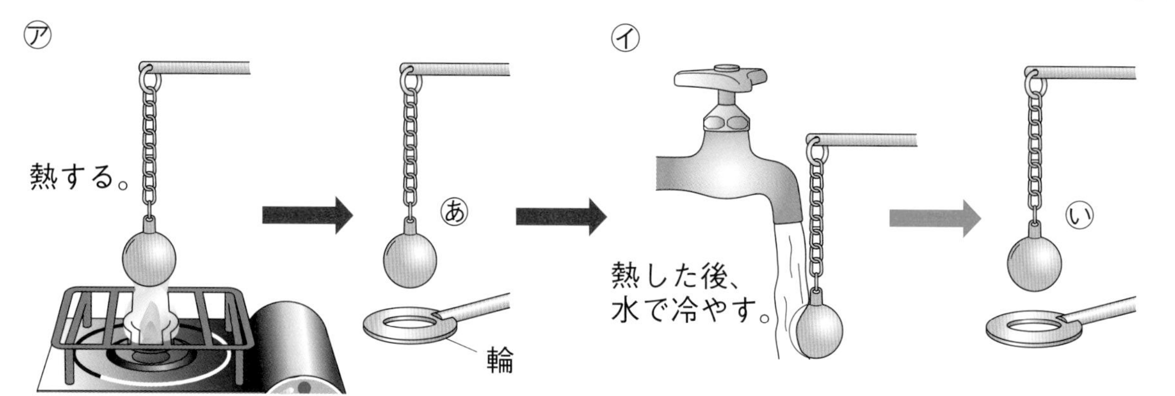

(1) あの金ぞく球は、輪を通りぬけることができますか。（　　　　　）

(2) 金ぞく球を、㋐のように実験用ガスコンロで熱するのではなく、70℃の湯につけると、金ぞく球は輪を通りぬけることができますか。（　　　　　）

(3) いの金ぞく球は、輪を通りぬけることができますか。（　　　　　）

(4) この実験からわかる、温度による金ぞくの体積の変わり方について、次の文の（　）に当てはまる言葉を書きましょう。

金ぞくは、熱すると、体積が①（　　　　　）。また、冷やすと、体積が②（　　　　　）。

(5) 温度の変化による金ぞくの体積の変わり方は、空気や水とくらべてどうなっていますか。正しいものに○をつけましょう。

①（　　）金ぞくの方が、空気や水より体積の変わり方が大きい。

②（　　）金ぞくの方が、空気や水より体積の変わり方が小さい。

③（　　）金ぞくも、空気も、水も、体積の変わり方は同じである。

2 **温度による金ぞくの体積の変化** 右の図は、金ぞくでできた鉄道のレールの冬のようすです。レールとレールの間のつなぎ目にすき間ができているのは、夏にレールが、どのようになるからですか。

〔6点〕

（　　　　　　　　　　　　　　　）

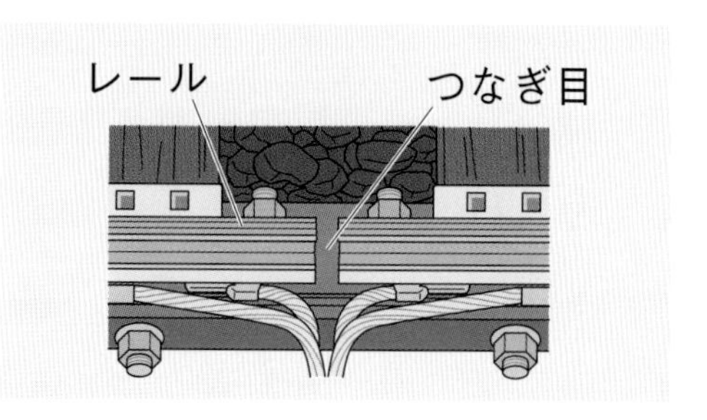

3 温度とものの体積 びんづめのジャムのふたが開かないとき、図のようにして、金ぞくのふたの部分を湯で温めて開けることがあります。次の問いに答えましょう。

1つ6〔18点〕

(1) ふたの部分を温めると、ふたが開けやすくなるのは、なぜですか。正しいものに○をつけましょう。

①(　　　)ふたの体積がふえるから。

②(　　　)ふたの体積がへるから。

③(　　　)びんの中の空気やジャムの体積がふえるから。

④(　　　)びんの中の空気やジャムの体積がへるから。

湯

(2) (1)の結果、どうなるために、ふたが開けやすくなりますか。次の文の(　)に当てはまる言葉を書きましょう。

びんと①(　　　　　　)の間に②(　　　　　　)ができるため、ふたが開けやすくなる。

4 実験用ガスコンロの使い方 次の問いに答えましょう。

1つ5〔40点〕

(1) 火のつけ方として正しいものを、次の㋐、㋑から選びましょう。(　　　)

㋐

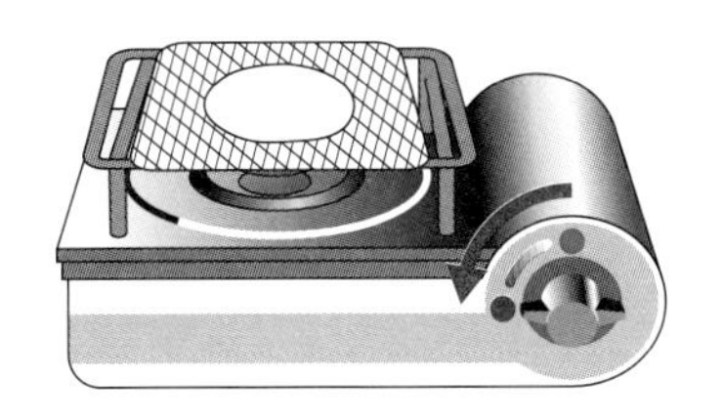

調節つまみを回す。

㋑

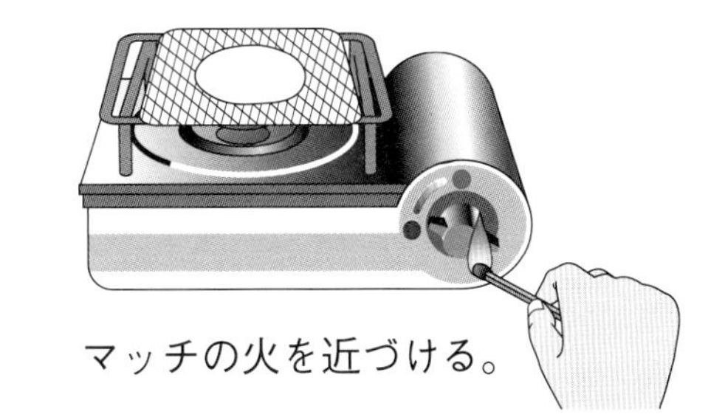

マッチの火を近づける。

(2) 実験用ガスコンロの使い方について説明した次の文のうち、正しいものには○、まちがっているものには×をつけましょう。

①(　　　)使う前に、ガスコンロにボンベがセットされていることをかくにんする。

②(　　　)ガスコンロの下には新聞紙などの紙をしいて使う。

③(　　　)火を消したらすぐに元の場所にかたづける。

④(　　　)調節つまみをゆっくり右に回してほのおの大きさを調整する。

⑤(　　　)ガスコンロは平らな安定した場所に置いて使う。

⑥(　　　)火を消すときは、強く息をふきかけて消す。

(3) ものを温めたときの体積の変化を調べる実験で、直せつ熱するときに実験用ガスコンロを使った方がよいものを、次のア～ウから選びましょう。(　　　)

ア　空気の体積変化　　イ　水の体積変化　　ウ　金ぞくの体積変化

勉強した日　月　日

冬の星

きほんのワーク

もくひょう

冬に見られる星ざや星の動き、星のならび方をかくにんしよう。

おわったらシールをはろう

教科書 146～151ページ　答え 20ページ

図を見て、あとの問いに答えましょう。

1 冬の星

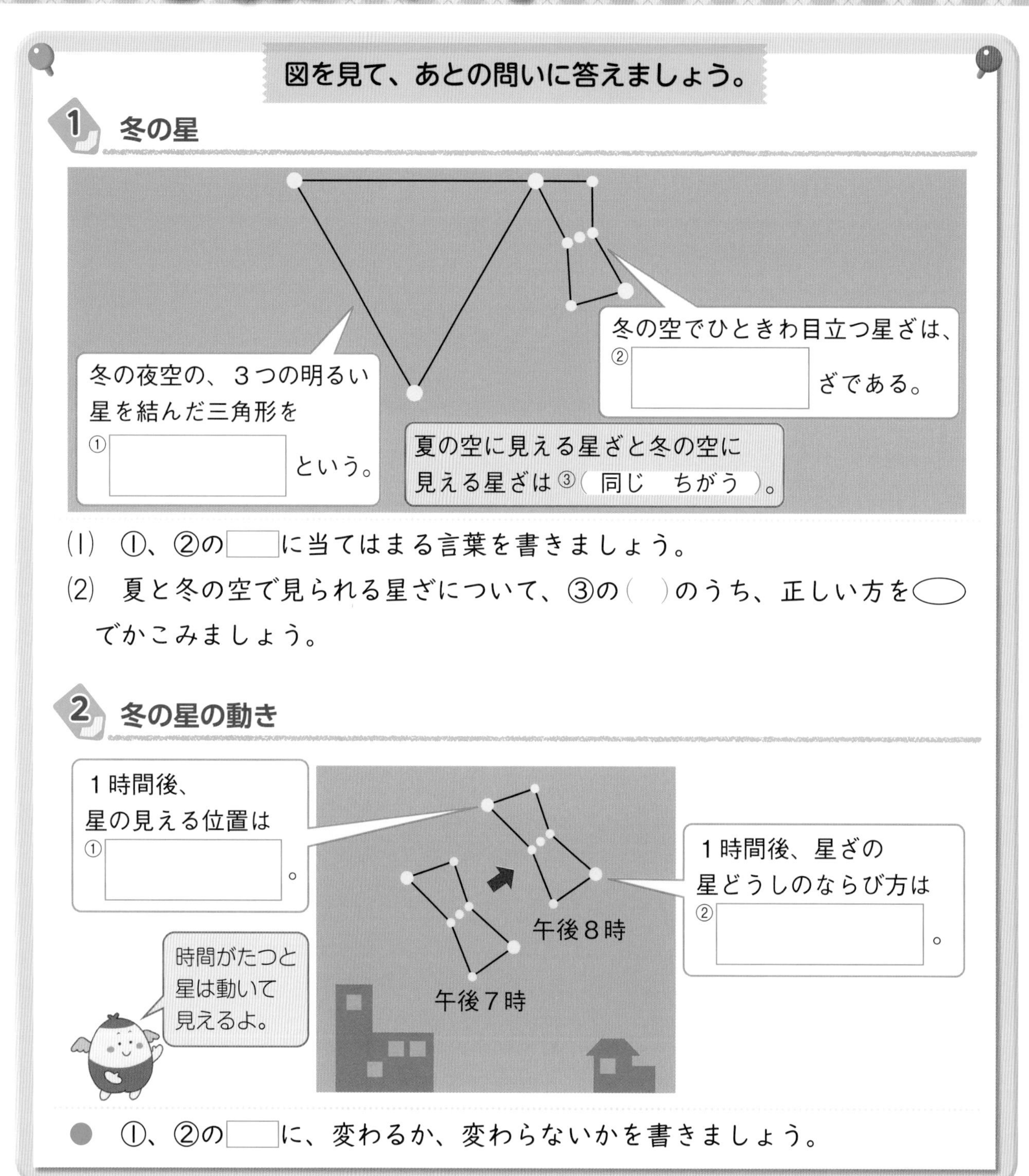

(1) ①、②の□に当てはまる言葉を書きましょう。

(2) 夏と冬の空で見られる星ざについて、③の（　）のうち、正しい方を◯でかこみましょう。

2 冬の星の動き

● ①、②の□に、変わるか、変わらないかを書きましょう。

まとめ　〔 オリオン　大三角　ならび方 〕から選んで（　）に書きましょう。

●冬の空で目立つのは、冬の①（　　　）と②（　　　）ざである。星は時間がたつと見える位置が変わるが、星どうしの③（　　　）は変わらない。

星は、表面の温度のちがいによって、色がちがって見えます。赤っぽい色の星は、およそ3000～4000℃で、青白っぽい色の星は、数万℃もあります。

できた数　/8問中

おわったらシールをはろう

1 冬の夜空の星や星ざを観察しました。次の問いに答えましょう。

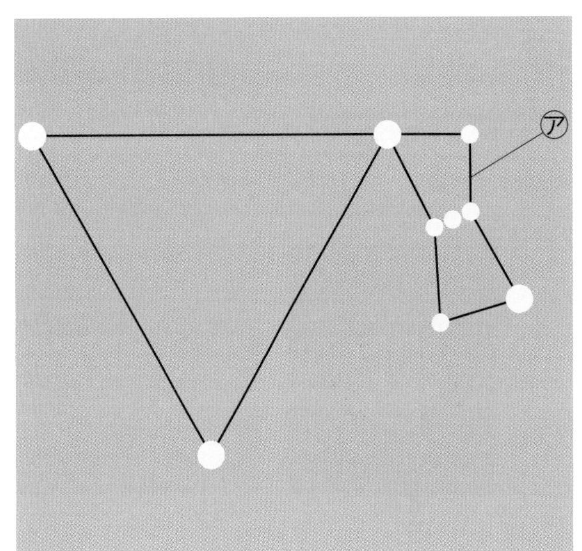

(1) ㋐の星ざを何といいますか。

（　　　　　　　　）

(2) 冬の夜空の星について説明した次の文のうち、正しいものには○、まちがっているものには×をつけましょう。

①（　　　）星の色は、すべて同じである。

②（　　　）星の明るさは、それぞれちがっている。

③（　　　）冬の大三角とよばれる形が見られる。

④（　　　）さそりざとよばれる星ざが見られる。

2 右の図は、冬の夜空に見られるある星ざの動きを観察したものです。次の問いに答えましょう。

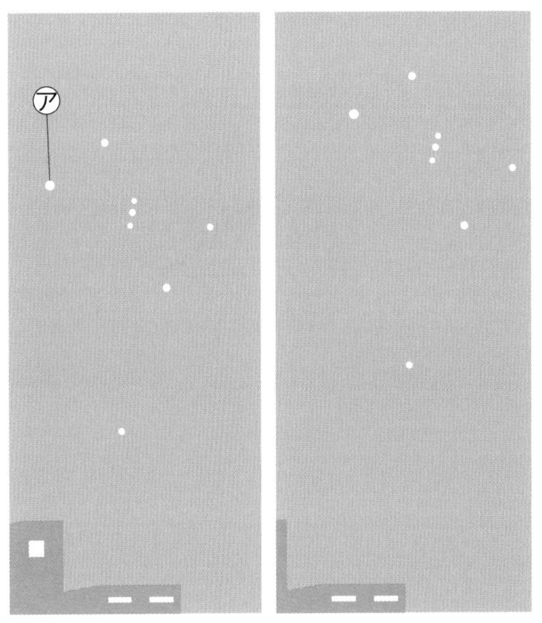

1月25日午後7時　1月25日午後8時

(1) 1時間おきに観察した結果について、正しいものに○をつけましょう。

①（　　　）星どうしのならび方も、星の見える位置も変わらなかった。

②（　　　）星どうしのならび方は変わらなかったが、星の見える位置は変わった。

③（　　　）星どうしのならび方は変わったが、星の見える位置は変わらなかった。

(2) この星ざをつくる星の明るさは、すべて同じですか、星によってちがいますか。

（　　　　　　　　）

(3) この星ざの中でひときわ目立つ㋐の星の色は、何色ですか。次のア～ウから選びましょう。（　　　）

ア　白色　　イ　青白い色　　ウ　だいだい色（赤色）

勉強した日　月　日

寒さの中でも①

きほんのワーク

もくひょう
冬の動物の活動のようすや植物のようすをかくにんしよう。

おわったらシールをはろう

教科書 152～158ページ　答え 20ページ

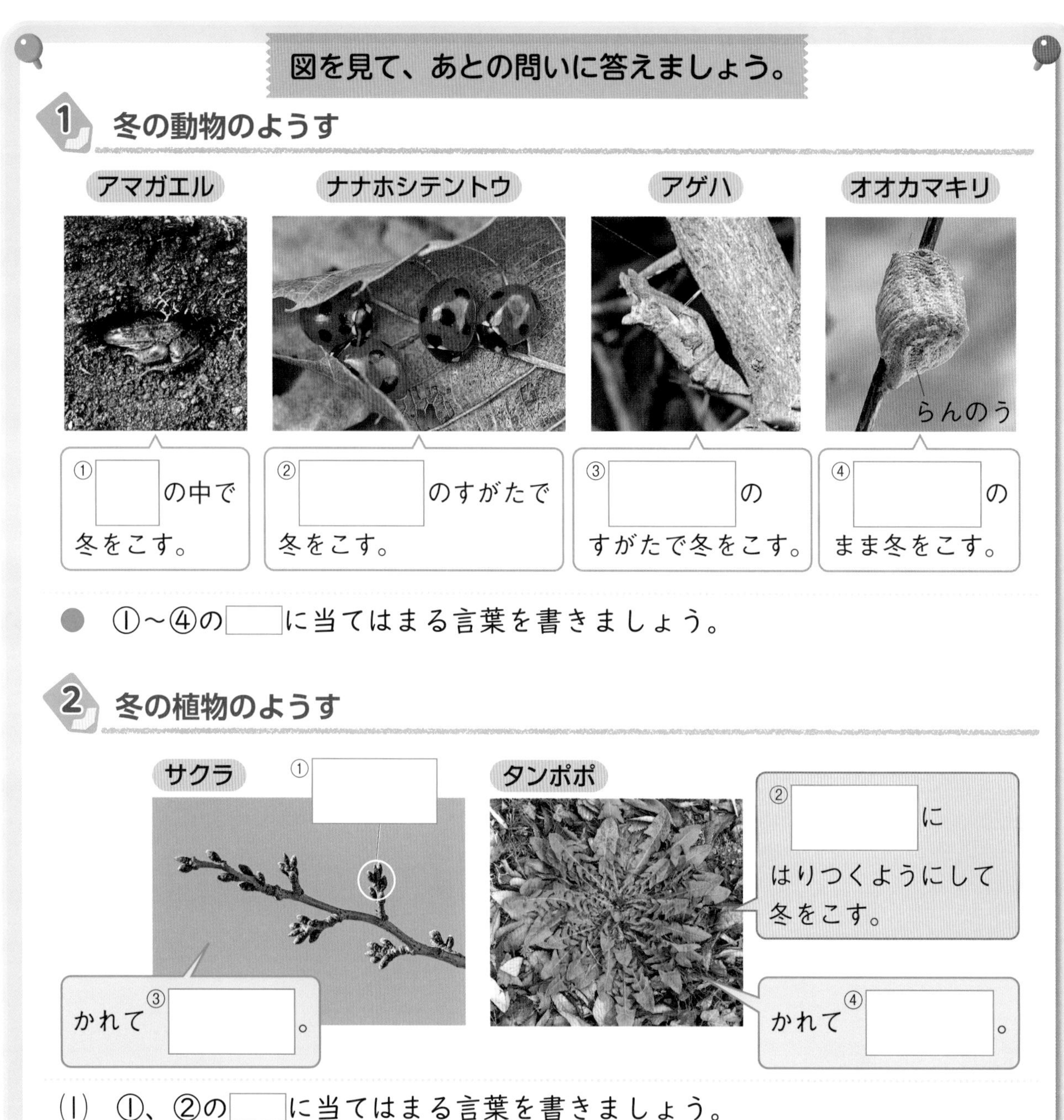

まとめ　〔 芽　動物 〕から選んで（　）に書きましょう。

● ①（　　　　）は、いろいろなすがたで冬をこしている。

● 植物は、②（　　　　）をつけたり、地面にはりつくようにしたりして冬をこす。

道路の横に植えられている木の多くは、冬に葉を落とす木です。夏はたくさんの葉で日かげをつくり、冬は葉を落として日光が当たるようになっていて、ちょうどよいのです。

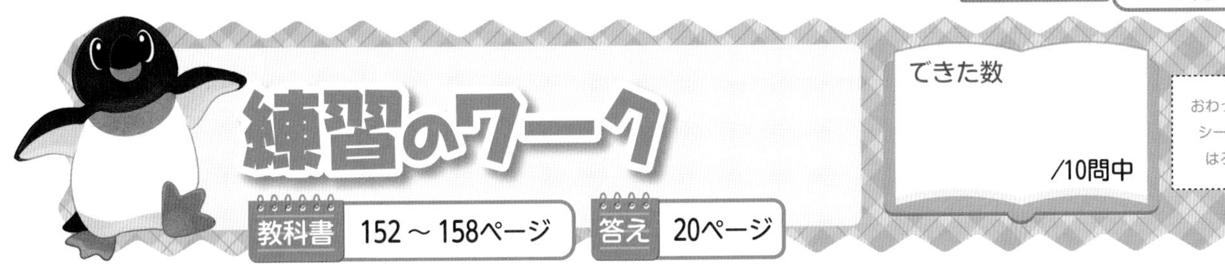

1 次の図は、冬のころの動物のようすです。あとの問いに答えましょう。

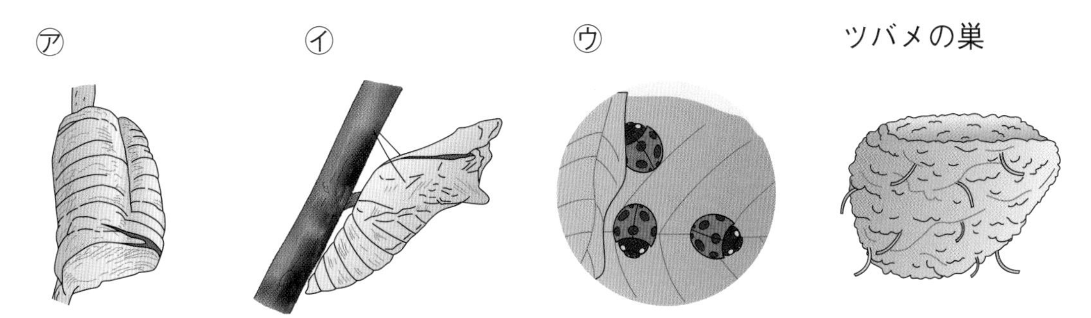

(1) オオカマキリのようすを表しているものを、㋐～㋒から選びましょう。 (　　)

(2) さなぎのすがたで冬をこすこん虫を、㋐～㋒から選びましょう。 (　　)

(3) 中にたまごが入っている㋐を何といいますか。 (　　　　)

(4) ナナホシテントウは何のすがたで冬をこしていますか。 (　　　　)

(5) ツバメの巣には、ツバメはいませんでした。ツバメはどこへ行ってしまったのですか。次のア～ウから選びましょう。 (　　)

ア　北の方へ行った。

イ　南の方へ行った。

ウ　近くの山の方へ行った。

(6) 冬の動物の活動のようすが夏とちがうのは、何の変化が関係していますか。 (　　　　)

2 右の図は、サクラとタンポポの冬のようすを表したものです。次の問いに答えましょう。

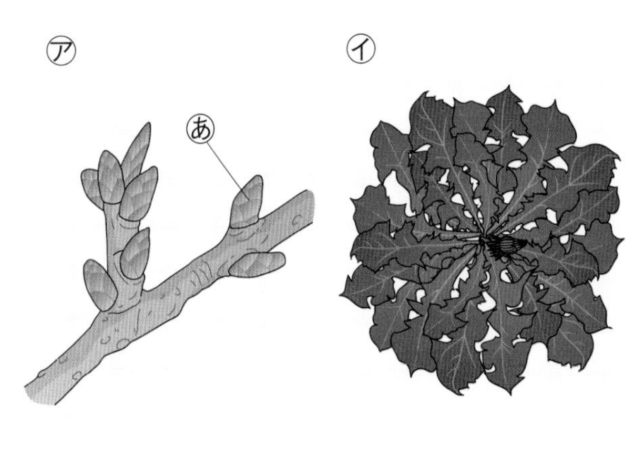

(1) ㋐はサクラとタンポポのどちらですか。 (　　　　)

(2) ㋐に見られるあを、何といいますか。 (　　　　)

(3) ㋐や㋑の植物は、かれていますか、かれていませんか。

㋐(　　　　)

㋑(　　　　)

勉強した日　月　日

寒さの中でも②

きほんのワーク

もくひょう
1年間の気温の変化と生き物の成長や活動のようすをかくにんしよう。

おわったらシールをはろう

教科書 158～159ページ　答え 21ページ

図を見て、あとの問いに答えましょう。

1 1年間の記録

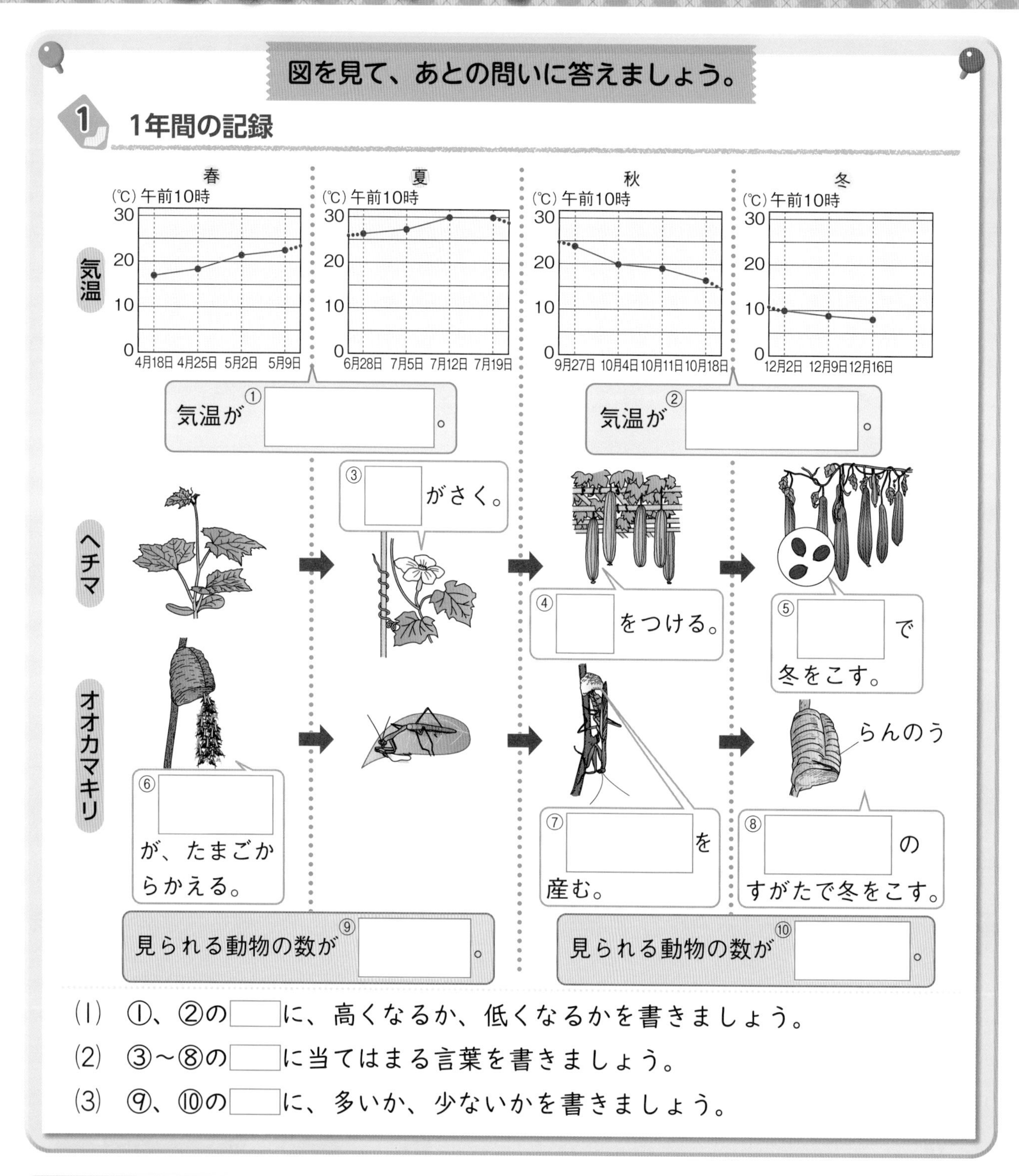

(1)　①、②の□に、高くなるか、低くなるかを書きましょう。
(2)　③～⑧の□に当てはまる言葉を書きましょう。
(3)　⑨、⑩の□に、多いか、少ないかを書きましょう。

まとめ　〔　にぶく　活発に　〕から選んで（　）に書きましょう。

- 気温が高くなると、動物の活動は①(　　　　)なる。
- 気温が低くなると、動物の活動は②(　　　　)なる。

生き物のようすで、季節の移り変わりがわかります。気象庁(きしょうちょう)では、毎年、サクラの花がさいた日などを観そくして、季節の進みぐあいを調べています。

1 右の図は、春、夏、秋、冬の気温の変化を表したものです。次の問いに答えましょう。

(1) ㋐が春のころの気温のとき、㋑、㋒、㋓の気温がしめす季節を書きましょう。
㋑(　　　)
㋒(　　　)
㋓(　　　)

(2) 動物が活発に活動する季節の気温を、㋒、㋓から選びましょう。
(　　　)

(3) 植物がほとんど成長しない季節の気温を、㋒、㋓から選びましょう。
(　　　)

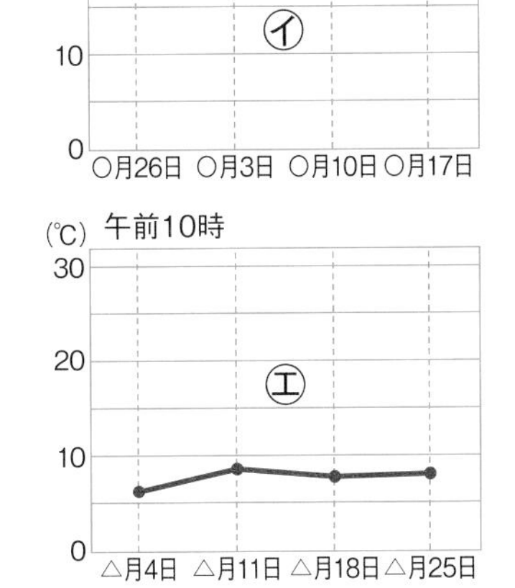

2 次の図の㋐～㋓と㋔～㋗は、それぞれヘチマとオオカマキリの１年間のようすです。あとの問いに答えましょう。

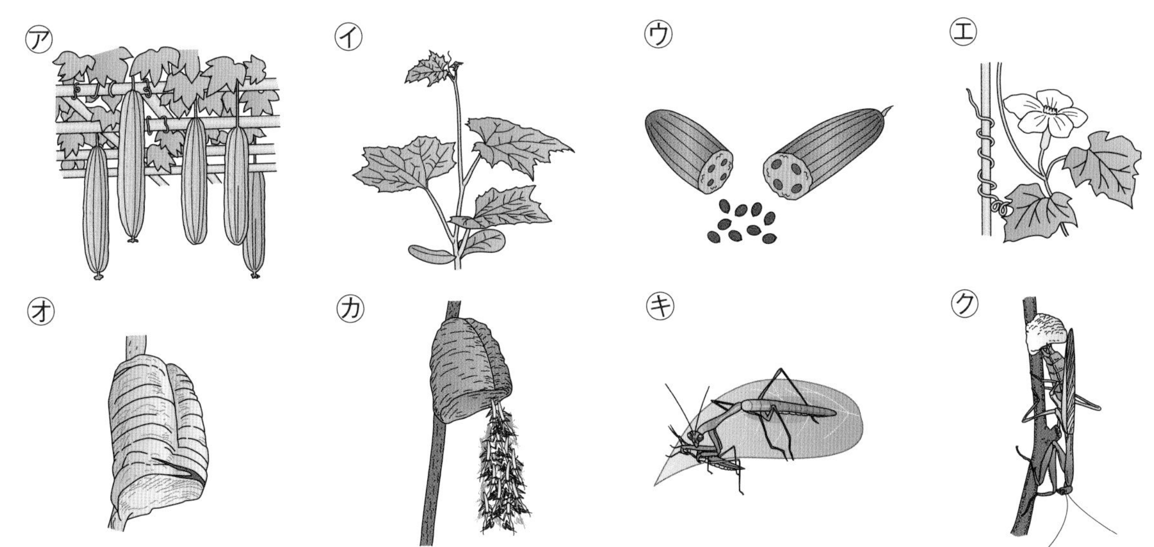

(1) ヘチマは、春から冬にかけて、どのような順で変化しますか。㋑に続くように、正しい順にならべましょう。
(　㋑　→　　　→　　　→　　　)

(2) オオカマキリは、春から冬にかけて、どのようなすがたで見られますか。㋕に続くように、正しい順にならべましょう。
(　㋕　→　　　→　　　→　　　)

(3) ㋓が見られるころのサクラのようすとして、正しい方に○をつけましょう。
①(　　　)葉がしげっている。　②(　　　)花がさいている。

まとめのテスト

1-4　寒さの中でも

勉強した日　月　日

教科書　152～159ページ　答え　21ページ

よく出る **1** **サクラの冬のようす** 右の図は、冬のころのサクラのえだのようすです。次の問いに答えましょう。　1つ6〔30点〕

(1)　図のサクラは、かれていますか、かれていませんか。

（　　　　）

(2)　(1)のことは、どのようなことからわかりますか。次の文の（　）に当てはまる言葉を、下の〔　〕から選んで書きましょう。

　サクラのえだには、小さな①（　　　）がたくさんできていて、②（　　　）のころよりも③（　　　）のころの方が少しふくらんできているから。

〔 秋　冬　花　実　芽　たね 〕

(3)　サクラの冬のこし方を、次のア、イから選びましょう。　（　　　）

ア　寒くなると、葉はかれ落ちてしまうが、すべてがかれたわけではない。えだには新しい芽ができていて、春にはふたたび花をさかせる。

イ　寒くなると、葉もくきも根もかれてしまうが、たくさんのたねを残（のこ）すので、春にまたたねから芽が出る。

2 **冬の気温** 次の図は、春、夏、秋、冬の晴れの日の午前10時の気温です。あとの問いに答えましょう。　1つ6〔24点〕

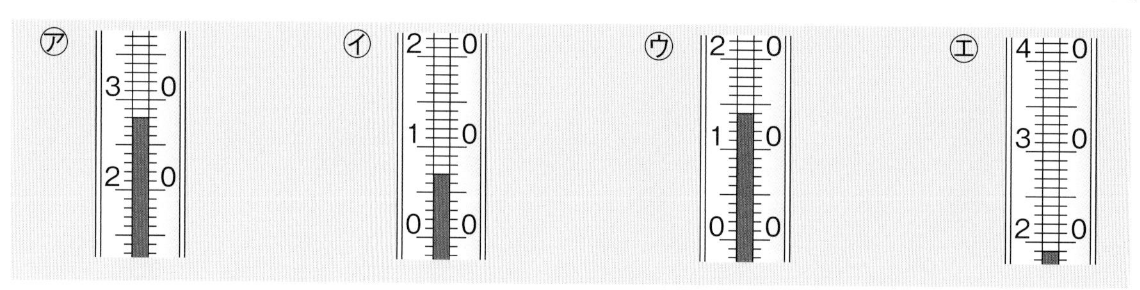

(1)　㋒の温度計がしめしている気温は、何℃ですか。　（　　　）

(2)　冬の気温をしめしているものを、㋐～㋓から選びましょう。　（　　　）

記述 (3)　(2)のように考えたのは、なぜですか。

（　　　　）

(4)　気温が低くなると、見られる動物の数はどうなりますか。

（　　　　）

3 こん虫の冬のようす 次の図は、いろいろなこん虫の冬のようすを表しています。あとの問いに答えましょう。

1つ7〔28点〕

オオカマキリ

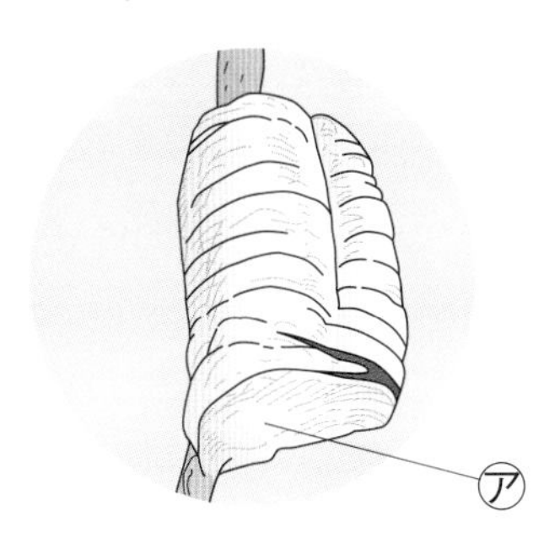

カブトムシ

ナナホシテントウ

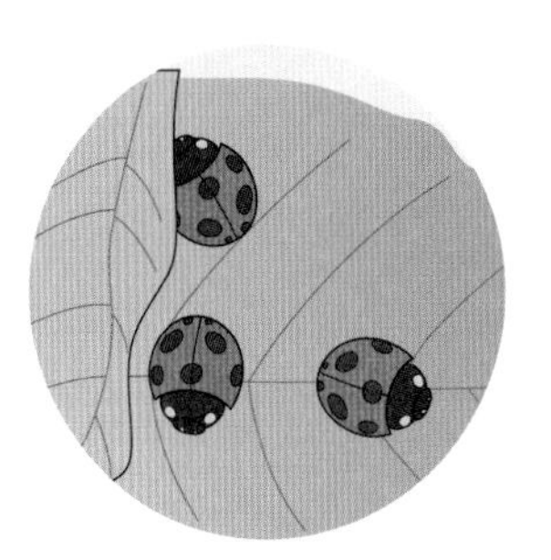

(1) オオカマキリのたまごが入っている図の㋐を何といいますか。

(　　　　　　)

(2) カブトムシのよう虫は、どこで冬をこしますか。正しいものに○をつけましょう。

①(　　　)水の中　②(　　　)土の中　③(　　　)木の中

(3) 冬になると、ナナホシテントウは、すがたをよく見せますか、あまり見せませんか。(　　　　　　)

(4) (3)のようになるのは、なぜですか。正しい方に○をつけましょう。

①(　　　)気温が高くなり、よく活動するようになるから。

②(　　　)気温が低くなり、活動がにぶくなるから。

4 ツバメの1年間のようす 次の図は、いろいろな季節のツバメのようすを表したものです。あとの問いに答えましょう。

1つ6〔18点〕

㋐

ひなが電線に止まっている。

㋑

たまごをあたためている。

㋒

巣がからになっている。

(1) ツバメが、たまごを産む春のころのようすを表したものはどれですか。図の㋐、㋑から選びましょう。(　　　)

(2) 巣のようすが㋒のころのツバメは、どうなりましたか。正しいものに○をつけましょう。

①(　　　)死んでしまった。

②(　　　)南の方へわたっていった。

③(　　　)山の中で、冬をこしている。

(3) ㋐のようすが見られる季節は、夏、冬のどちらですか。(　　　)

勉強した日　　月　　日

1　金ぞくの温まり方

きほんのワーク

もくひょう
金ぞくのぼうや板の一部を熱したときの温まり方をかくにんしよう。

おわったらシールをはろう

教科書 160～164ページ　答え 22ページ

図を見て、あとの問いに答えましょう。

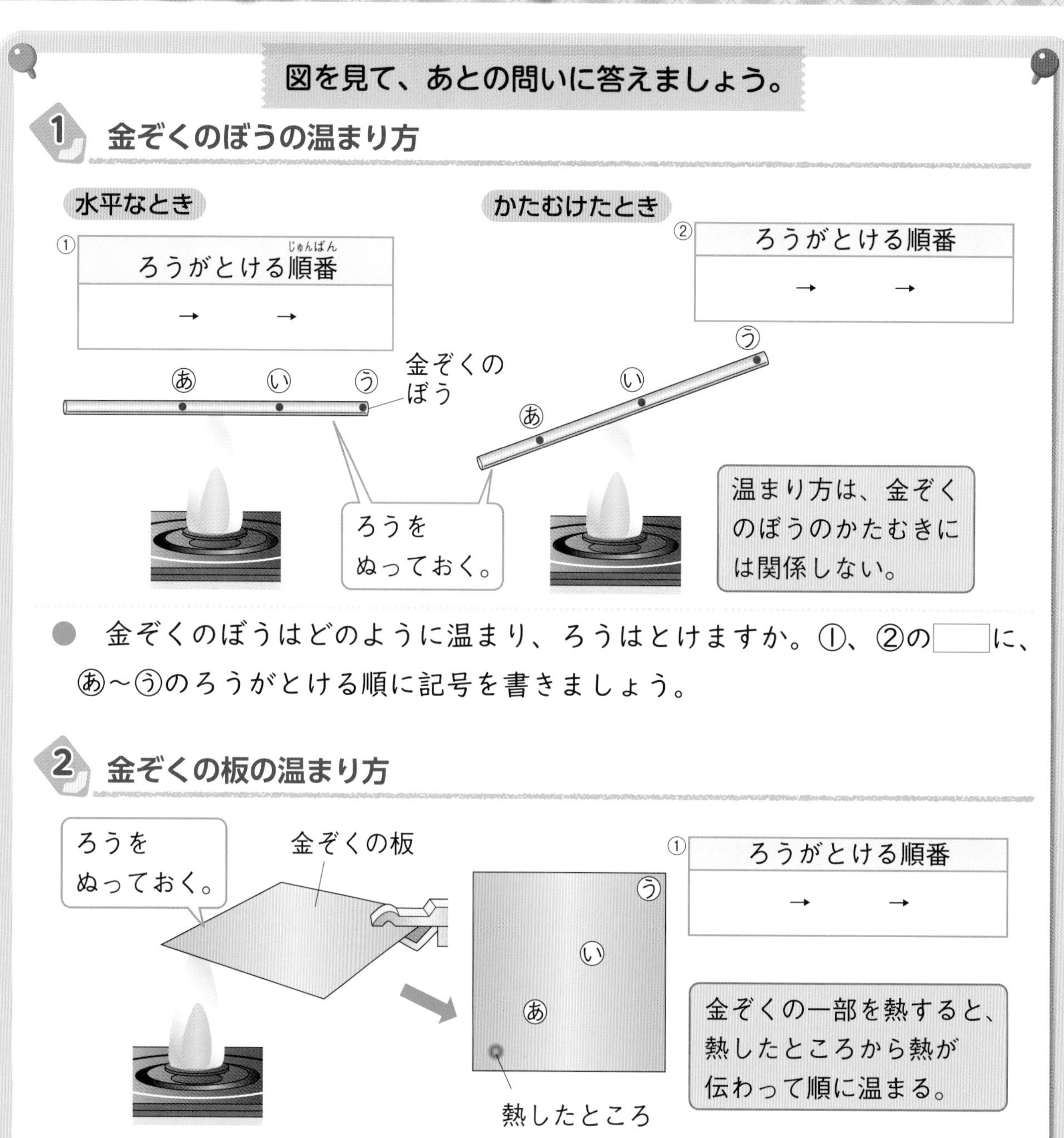

● 金ぞくのぼうはどのように温まり、ろうはとけますか。①、②の□に、あ～うのろうがとける順に記号を書きましょう。

2 金ぞくの板の温まり方

● 金ぞくの板はどのように温まり、ろうはとけますか。①の□に、あ～うのろうがとける順に記号を書きましょう。

まとめ　〔 順に　関係しない 〕から選んで（　）に書きましょう。

● 金ぞくを熱すると、熱したところから①（　　　　）温まる。

● 金ぞくの温まり方は、かたむきには②（　　　　）。

わくわくたんてい団　フライパンは、金ぞくでできていることが多いです。これは、金ぞくが温まりやすく、高温に強いからです。さらに、きずがつきにくいくふうがされて、作られています。

1 右の図のように、ろうをぬった金ぞくのぼうを熱し、ろうのとけ方を調べました。次の問いに答えましょう。

ア　あ　い　う

イ　え　お　か

(1) ろうのとけ方を調べることによって、金ぞくのぼうの何がわかりますか。
（　　　　　　）

(2) 右の図のアで、ろうが早くとける順に、あ～うをならべましょう。
（　　→　　→　　）

(3) 右の図のイで、ろうが早くとける順に、え～かをならべましょう。
（　　→　　→　　）

(4) 金ぞくのぼうを熱したときのようすについて、次の文の（　）に当てはまる言葉を書きましょう。

金ぞくのぼうは、熱したところから（　　　　）に温まる。

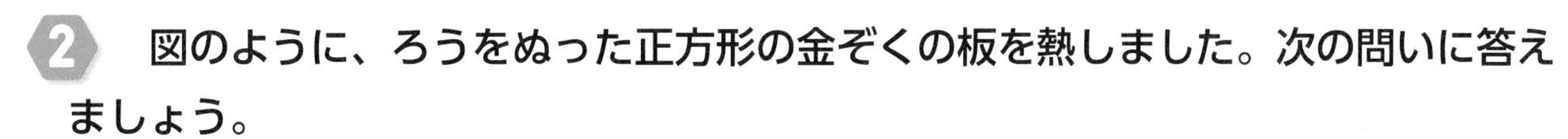

2 図のように、ろうをぬった正方形の金ぞくの板を熱しました。次の問いに答えましょう。

(1) アで、ろうが最も早くとけたのは、あ～うのどこですか。（　　）

(2) イで、ろうが最も早くとけたのは、え～かのどこですか。（　　）

(3) アの熱の伝わり方として正しいものを、右の図の①、②から選びましょう。（　　）

(4) イの熱の伝わり方として正しいものを、右の図の③、④から選びましょう。（　　）

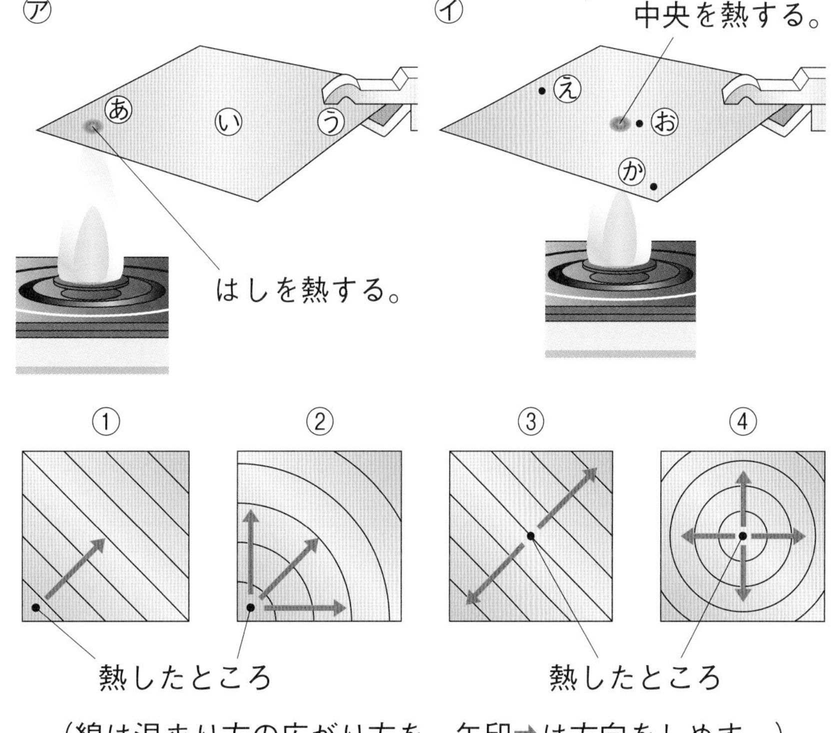

（線は温まり方の広がり方を、矢印➡は方向をしめす。）

2　水の温まり方

もくひょう

試験管やビーカーの中の水の温まり方をかくにんしよう。

おわったらシールをはろう

きほんのワーク

教科書 164～168ページ　答え 22ページ

図を見て、あとの問いに答えましょう。

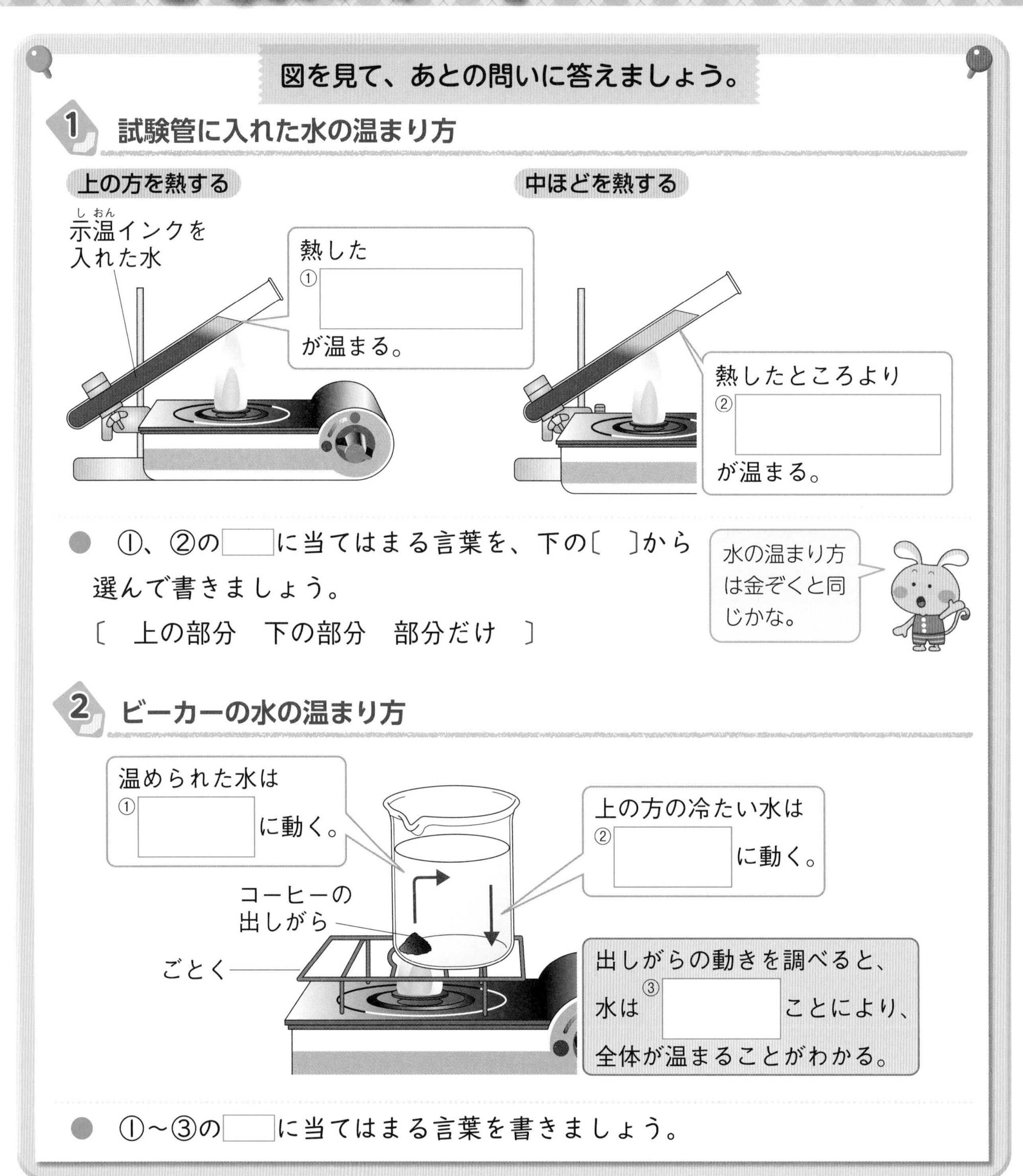

1 試験管に入れた水の温まり方

● ①、②の□に当てはまる言葉を、下の〔　〕から選んで書きましょう。

〔　上の部分　下の部分　部分だけ　〕

2 ビーカーの水の温まり方

● ①～③の□に当てはまる言葉を書きましょう。

まとめ　〔　上の部分　全体　動く　〕から選んで（　）に書きましょう。

●水は、試験管で熱した場合、熱したところから①（　　　　）が温まる。

●水は、②（　　　　）ことによって、③（　　　　）が温まる。

温まりやすさは、ものによってちがいます。温まりやすいもののひとつに金ぞくがあります。ガラスや木などは温まりにくく、水も、なかなか温まりません。

1 右の図のように示温テープをはったガラスぼうを試験管に入れ、水の温まり方を調べました。次の問いに答えましょう。

(1) 示温テープのどのような変化で、温度の変化がわかりますか。次のア～ウから選びましょう。（　　）

ア テープがちぢむ。
イ テープがのびる。
ウ テープの色が変わる。

(2) この実験で、水はどのように温まりましたか。次のア～ウから選びましょう。（　　）

ア 中ほどの部分だけが温まった。
イ 全体が温まった。
ウ 中ほどから上の部分が温まった。

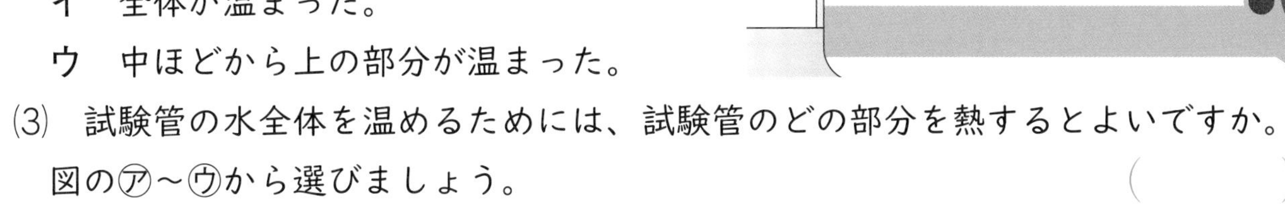

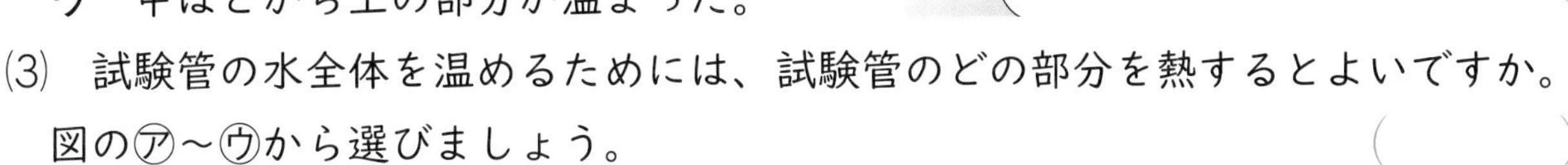

(3) 試験管の水全体を温めるためには、試験管のどの部分を熱するとよいですか。図の㋐～㋒から選びましょう。（　　）

2 右の図のように、水を入れたビーカーの底に、コーヒーの出しがらを入れ、実験用ガスコンロで熱しました。次の問いに答えましょう。

(1) コーヒーの出しがらは、水の中をどのように動きますか。㋐～㋒から選びましょう。（　　）

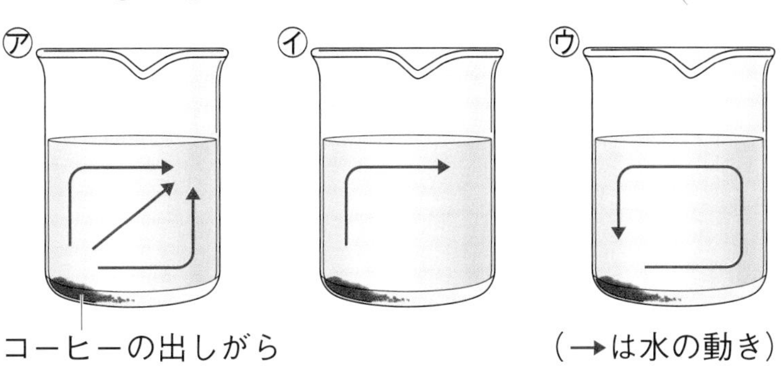

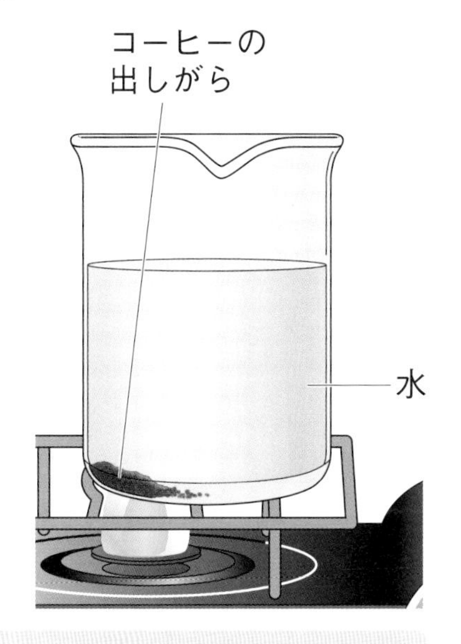

(2) 水の温まり方について、次の文の（　）に当てはまる言葉を書きましょう。

温められた水は、①（　　）に動き、上の方にあった冷たい水が、②（　　）に動く。こうして、水③（　　）が温まる。

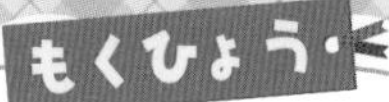

月　日

3　空気の温まり方

もくひょう
空気の温まり方を金ぞくや水とくらべながらかくにんしよう。

おわったらシールをはろう

きほんのワーク

教科書 169～175ページ　答え 23ページ

図を見て、あとの問いに答えましょう。

1 だんぼうのしくみ

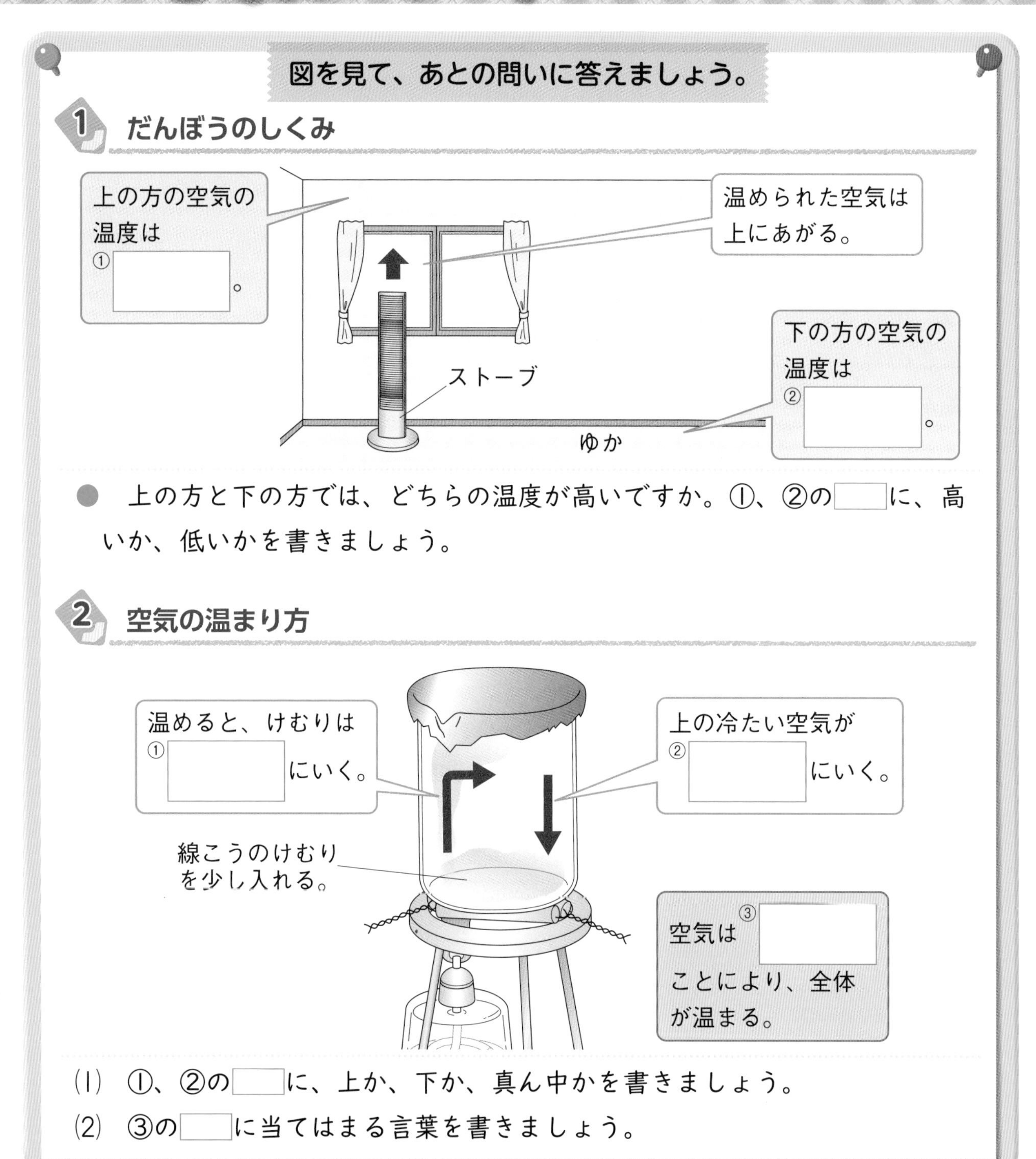

● 上の方と下の方では、どちらの温度が高いですか。①、②の□に、高いか、低いかを書きましょう。

2 空気の温まり方

(1) ①、②の□に、上か、下か、真ん中かを書きましょう。
(2) ③の□に当てはまる言葉を書きましょう。

まとめ 〔 動く　上　下 〕から選んで(　)に書きましょう。

● 温められた空気は①(　　　)に動き、冷たい空気は②(　　　)に動く。
● 空気は、水と同じで、③(　　　)ことで全体が温まる。

〈温まった水や空気は、なぜ上にあがるか〉水や空気は温められると軽くなり、上にあがります。これは、温められた水や空気は重さは変わりませんが、体積がふえるためです。

1 右の図のように、線こうのけむりを入れたビーカーを熱しました。次の問いに答えましょう。

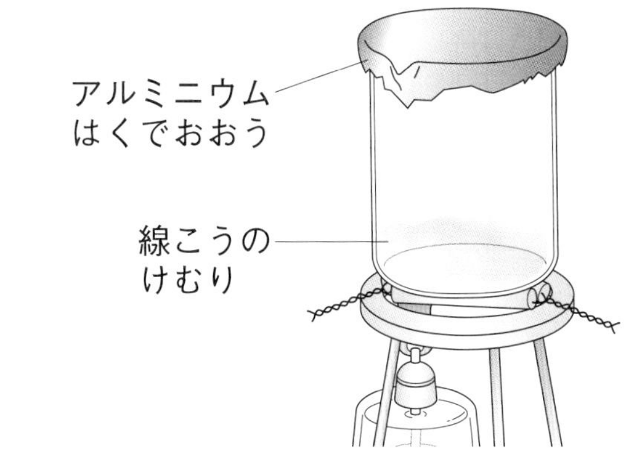

(1) 線こうのけむりを入れるのは、なぜですか。次のア～ウから選びましょう。（　　）

ア 空気を早く温めるため。

イ 空気をゆっくりと温めるため。

ウ 空気の動きを調べるため。

(2) 線こうのけむりは、どのように動きますか。図の㋐～㋒から選びましょう。（　　）

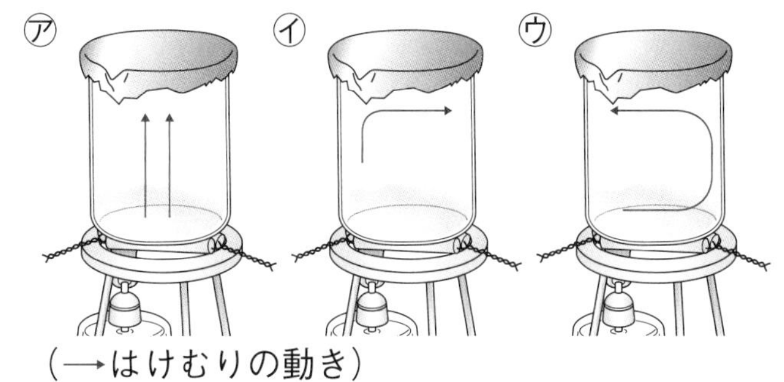

（→はけむりの動き）

(3) 空気の温まり方は、金ぞくと水の、どちらににていますか。（　　）

SDGs **2** ストーブやエアコンを使って、部屋（へや）を温めます。次の問いに答えましょう。

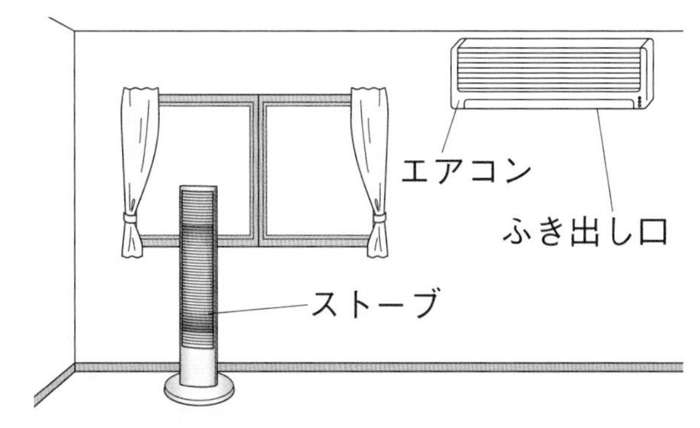

(1) ストーブで温められた空気は、どのように動きますか。次のア～ウから選びましょう。（　　）

ア 上に動く。　**イ** 下に動く。

ウ 動かない。

(2) エアコンで部屋全体の空気を温めたいとき、ふき出し口の向きは、上と下のどちらに向けるとよいですか。（　　）

(3) 温められた空気の動きについて、次の文の（　）に当てはまる言葉を書きましょう。

温められた空気は①（　　）に動き、上の方にあった冷たい空気が②（　　）に動く。こうして、部屋③（　　）の空気が温まる。

(4) (1)のせいしつを利用しているものを、次のア～ウから選びましょう。（　　）

ア ロケット　**イ** 熱気球（ねつききゅう）　**ウ** 風船

まとめのテスト

10 ものの温まり方

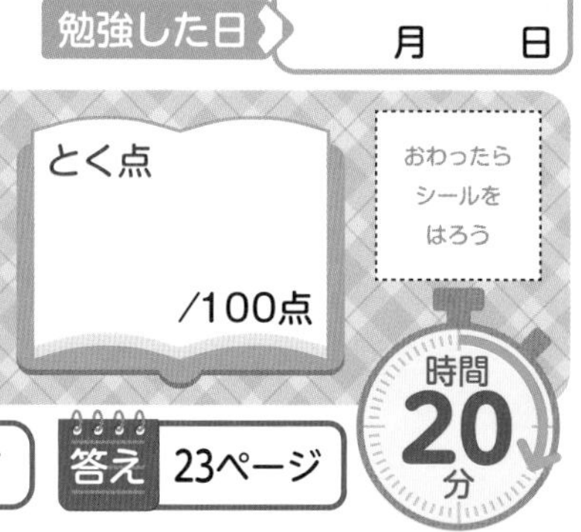

教科書 160～175ページ　答え 23ページ

チャレンジ! **1 金ぞくの温まり方** 次の図の㋐のようにして、ろうをぬった正方形の金ぞくの板のはしをガスコンロで熱しました。㋑は、ろうをぬった金ぞくの板を上から見たものです。あとの問いに答えましょう。　1つ5〔20点〕

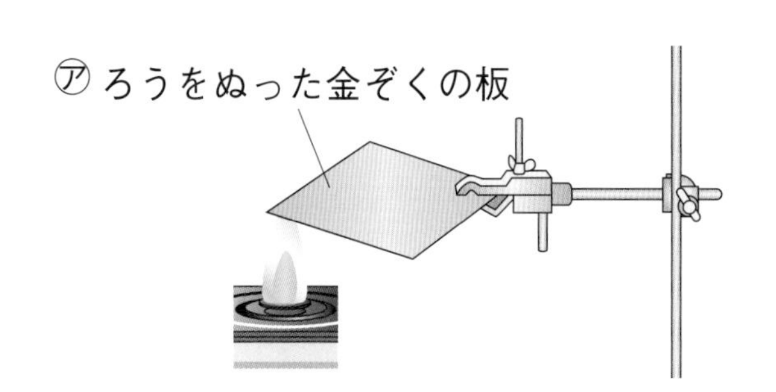

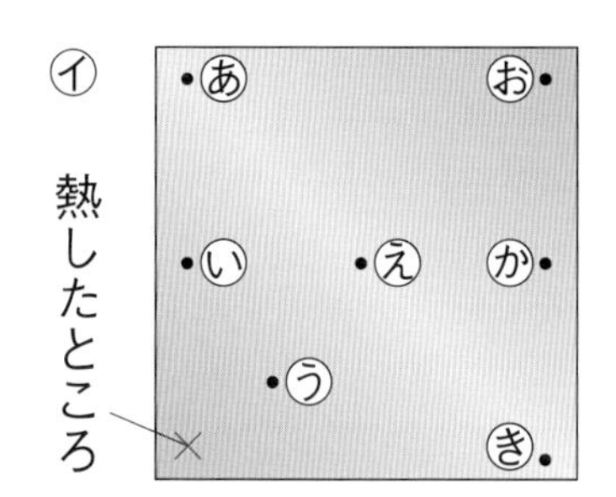

(1) 次の①～③に当てはまる部分を、図の㋑のあ～きから選びましょう。

① 最初に、ろうがとけた部分　(　　)

② 最後に、ろうがとけた部分　(　　)

③ あの部分のろうがとけたのと、ほぼ同じころにろうがとけた部分　(　　)

作図 (2) 熱してしばらくすると、金ぞくの板はどのように温まっていきますか。右の図の×から始まる3つの矢印(やじるし)でしめしましょう。

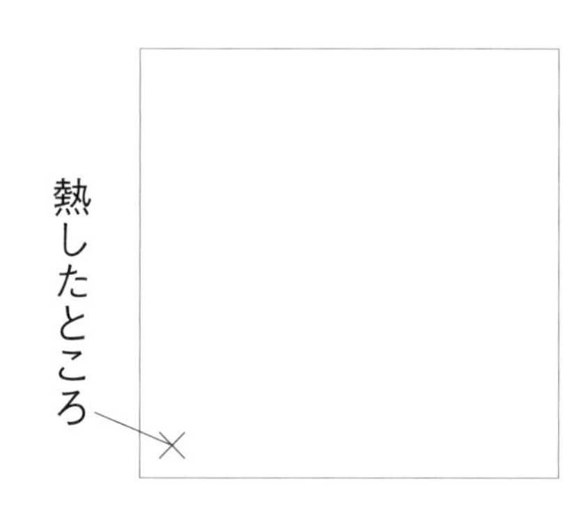

2 試験管の水の温まり方 右の図の㋐、㋑のように、試験管に示温テープをはったガラスぼうを入れて試験管を熱し、水の温まり方を調べました。次の問いに答えましょう。　1つ4〔20点〕

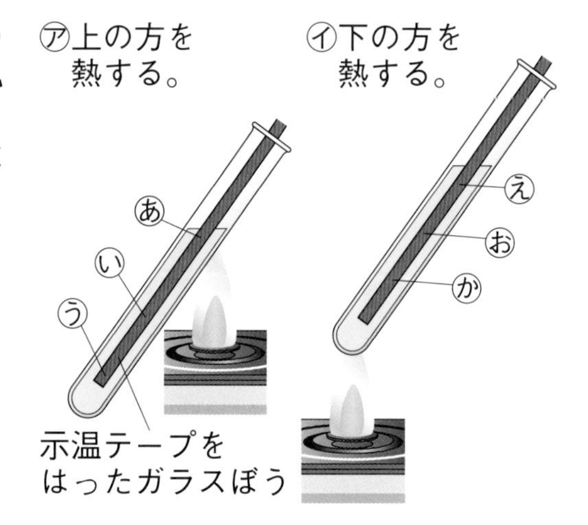

(1) ㋐で、最初に示温テープの色が変わるのはあ～うのどこですか。　(　　)

(2) ㋐で、うの部分の示温テープは色が変わりますか、変わりませんか。　(　　)

(3) ㋑で、最初に色が変わる部分を、え～かから選びましょう。　(　　)

(4) ㋑で、最後に色が変わる部分を、え～かから選びましょう。　(　　)

(5) 試験管の水全体が温まるのは、㋐、㋑のどちらの試験管ですか。　(　　)

3 ビーカーの水の温まり方

右の図のようにして、水とコーヒーの出しがらを入れたビーカーのはしをガスコンロで熱し、出しがらの動き方を調べました。次の問いに答えましょう。 1つ6〔36点〕

記述 (1) ビーカーの中にコーヒーの出しがらを入れるのは、なぜですか。

（　　　　　　　　　　　　　　　　）

(2) 図の㋐と㋑では、どちらの部分が先に温まりますか。

（　　　）

(3) 次の文は、この実験からわかる水の温まり方についてまとめたものです。（　）に当てはまる言葉を、下の〔　〕から選んで書きましょう。

①（　　　　　）の動き方からわかるように、水は、②（　　　　　）と同じように、温められた水が③（　　　　　）に動き、冷たい水が④（　　　　　）に動くことで、やがて水全体が温まる。

〔 上　下　出しがら　空気　金ぞく 〕

4 空気の温まり方

右の図のようにして、ストーブをつけた部屋の空気の温まり方を調べました。次の問いに答えましょう。 1つ8〔24点〕

(1) ゆかの近くと、部屋の高いところの温度をくらべると、温度が高いのはどちらですか。

（　　　　　　　　　　　　）

(2) ストーブの周りの空気の動きを正しく表しているものを、㋐～㋒から選びましょう。

（　　　）

㋐
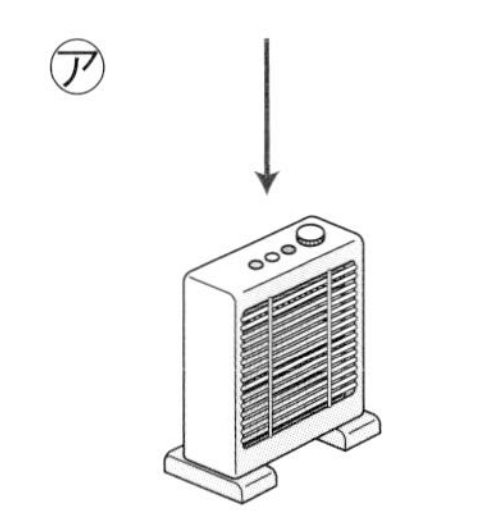

㋑
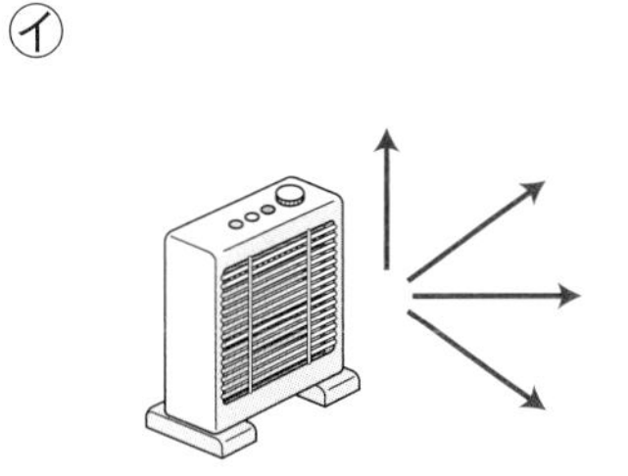

㋒
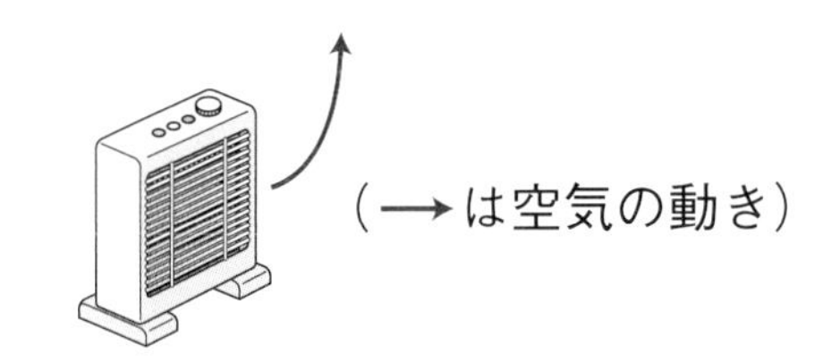

(3) 空気の温まり方と、金ぞくや水の温まり方をくらべると、どのようなことがいえますか。正しいものに○をつけましょう。

①（　　）空気の温まり方は、金ぞくとにている。

②（　　）空気の温まり方は、水とにている。

③（　　）空気の温まり方は、金ぞくや水とはちがう。

勉強した日　月　日

1　わたしたちの体とほね

もくひょう
うでや手のつくり、全身のほねについてかくにんしよう。

おわったらシールをはろう

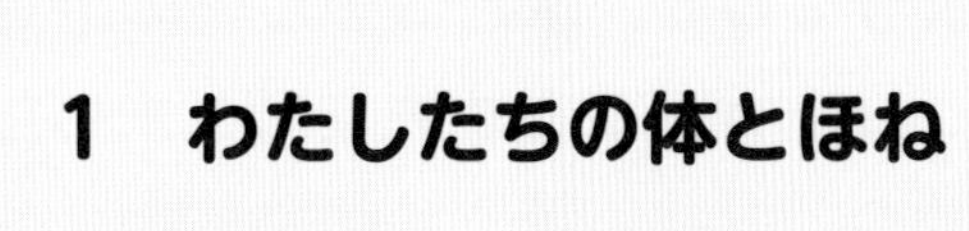

教科書 176～182ページ　答え 24ページ

図を見て、あとの問いに答えましょう。

1 うでや手のつくり

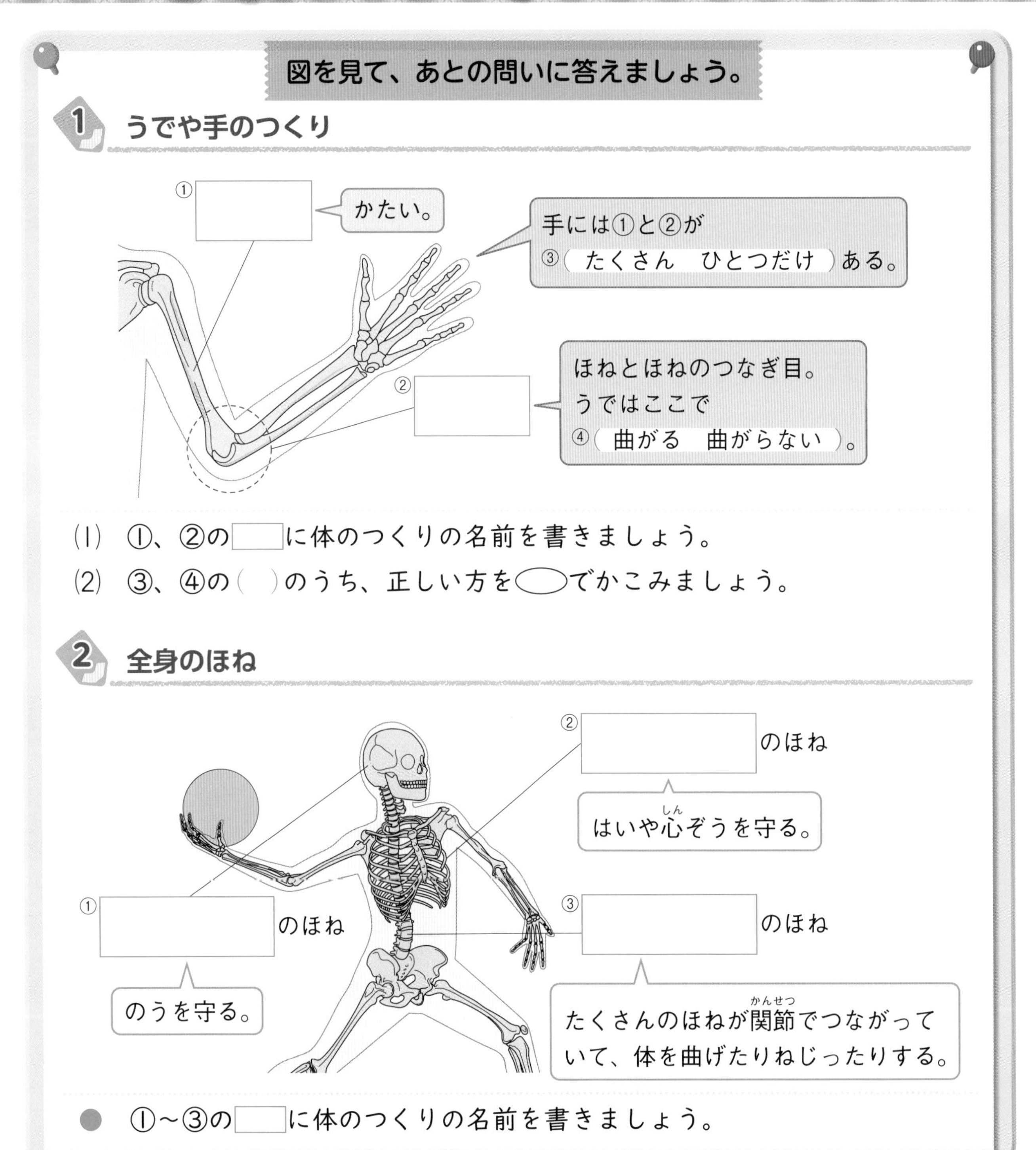

(1)　①、②の□に体のつくりの名前を書きましょう。

(2)　③、④の（　）のうち、正しい方を◯でかこみましょう。

2 全身のほね

●　①～③の□に体のつくりの名前を書きましょう。

まとめ

〔　関節　ほね　〕から選んで（　）に書きましょう。

- 体の中には、かたい①（　　　　）がある。
- ほねとほねは、②（　　　　）でつながっている。

わくわくたんてい団
人の体には、ほねが200こ以上あります。いちばん長いほねは、太もものほねです。いちばん小さなほねは、耳のおくにあるほねで、3mmぐらいの大きさしかありません。

1 右の図は、わたしたちの手やうでのようすを表しています。次の問いに答えましょう。

(1) 図の㋐の◌の中で、曲がるところはどこですか。すべてに○をつけましょう。

(2) (1)で○をつけたところを、何といいますか。（　　　）

(3) 図の㋑のあ、いを、何といいますか。

あ（　　　）

い（　　　）

(4) ほねとほねのつなぎ目は、あ、いのどちらですか。（　　　）

(5) 人の体のほねにさわると、かたいですか、やわらかいですか。

（　　　）

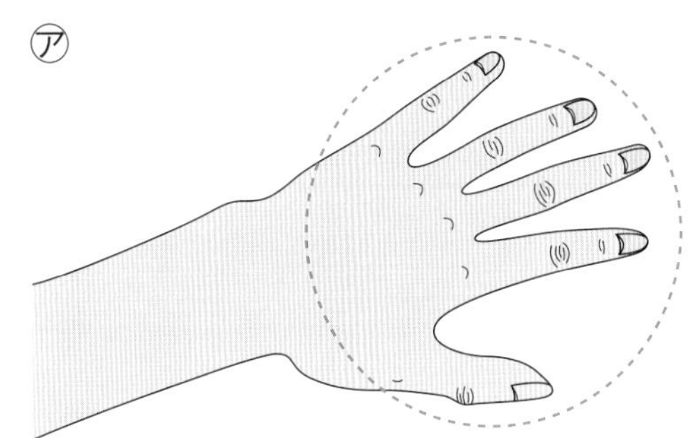

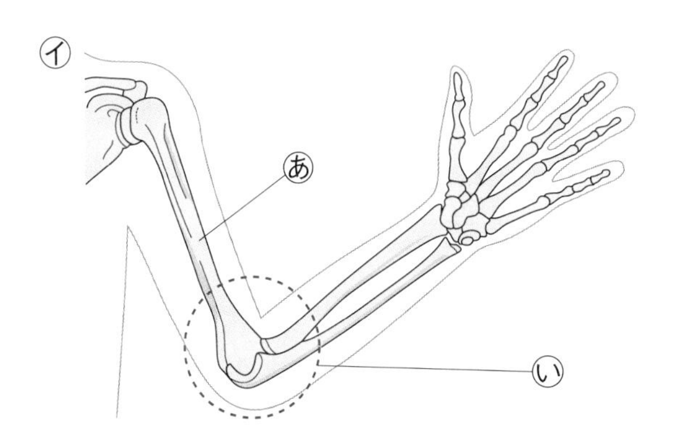

2 右の図は、全身のほねのようすを表しています。次の問いに答えましょう。

(1) はいや心ぞうを守っているほねは、どれですか。㋐～㋒から選びましょう。

（　　　）

(2) 体を曲げたりねじったりできる、多くのほねがつながっている部分を、㋐～㋒から選びましょう。（　　　）

(3) のうを守っているほねは、どれですか。㋐～㋒から選びましょう。（　　　）

(4) 次の文で、正しい方に○をつけましょう。

①（　　　）フナには、人と同じように、たくさんのほねがある。

②（　　　）フナには、ほねがない。

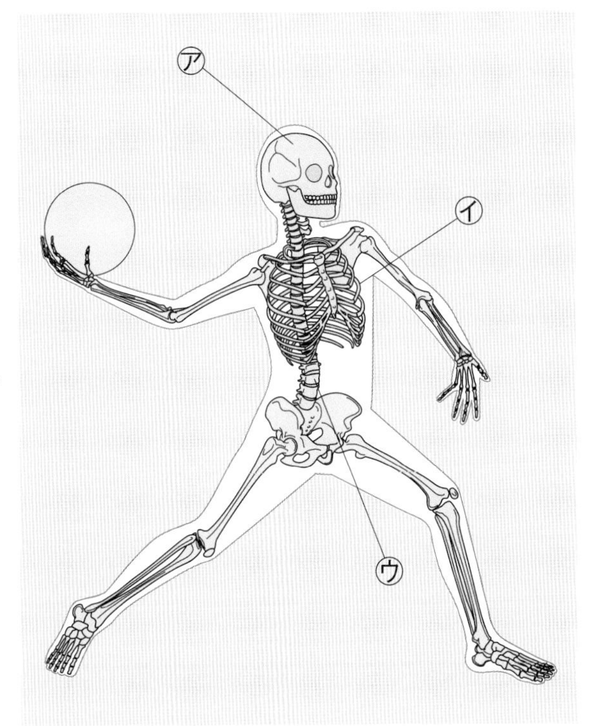

記述 (5) ほねには、体の中のものを守るほかに、どのようなはたらきがありますか。

（　　　）

勉強した日　月　日

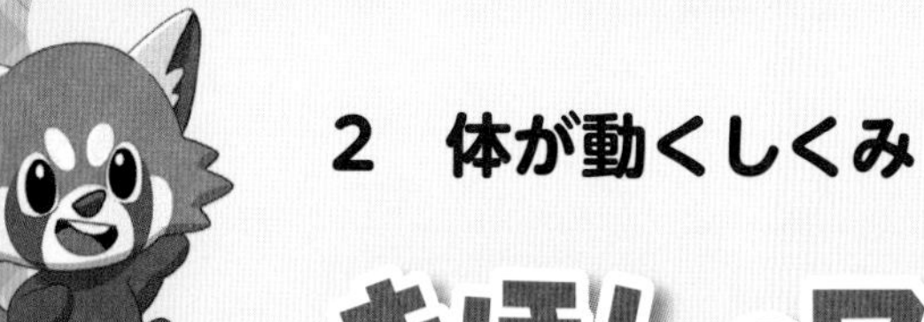

2　体が動くしくみ

もくひょう

うでが動くしくみや、ほねときん肉のはたらきをかくにんしよう。

おわったらシールをはろう

きほんのワーク

教科書 183～187ページ　答え 25ページ

図を見て、あとの問いに答えましょう。

1 うでが曲がるしくみ

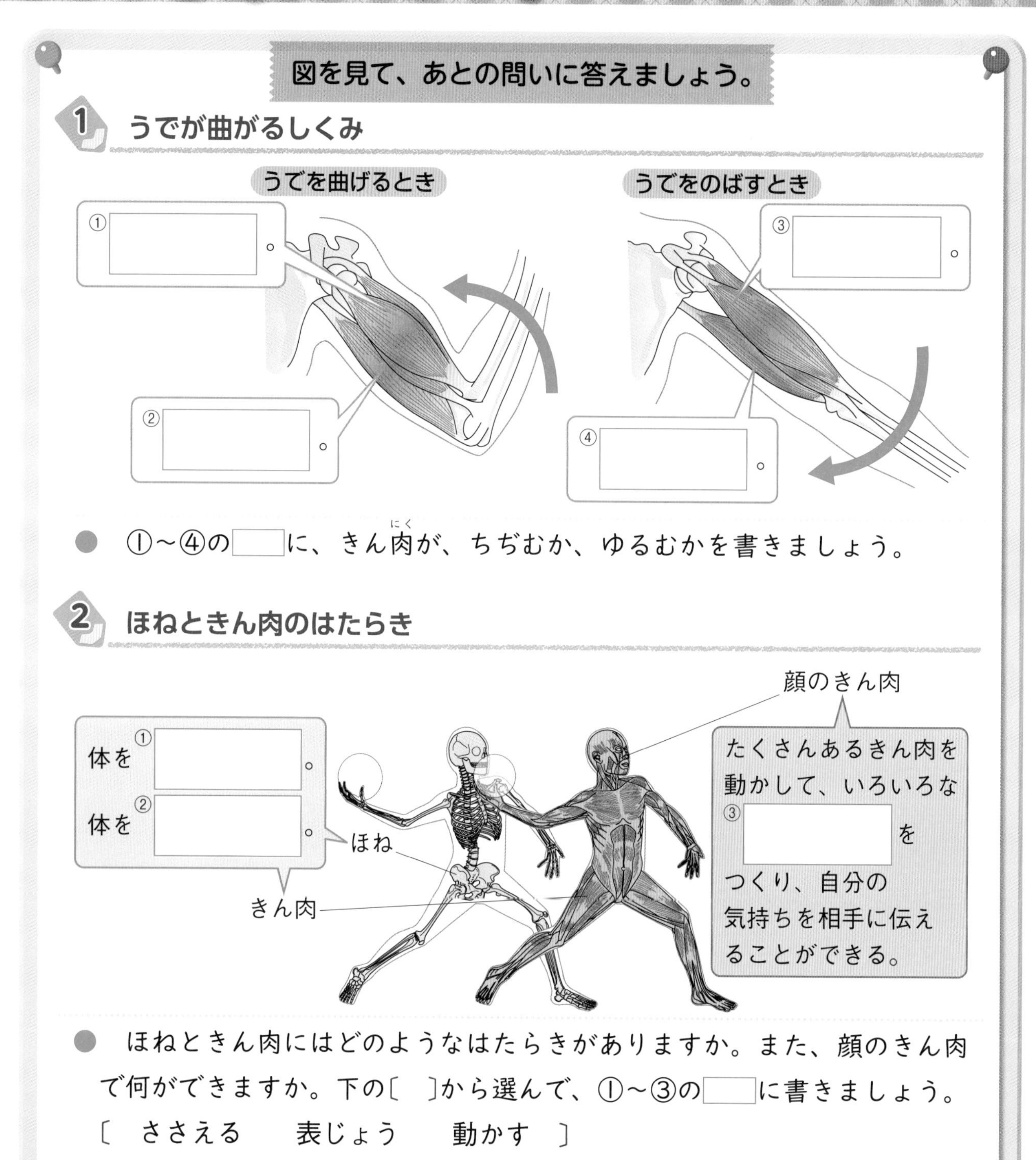

● ①～④の□に、きん肉が、ちぢむか、ゆるむかを書きましょう。

2 ほねときん肉のはたらき

● ほねときん肉にはどのようなはたらきがありますか。また、顔のきん肉で何ができますか。下の〔　〕から選んで、①～③の□に書きましょう。

〔　ささえる　　表じょう　　動かす　〕

まとめ　〔　きん肉　曲がる　〕から選んで（　）に書きましょう。

●ほねには，①（　　　）がついている。

●きん肉がちぢんだり、ゆるんだりして、うでが②（　　　）。

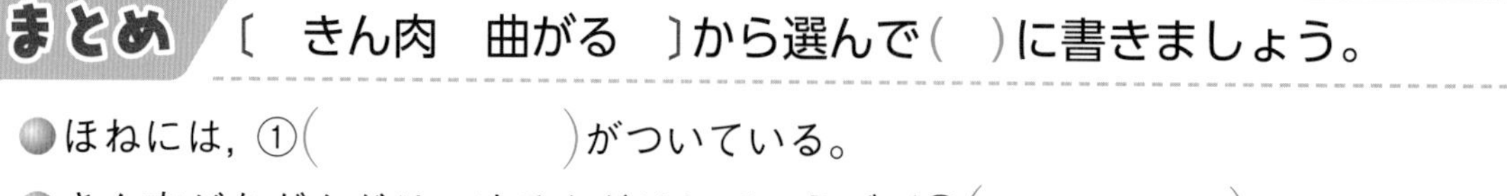

はってん　〈きん肉とほねをつなぐもの〉きん肉の両はしには、けんという部分があり、きん肉とほねをつないでいます。かかとには、太くてじょうぶなアキレスけんがあります。

できた数 /12問中

おわったらシールをはろう

1 右の図は、うでを曲げたりのばしたりしたときのようすを表したものです。次の問いに答えましょう。

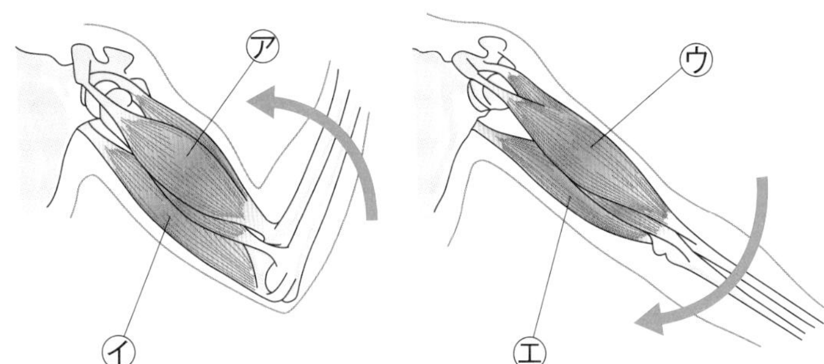

(1) うでを曲げるときにちぢむきん肉を、図の㋐、㋑から選びましょう。 (　　)

(2) うでを曲げて力を入れたときに、図の㋐はかたくなりますか、やわらかくなりますか。 (　　)

(3) うでを曲げて力を入れたときに、ふくらんで見えるきん肉を、図の㋐、㋑から選びましょう。 (　　)

(4) うでをのばすときにちぢむきん肉を、図の㋒、㋓から選びましょう。 (　　)

(5) うでを曲げることができる部分を、何といいますか。 (　　)

2 きん肉やほねについて説明した次の文のうち、正しいものには○、まちがっているものには×をつけましょう。

①(　　)きん肉が、ちぢんだり、ゆるんだりして、体が動く。

②(　　)顔は、曲げることができないので、顔にはきん肉がない。

③(　　)顔にはきん肉があり、さまざまな表じょうをつくることができる。

④(　　)人は、ほねときん肉のはたらきで、体をささえたり、動かしたりしている。

⑤(　　)ウサギには、ほねやきん肉があり、それを使って、体を動かしている。

⑥(　　)ニワトリには、ほねはあるが、きん肉はない。

⑦(　　)マガモには、ほねはあるが、きん肉はない。

人やウサギなど、多くの動物の体には、ほねやきん肉があるよ。動物は、ほねやきん肉のはたらきで、体をささえたり、動かしたり、中のものを守ったりしているんだ。

勉強した日　月　日

まとめのテスト

11　人の体のつくりと運動

とく点　/100点

おわったらシールをはろう

時間20分

教科書 176～187ページ　答え 25ページ

1 人の体のつくりと運動 次の文の(　)に当てはまる言葉を、下の〔　〕から選んで書きましょう。同じ言葉を2回以上使ってもかまいません。　1つ4〔36点〕

人が曲げたうでやあしにさわったときに、ふくらんでいてやわらかく感じる部分は①(　　　)であり、かたく感じる部分は②(　　　)である。

人は体全体に③(　　　)や④(　　　)があり、それらのはたらきによって体を動かすことやささえることができる。

ほねと⑤(　　　)のつなぎ目を⑥(　　　)といい、ここで、うでやあしなどが曲がる。

⑦(　　　)には⑧(　　　)がついていて、⑨(　　　)がちぢんだり、ゆるんだりすることで、うでやあしなどを曲げることができる。

〔　きん肉　　ほね　　関節　〕

よく出る **2 人の体のつくり** 右の図は、人の体のつくりを表したものです。次の問いに答えましょう。

1つ4〔24点〕

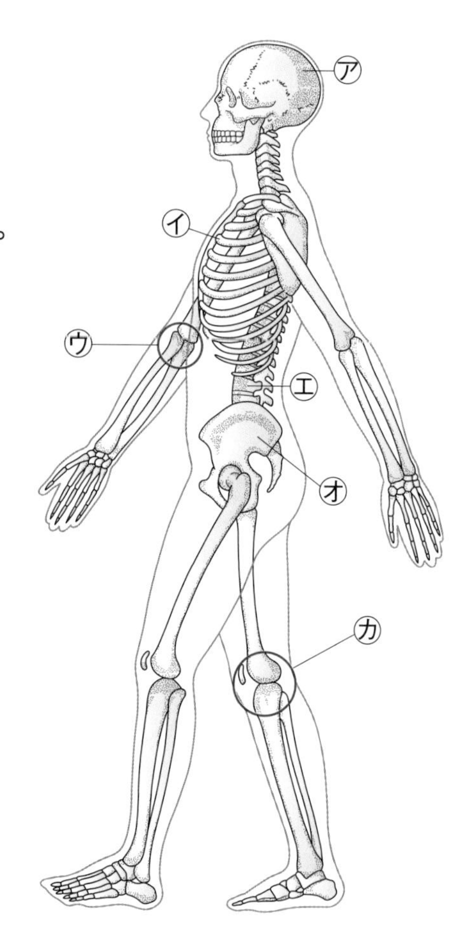

(1) 図は、ほね、きん肉のどちらを表していますか。
(　　　)

(2) ほねは、さわるとどのような感じがしますか。
(　　　)

(3) 人の体には、ほねがたくさんありますか、ひとつしかないですか。(　　　)

(4) 次の①、②のはたらきをする部分を、図のア～カから選びましょう。

① 中にある、のうを守っている。(　　　)

② 中にある、はいや心ぞうを守っている。
(　　　)

(5) ひざの関節を表している部分を、図のア～カから選びましょう。(　　　)

よく出る

3 人のうでの曲げのばし 右の図は、人のうでを曲げたときと、のばしたときのきん肉のようすを表しています。次の問いに答えましょう。

1つ4〔28点〕

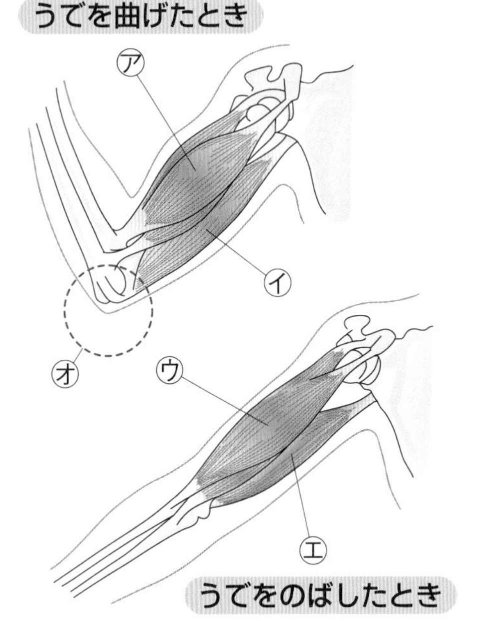

(1) うでを曲げて力を入れたときに、少しかたくなっているのは、どちらのきん肉ですか。㋐、㋑から選びましょう。（　　）

(2) うでを曲げたとき、ふくらんで見えるのは、どちらのきん肉ですか。㋐、㋑から選びましょう。（　　）

(3) うでを曲げたときに、ゆるんでいるのは、どちらのきん肉ですか。㋐、㋑から選びましょう。（　　）

(4) うでをのばしたときに、ゆるんでいるのは、どちらのきん肉ですか。㋒、㋓から選びましょう。（　　）

(5) うでをのばしたときに、ちぢんでいるのは、どちらのきん肉ですか。㋒、㋓から選びましょう。（　　）

(6) ㋔の部分を何といいますか。（　　）

(7) ㋔は何と何のつなぎ目ですか。（　　と　　）

4 人以外の動物の体のつくりとはたらき 次の図は、フナとニワトリのほねのつくりを表したものです。あとの問いに答えましょう。

1つ4〔12点〕

㋐

㋑

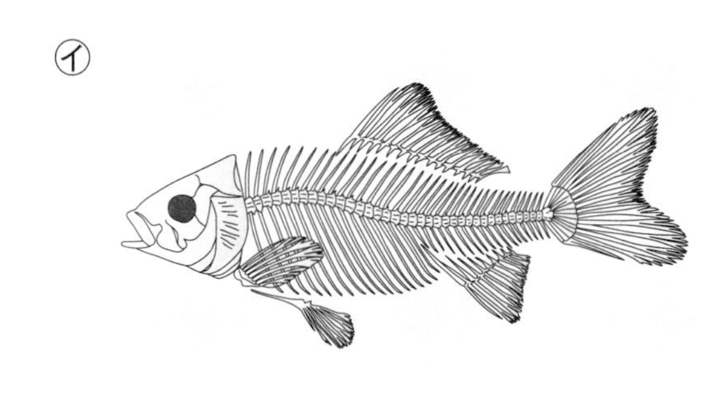

(1) ニワトリのほねを表しているのは、どちらですか。㋐、㋑から選びましょう。（　　）

(2) フナとニワトリのきん肉について、正しいものに○をつけましょう。

①（　　）フナにはきん肉があるが、ニワトリにはきん肉がない。

②（　　）フナにはきん肉がないが、ニワトリにはきん肉がある。

③（　　）フナにもニワトリにも、きん肉がある。

(3) フナやニワトリは、体を曲げることができますか、できませんか。（　　）

考えてとく問題にチャレンジ！

プラスワーク

おわったら シールを はろう

答え 26ページ

1 季節と生き物 教科書 6～15、198ページ 気温をはかるとき、右の図のように温度計のえきだめに日光が直せつ当たらないようにしてはかるのはなぜですか。

(　　　　　　　　　　　　　　　　　　　　)

2 1日の気温と天気 教科書 16～25、192ページ 5月10日に気温の変化を調べました。表にまとめた結果を、下の□に折れ線グラフで表しましょう。

5月10日

時こく	午前9時	午前10時	午前11時	正午	午後1時	午後2時	午後3時
気　温	20℃	21℃	22℃	23℃	24℃	24℃	23℃
天　気	晴れ	晴れ	晴れ	晴れ	晴れ	晴れ	晴れ

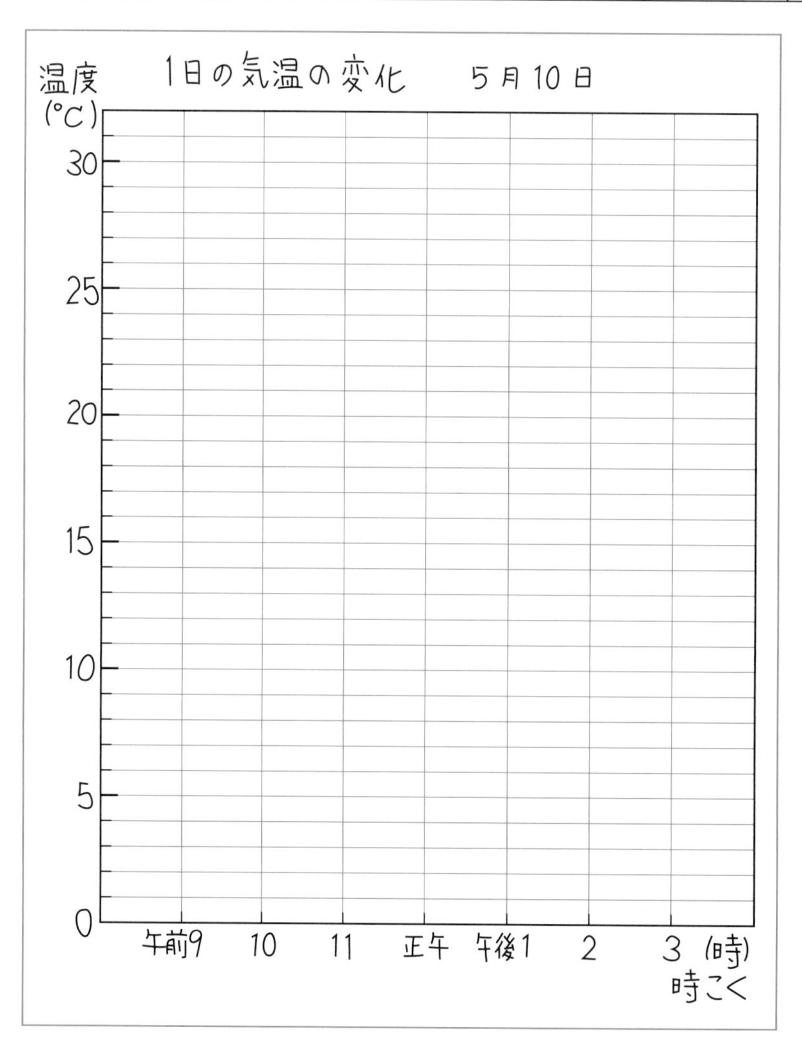

教科書ワーク

答えとてびき

「答えとてびき」は、とりはずすことができます。

学校図書版 理科4年

使い方

まちがえた問題は、もう一度よく読んで、なぜまちがえたのかを考えましょう。正しい答えを知るだけでなく、なぜそうなるかを考えることが大切です。

1 季節と生き物

2ページ きほんのワーク

1 (1)①風通し ②日光 ③1.5
(2)④真横

2 ①花 ②葉 ③よう ④あたためて

まとめ ①植物 ②動物

3ページ 練習のワーク

1 (1)日光
(2)イ
(3)風通しのよい場所
(4)15℃

2 (1)②に○
(2)大きくなっていく。

3 (1)㋐ナナホシテントウ ㋑アゲハ
(2)㋑
(3)㋓

てびき 1 (1)温度計のえきだめに日光が直せつ当たると、温度計のえきだめが日光に温められ、温度が上がりすぎてしまいます。このため、正しい気温がはかれません。

温度計を持つときには、えきだめからはなれた部分を持ち、紙などで日光をさえぎってはかります。このとき、日光をさえぎる紙などが、温度計にふれないように注意しましょう。

(2)(3)気温は、風通しのよい場所で、地面から1.2m ~ 1.5mの高さではかります。

2 春になると、気温が高くなり、それにつれてサクラの葉は大きくなり、しげっていきます。

3 (2)花のみつをすうのはアゲハで、ナナホシテントウはおもにアブラムシを食べます。

(3)㋒はサンショウの葉に産みつけられたアゲハのたまご、㋓は水草に産みつけられたアマガエルのたまごです。

4ページ きほんのワーク

1 (1)①ひな
(2)②「遠くから」に◯
(3)③気温

2 (1)①たね
(2)②くき

まとめ ①気温 ②葉 ③くき

5ページ 練習のワーク

1 (1)はかる場所、はかる時こく(順不同)
(2)①に○

2 (1)㋑
(2)2まい
(3)植えかえ
(4)根
(5)③に○

てびき 1 (1)日にちをおいて気温をはかるときは、後で結果をくらべられるように、はじめに、気温をはかる場所と時こくを決めます。

(2)サクラは、花が散ってから葉が出ます。

2 (1)ヘチマのたねは、平たくて黒く、つぶれたボールのような形です。㋐はヒョウタンのたねです。

(2)ヘチマのたねをまくと、さいしょに2まいの葉が出てきます。これを子葉といいます。

(3)葉が3～5まいになったら、広い花だんなどに植えかえをします。

(4)根は細くえだ分かれして、土の中に入りこんでいるので、植えかえのとき土を落とすと、根がいたんでしまいます。

(5)ささえのぼうは、ヘチマのくきのささえになります。また、ぼうに目もりをつけておくと、くきの長さをはかることができます。

わかる! 理科 ヘチマのくきは自分の体をささえるほどじょうぶなつくりではなく、まきひげを出して、ほかのものにまきつけて体をささえます。このため、ささえのぼうは、ヘチマのくきのささえになります。ヘチマは、葉が4～5まいになると、葉のつけ根のあたりからまきひげが出てきます。このまきひげがささえのぼうにまきついて、くきをささえます。

6・7ページ まとめのテスト

1 (1)㋒
(2)㋔
(3)18℃
(4)（だんだん）高くなっていく。

2 ①天気　②気温
③絵や写真　④大きさ
⑤本や図かん　⑥予想

3 (1)㋒　(2)㋔
(3)③に○
(4)根をいためないようにするため。
(5)①○　②×　③○

4 (1)ナナホシテントウ
(2)たまごを産んでいる。
(3)おたまじゃくし
(4)オオカマキリ

丸つけのポイント

3 (4)「根を守る」など、根をきずつけないようにすることが書かれていれば正かいです。理由を答えるときは、「～ため」「～から」としましょう。

4 (2)「たまごを産みつけている」「産卵（さんらん）」など、意味が同じであれば正かいです。

てびき **1** (1)㋐のように、温度計のえきだめにさわると、温度が上がってしまい、正しく気温をはかることができません。

(2)目もりは温度計の真横から読みます。

3 (1)ヘチマのたねは、平たくて黒く、つぶれたボールのような形です。㋐はヒマワリのたね、㋑はダイズのたねです。

4 (3)アマガエルはたまごからかえってしばらくの間はあしがなく、魚のように水の中で成長します。夏になって、おたまじゃくしからあしが出てくると、水中から陸に上がって生活します。

(4)オオカマキリは春になると、たまごからよう虫がかえります。よう虫は小さな虫を食べて育っていきます。

2　1日の気温と天気

8ページ きほんのワーク

1 (1)①右図
(2)②低い
③高い
(3)④2

晴れの日の1日の気温の変化　4月25日
温度（℃）　0　10　20
午前9　10　11　正午　午後1　2　3（時）
時こく

2 (1)①晴れの日
②雨の日
(2)③「小さい」に⬭

まとめ ①昼すぎ　②日の出
③雨　④晴れ

9ページ 練習のワーク

1 (1)折れ線グラフ
(2)㋐　(3)①、④に○

2 (1)ア
(2)ア
(3)百葉箱（ひゃくようばこ）

てびき ❶ (2)1日の最も高い気温と最も低い気温のちがいが大きいほど、気温の変化が大きいといえます。

(3)㋐は、1日の気温の変化が大きいので晴れの日のグラフです。㋑、㋒は、1日の気温の変化があまり大きくないので、くもりの日か雨の日のグラフです。晴れの日は、日光が地面を温め、温まった地面が空気を温めるので、昼間の気温が高くなるだけでなく、昼すぎの気温と朝や夜の気温のちがいも大きくなります。このため、1日の気温の変化を折れ線グラフにすると、山のような形になります。くもりの日や雨の日は、雲にさえぎられて日光が当たらないので、昼間の気温が、晴れの日にくらべて低くなり、昼すぎの気温と朝や夜の気温のちがいは小さくなります。くもりの日や雨の日の1日の気温の変化を折れ線グラフで表すと、晴れの日とは形がちがうことがわかります。

❷ (1)(2)気温はいつも同じ場所で、時こくを決めて、温度計に日光が直せつ当たらないようにして、地面から1.2m～1.5mの高さではかります。

(3)気温は、温度計に日光が直せつ当たらないようにして、風通しのよい場所ではかります。このとき、風通しをよくするなどのくふうをした箱を百葉箱といいます。百葉箱は、しばふの上など、地面が温まりすぎないようなところに置かれています。

わかる! 理科 気温が上がるときは、空気が日光に直せつ温められるのではなく、まず日光が当たった地面が温められます。次に、地面の近くの空気が、温まった地面によって温められて、空気の温度が上がっていきます。

10・11ページ まとめのテスト

1 (1)①に○
(2)午後2時
(3)23℃
(4)イ
(5)晴れ
(6)当たらないようにしてはかる。

2 (1)空気(の温度)
(2)百葉箱
(3)白色
(4)箱の中の風通しをよくするため。

3 (1)

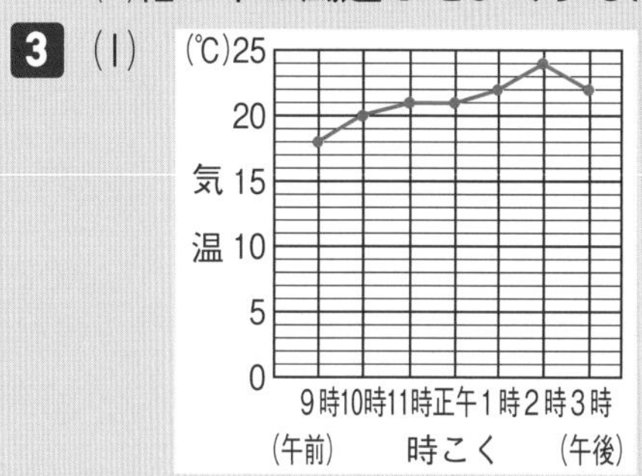

(2)晴れ
(3)1日の気温の変化が大きいから。

4 (1)①㋑ ②㋐
(2)7℃
(3)雨の日

丸つけのポイント

2 (4)「風が通りやすいようにする」「空気の流れをさえぎらない」ということが書かれていれば正かいです。

てびき **1** (4)晴れの日の気温は、午後1時～2時をすぎると下がっていきます。

(5)1日の気温の変化が大きいので、晴れの日の天気であると考えられます。

2 (2)～(4)百葉箱は、日光が当たっても、できるだけ温度が高くならないように白くぬられています。とびらや周りは、風通しをよくするために、すき間をあけて細い板を重ねたよろい戸になっているなど、気温をはかるためのさまざまなくふうがされています。また、百葉箱は、しばふの上など、地面が温まりすぎないようなところに置かれています。

3 (1)時こくと気温がまじわるところに●をつけて、●と●を線でつなぎます。

(2)(3)1日の気温の変化が大きく、午後2時に最も高い温度になっているので、晴れであったと考えられます。雨の日だと1日の気温はあまり変化しません。

4 晴れの日の気温の変化は㋑で、グラフは①です。最も高い気温と最も低い気温のちがいは、22－15＝7(℃) です。

雨の日の気温の変化は㋐で、グラフは②です。晴れの日の1日の気温とくらべると、雨の日の1日の気温は、あまり変化しません。

3 空気と水

12ページ きほんのワーク

1 (1)①小さくなる　②大きくなる
(2)③「元の位置近くまで上がる」に◯
2 ①小さくなる　②大きくなる
まとめ　①おす　②ちぢめる
③元にもどろうとする

13ページ 練習のワーク

1 (1)①㋑　②㋐　③㋒
(2)小さくなる。
2 (1)①ある。　②小さくなる。
(2)①大きくなる。　②小さくなる。
(3)（空気の）元にもどろうとする力

てびき 1 空気の入っているふくろをおしたとき、空気はおしちぢめられ、元の体積にもどろうとします。はずむ感じがしたり、手をはなすと元の形にもどったりするのはこのためです。
2 (1)(2)おしぼうを下の方までおすほど、つつの中の空気がよりおしちぢめられるため、手ごたえは大きくなります。
(3)空気でっぽうの後玉を、おしぼうでおすと、つつの中の空気がおしちぢめられます。このため、空気が元にもどろうとして、前玉がおされて飛び出します。このとき、おしちぢめられていた空気も、元の体積にもどりながら、前玉といっしょに、いきおいよくつつの外に出ます。

14ページ きほんのワーク

1 ①小さくなる　②大きくなる
③元にもどる
2 (1)①変わらない
②変わらない
(2)③できる　④できない
まとめ　①空気　②水

15ページ 練習のワーク

1 (1)大きくなる。　(2)小さくなる。
(3)ア
(4)元にもどろうとする力
2 (1)㋐　(2)②に◯
(3)空気　(4)水

てびき 1 (1)空気はおしちぢめられるほど、元にもどろうとする力が大きくなります。このため、ピストンをおすときの手ごたえも大きくなります。
(2)空気はおしちぢめられているので、体積は小さくなります。
(3)空気は元の体積にもどるので、ピストンは㋐の位置の近くまでもどります。
2 とじこめた空気はおしちぢめることができますが、水はおしちぢめることができません。㋐では、おしちぢめられた空気の、元にもどろうとする力で前玉が飛び出します。㋑では、おされた水が、そのまま前玉をおすので、おしぼうで直せつ前玉をおすのと同じことになります。このため、前玉はいきおいよく飛び出さずに、おし出されます。

16・17ページ まとめのテスト

1 (1)㋑
(2)元にもどろうとする力
(3)①に◯
2 (1)②に◯
(2)②に◯
3 (1)①に◯
(2)できる。
(3)小さくなる。
(4)③に◯
(5)できない。
(6)㋐
4 (1)㋐
(2)空気はおしちぢめられるが、水はおしちぢめられないから。
(3)元の位置(の近く)にもどる。
(4)おしちぢめられた空気が元にもどろうとするから。

丸つけのポイント

4 (2)「おすと空気は体積が小さくなるが、水はおしても体積が変わらない」ということが書かれていれば正かいです。
(4)「体積の小さくなった空気が元の体積にもどろうとする」または、「空気の元にもどろうとする力によってピストンがおされる」ということが書かれていれば正かいです。

てびき **1** (1)(2)空気は、おしちぢめられると、元にもどろうとする力がはたらきます。空気をおしちぢめるほど、手ごたえは大きくなり、元にもどろうとする力が大きくなります。

(3)おしぼうで後玉をおすと、前玉と後玉の間の空気がおしちぢめられます。空気はおしちぢめられるほど、元にもどろうとする力が大きくなるため、手ごたえは大きくなり、空気におされた前玉はいきおいよく飛び出します。

わかる! 理科 つつの中に空気を入れて後玉をおすと前玉がいきおいよく飛びます。前玉が飛ぶしくみは次のとおりです。空気でっぽうの前玉・後玉とつつの間にすき間ができて空気がにげないように、前玉と後玉はきつくつめます。そうすると、つめた後の前玉は、弱い力でおされても動きません。おしぼうで後玉をおして、おしちぢめられた空気が元にもどろうとしても、はじめは前玉が動きません。しかし、おしぼうをさらにおしていって、おしちぢめられた空気が元にもどろうとする力がじゅうぶんに大きくなると、前玉がおし出されます。このとき、おしちぢめられていた空気も、元の体積にもどりながら、前玉といっしょにいきおいよくつつの外に出るので、ポンと音がして前玉は飛び出します。一方、水をつつの中に入れて、後玉をおしぼうでおしても、前玉はあまり飛びません。これは、後玉をおしても水はちぢまず、空気のような元にもどろうとする力がはたらかないためです。

2 (1)いきをふきこむと、はじめにペットボトルの中にあった空気はおしちぢめられて、体積が小さくなります。

(2)ふきこんだいきにおされたペットボトルの中にあった空気は、元の体積にもどろうとして、水をおします。空気におされた水はちぢまないためおし出され、ストローの先から飛び出します。

3 (1)~(3)空気はおしちぢめることができるので、体積が小さくなり、ピストンの位置は下がります。指をはなすと、空気は元の体積にもどろうとして、ピストンをおし上げます。

(4)(5)水はおしちぢめることができないので、ピストンの位置は変わりません。

(6)ピストンの位置が上がるのは、注しゃ器に入れたものが、おしちぢめることができるときです。したがって、ピストンの位置が上がるのは、注しゃ器に空気が入っている㋐です。

4 (1)(2)水の部分は、おしちぢめられないので体積は変わりませんが、空気の部分はおしちぢめられるので体積は小さくなります。

(3)(4)水はそのままですが、おしちぢめられた空気は、元の体積にもどろうとして、ピストンをおし返します。

4　電気のはたらき

18ページ　きほんのワーク

1 (1)①電流
(2)②変わる　③変わる

2 (1)①（かんい）けん流計　②スイッチ
③向き　④かん電池
(2)右図

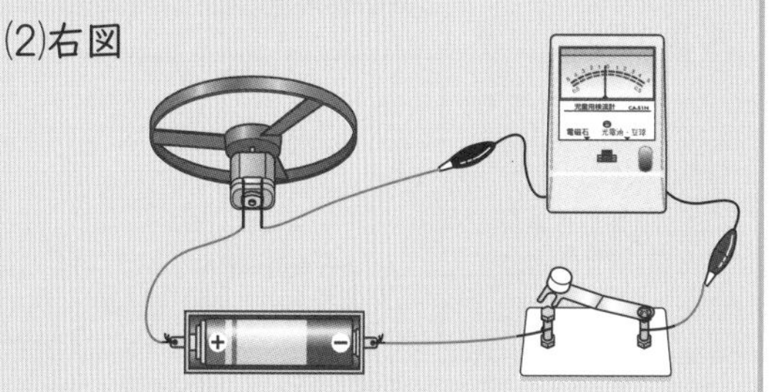

まとめ　①電流　②モーター

19ページ　練習のワーク

1 (1)①＋極　②－極
(2)回路
(3)変わる(反対になる、ぎゃくになる)。
(4)①電流
②変わる(反対になる、ぎゃくになる)

2 (1)向き、大きさ(順不同)
(2)㋑
(3)ア

てびき **1** (1)電流は、かん電池の＋極からモーターを通って－極に流れます。

(3)(4)かん電池の向きを変えてつなぐと、回路を流れる電流の向きが変わるので、モーターの回る向きも変わります。

2 (2)㋐のように、けん流計だけをかん電池につなぐと、大きな電流が流れて、けん流計がこわれることがあります。

(3)けん流計で電流の向きや大きさを調べると

き、調べられる大きさよりも大きな電流が流れると、けん流計がこわれることがあります。そのため、はじめは切りかえスイッチを5A(電磁石)の方にして調べます。はりのふれが0.5Aより小さいときには、0.5A(光電池・豆球)の方にして、下の目もりを読みます。

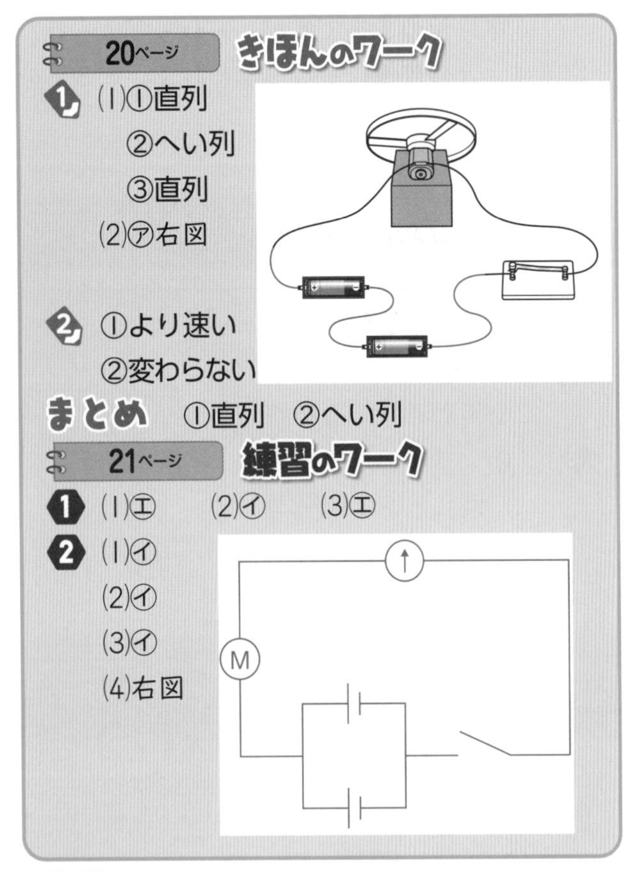

20ページ　きほんのワーク

1 (1)①直列
②へい列
③直列
(2)㋐右図

2 ①より速い
②変わらない

まとめ　①直列　②へい列

21ページ　練習のワーク

1 (1)㋓　(2)㋑　(3)㋓

2 (1)㋑
(2)㋑
(3)㋑
(4)右図

てびき 1 ㋐は、かん電池2この＋極どうしをつないだ直列つなぎで、つなぎ方をまちがえているので、モーターに電流が流れません。㋑は、かん電池2このへい列つなぎで、かん電池1このときと同じ大きさの電流が流れます。㋒は、かん電池2この、ちがう極どうしをつないだへい列つなぎです。つなぎ方をまちがえているので、モーターに電流が流れません。㋓は、かん電池2こをつないだ直列つなぎで、㋑よりも大きな電流がモーターに流れます。

したがって、かん電池1このときよりも大きな電流が流れ、モーターが速く回るのは㋓、かん電池1このときと電流の大きさやモーターの回る速さが同じになるのは㋑、モーターが回らないのは㋐と㋒です。

2 (1)かん電池の＋極と、別(べつ)のかん電池の－極がつながっていて、回路が1つの輪(わ)になるようなかん電池2このつなぎ方を、直列つなぎといいます。また、2このかん電池の同じ極どうしがつながっていて、回路が2つの輪のようになるかん電池2このつなぎ方を、へい列つなぎといいます。

(2)かん電池2このへい列つなぎでは、モーターにかん電池1こをつないだときとほとんど変わらない大きさの電流が流れます。

(3)回路に流れる電流の大きさが大きい方が、モーターは速く回ります。

(4)回路図記号を使って回路図をかくとき、回路の角は直角にかきます。かん電池は、長い方が＋極です。

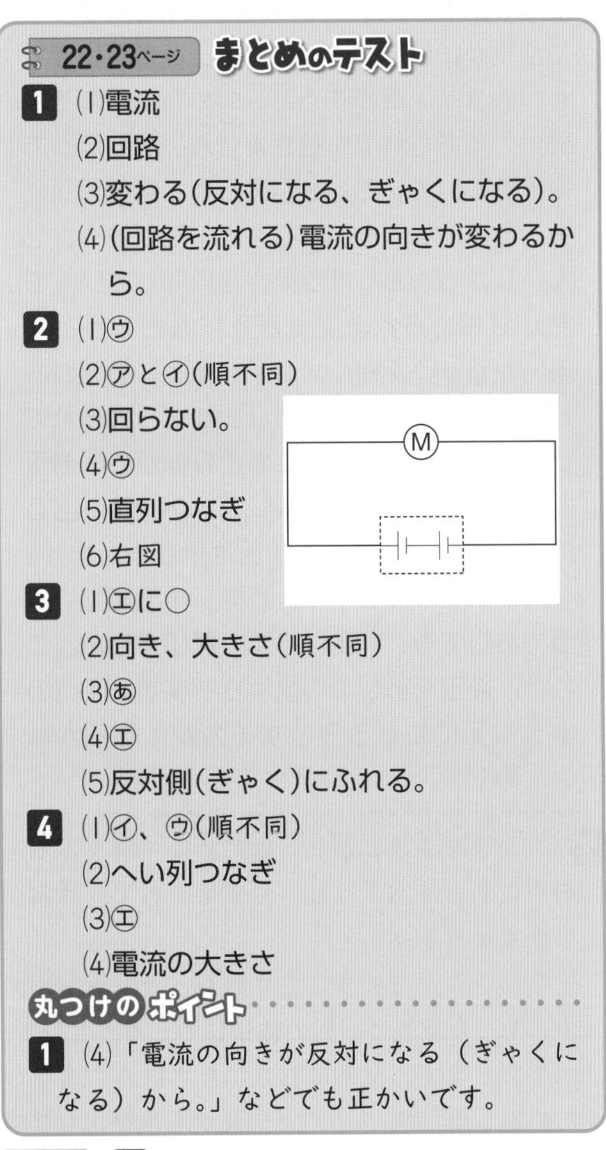

22・23ページ　まとめのテスト

1 (1)電流
(2)回路
(3)変わる(反対になる、ぎゃくになる)。
(4)(回路を流れる)電流の向きが変わるから。

2 (1)㋒
(2)㋐と㋑(順不同)
(3)回らない。
(4)㋒
(5)直列つなぎ
(6)右図

3 (1)㋓に○
(2)向き、大きさ(順不同)
(3)㋐
(4)㋓
(5)反対側(ぎゃく)にふれる。

4 (1)㋑、㋒(順不同)
(2)へい列つなぎ
(3)㋓
(4)電流の大きさ

丸つけのポイント

1 (4)「電流の向きが反対になる(ぎゃくになる)から。」などでも正かいです。

てびき 1 (3)(4)電流は、かん電池の＋極から－極に流れるので、かん電池の＋極と－極を入れかえてつなぐと、回路を流れる電流の向きが変わります。このため、モーターの回る向きも変わります。

2 (1)(4)かん電池2こを直列つなぎにすると、かん電池１このときやかん電池2こをへい列つなぎにしたときにくらべて、回路に流れる電流が大きくなるので、モーターが速く回ります。

⑶2このかん電池のちがう極どうしをつなぐと、回路に電流が流れなくなるため、モーターは回りません。

⑸かん電池の＋極と－極がつながるようにして、回路が１つの輪になるようなかん電池2このつなぎ方を、直列つなぎといいます。

⑹回路図記号を使って回路図をかくとき、かん電池の記号は、長い方が＋極です。かん電池2この直列つなぎなので、かん電池2こを線でつなぐこともわすれないようにしましょう。

3 ⑴かん電池、けん流計、モーターが１つの輪になるようにつなぎます。㋑と㋒はかん電池とけん流計だけで１つの輪ができてしまっています。このようなつなぎ方は、けん流計だけをかん電池につないだときと同じように、回路に流れる電流が大きくなり、けん流計がこわれることがあります。

⑷かん電池2こを直列につないだ方が、かん電池１このときより、回路に流れる電流が大きくなります。

⑸回路を流れる電流の向きが反対になるため、けん流計のはりがふれる向きも反対になります。

4 ⑴⑵2このかん電池の同じ極どうしがつながっていて、回路が2つの輪のようになるかん電池2このつなぎ方を、へい列つなぎといいます。かん電池2このへい列つなぎは、かん電池１このときとほとんど変わらない大きさの電流がモーターに流れます。

⑶かん電池2こを直列つなぎにするときは、かん電池の＋極と、別のかん電池の－極をつなぎます。直列つなぎでかん電池の同じ極どうしをつなぐと、回路に電流が流れません。

⑷㋐のかん電池2この直列つなぎでは、かん電池１このときやかん電池2こをへい列つなぎにしたときにくらべて回路に流れる電流が大きくなるので、モーターの回る速さが速くなります。

5　雨水の流れ

24ページ　きほんのワーク

1 ①「高いところ」に○
②「低いところ」に○

2 ①しみこみにくい　②しみこみやすい
③多い　④少ない

まとめ　①高い　②低い　③速い

25ページ　練習のワーク

1 ⑴②に○　⑵ア

2 ⑴すな場のすな　⑵花だんの土
⑶④に○

てびき **1** 雨水は高いところから低いところへ流れます。雨水は、㋐から㋑に向かって流れているので、㋐の方が高く、㋑の方が低いことがわかります。

2 ⑴⑵水のしみこみやすさは、土のつぶの大きさによってちがい、つぶの大きなものほどつぶとつぶの間のすき間が大きくなるので、水が通りやすくなります。このため、つぶが大きいほどしみこむ速さが速く、土の上に残っている水が少なくなります。

⑶水のしみこみやすさは、土のつぶの大きさによってちがい、つぶの小さなものほどつぶとつぶの間のすき間が小さくなるので、水が通りにくくなります。このため、つぶが小さいほど水はゆっくりしみこみます。ねん土を入れた植木ばちでは、すな場のすなや花だんの土よりも水がゆっくりとしみこむので、土の上に残っている水の量は多くなります。

26・27ページ　まとめのテスト

1 ⑴イ
⑵低くなっている。
⑶②に○

2 ㋐

3 右図

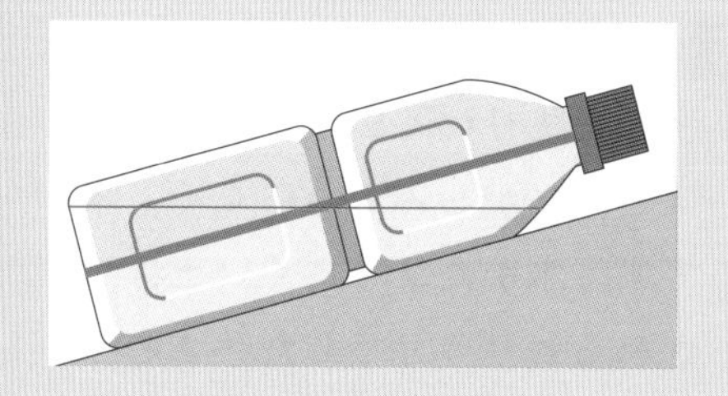

4 ⑴最も多かったもの…㋒

　最も少なかったもの…㋐
(2)最も速かったもの……㋐
　最もおそかったもの…㋒
(3)①大きい　②たくさんできる

5 (1)イ
(2)小さい

丸つけのポイント

3 ペットボトルにおよそ半分の水が入っていて、水面が水平(元の地面と平行)にかけていれば正かいです。

てびき **1** 雨水の流れを図で見ると、公園の中央部分に向かっている矢印がないことがわかります。雨水は高いところから低いところに流れるので、公園の中央部分から流れ出す雨水はあっても、流れこむ雨水がないことや、水たまりがあまりできていないことから、公園の中央部分の地面が周りより高くなっていると考えることができます。

2 ふろや手あらい場などは、ゆかに水がたまったままにならないように、はい水口を周りより低い位置に作ります。水は高いところから低いところに流れ、周りよりも低いところにたまるので、このようなところにはい水口があると、ゆかに水がたまらず、流すことができます。

3 「水平」という言葉があるように、動いていない水がたまっているところでは水面はいつも平(たい)らで、かたむくことはありません。このため、㋐のそう置（かたむきチェッカー）の中の水面はいつも水平になっています。ペットボトルと水面のようすによって、㋐のそう置を置いたところのかたむきがわかります。

4 つぶの大きなものほどつぶとつぶの間のすき間がたくさんできるので、水が通りやすくなります。このため、つぶの大きいすなは、同じ時間にしみこむ（通りぬける）水の量が多くなります。

5 つぶの大きな土ほど、水がしみこみやすく、水がたまりにくいです。一方、つぶの小さい土ほど、水がしみこみにくく、水がたまりやすいです。水がたまりにくい土はつぶが大きいので、さわるとザラザラした手ざわりがします。

1-2　暑い季節

28ページ　きほんのワーク

1 ①高い（高くなった）

2 (1)①「よくのびる」に◯
　②「ふえる」に◯
(2)③「よく成長する」に◯

まとめ　①夏　②春　③成長

29ページ　練習のワーク

1 (1)㋐
(2)夏（のころ）
(3)ア

2 ①×　②×　③○　④○　⑤×　⑥×

3 ③に○

てびき **1** (1)(2)夏になると気温が上がり、晴れの日には、グラフのように午前10時でも30℃近くになります。
(3)気温は、はかる場所や時こくによってちがいます。そのため、気温をはかる場所と時こくを決めておかないと、結果を正しくくらべることができません。

2 夏は気温が高くなるので、多くの植物が成長し、くきが長くなったり、葉の数がふえたりします。

3 サクラは春に花がさいた後に葉が出てきて、夏に葉がしげります。秋には葉の色が黄色や赤色に変わった後に、葉が落ちてしまいます。しかし、かれてしまうのではなく、冬の間に、えだには次の年に花や葉をつけるための芽をつけています。

30ページ　きほんのワーク

1 (1)①アマガエル　②アゲハ
　③オオカマキリ
(2)④成虫

2 ①高く　②成長

まとめ　①植物　②動物

31ページ　練習のワーク

1 (1)高くなっている。
(2)①㋑　②㋐
(3)㋒

2 (1)㋐

(2)春
(3)ウ

てびき **1** (1)(2)夏になって気温が高くなると、ヘチマは春のころよりも成長がさかんになり、くきがぐんぐんのびて、やがて黄色い花をさかせます。
(3)ヘチマの成長を記録するとき、くきの長さは、地面からくきの先まで、くき全体の長さをはかります。

2 (1)(2)アは、オオカマキリのよう虫がたまごからかえって、たくさん出てきているようすです。オオカマキリは秋に産んだたまごが冬をこし、春になるとたまごからよう虫がかえります。
(3)ウのアマガエルは春にたまごを産みます。たまごは数日でおたまじゃくしになり、しだいに成長し、夏にはカエルのすがたになっています。

32・33ページ　まとめのテスト

1 (1)高くなった。
(2)動物の数…多くなった(ふえた)。
活動のようす…活発になった。
2 (1)①14cm　②33cm　③77cm
(2)③に○
(3)くきはよくのび、葉の数は多くなる。
(4)高くなる。
(5)黄色
3 (1)①巣
②ひな
③親ツバメ
④食べ物
(2)①に○
4 (1)㋐カブトムシ　㋑オオカマキリ
(2)③に○
(3)ア
(4)大きくなっている。

丸つけのポイント
2 (3)「くきの長さが長くなってたくさんの葉がしげる」など、くきと葉のさかんな成長について書かれていれば正かいです。

てびき **1** 夏になると、春にくらべて気温が高くなり、見られる動物の数も多くなって、動物は活発に動き回るようになります。

わかる！理科　こん虫さい集を夏休みに行うと、たくさんの種類(しゅるい)のこん虫を見つけることができます。セミ、カブトムシ、クワガタムシ、チョウなど、山や野原では、さまざまなこん虫が元気よく活動しています。

2 (1)くきののび方を調べるとき、調べる日づけの早い方の長さと、日づけのおそい方の長さのちがいを計算します。
①6月2日のくきの長さから5月21日のくきの長さを引いて、20－6＝14(cm)　と計算します。
②、③は、次のとおりです。
②53－20＝33(cm)
③130－53＝77(cm)
(4)7月になると、さらに気温が上がっていきます。

3 (1)ツバメの食べ物になるものは、おもに空を飛ぶ小さな虫などです。夏になるとひなは、春のころより大きく成長しています。しかし、自分で空を飛ぶ虫をとらえて食べることができるようになるまでは、まだ時間がかかります。それまでの間、親ツバメがひなに食べ物をあたえます。

4 (1)～(3)オオカマキリは、よう虫も成虫もほかの生き物をとらえて食べます。オオカマキリはカブトムシやアゲハなどとちがって、よう虫は成虫ににたすがたですが、よう虫には、はねがありません。図のオオカマキリにははねがないので、よう虫です。よう虫は春の終わりごろから夏の間に成長します。

夏の星

34ページ　きほんのワーク

1 ①こと　②はくちょう　③わし
④大三角　⑤北と七星
⑥北　⑦5
2 (1)①15　②方位じしん
(2)③下
まとめ　①星ざ　②夏の大三角　③北極星

35ページ 練習のワーク

❶ (1)はくちょうざ

(2)㋑ベガ　㋒デネブ　㋓アルタイル

(3)夏の大三角

❷ (1)7月13日

(2)Ⓘ

(3)ⓤ北極星

ⓔカシオペヤざ

(4)おおぐまざ

てびき ❶ (1)つばさを大きく広げた鳥のように見える㋐の星ざは、はくちょうざです。

(2)(3)夏の大三角はよく目だつので、星の動き方を調べるときなどに使われます。夏の大三角は、はくちょうざ、ことざ、わしざの一番明るい星を結んでできる三角形です。はくちょうざの尾（お）の部分に当たるデネブと、ことざのベガとわしざのアルタイルの3つの星からできています。

❷ (1)星ざ早見を使うと、調べたい日の調べたい時こくに、どんな星や星ざが、どの方向に見られるかがわかります。また、調べたい星や星ざが、どの方向にいつごろ見られるかを知ることもできます。

(2)星ざ早見を使うときは、調べたい時こくの目もりと日づけの目もりを合わせた後、調べたい空の方位が書いてある側を下にして持ちます。次に、調べたい空の方位を向き、星ざ早見を頭の上にかざして、調べたい星や星ざをさがします。また、方位を知るには、方位じしんを使って調べます。

(3)(4)北と七星は、北の空に見られる星ざ「おおぐまざ」の中で、おおぐまざのこしからしっぽに当たる部分の7つの星です。7つの明るい星が、ひしゃくの形にならんでいるため、北と七星とよばれています。このうち、6つは特に明るい星なので、よく目だちます。カシオペヤざは北極星をはさんで、北と七星の反対側にあります。北と七星とカシオペヤざは、北極星をさがす手がかりになります。

36・37ページ まとめのテスト

1 (1)星ざ

(2)㋐はくちょうざ

㋑ことざ

㋒わしざ

(3)㋐デネブ

㋑ベガ

㋒アルタイル

(4)夏の大三角

(5)③に○

2 (1)星ざ早見

(2)午後８時

3 (1)㋐おおぐまざ

㋑カシオペヤざ

(2)①に○

(3)ほぼ真北にあるから。

(4)北と七星

(5)イ

4 (1)イ

(2)ア

丸つけのポイント

3 (3)「明るく見える方位が真北に近く、いつも同じ位置に見えるから。」など、「真北の方位にある」という特ちょうが書かれていれば正かいです。

てびき **1** (1)昔から、太陽が見えない夜に方位を知るために、星の位置やならび方を知っておくのは大切なことでした。星ざの多くは、古くからある神話（しんわ）に出てくる人や動物などの形と名前を、いくつかの星のまとまりにあてはめたものです。また、星の名前も神話から取り上げられたものが多くあります。

(2)(3)㋐ははくちょうざ、㋑はことざ、㋒はわしざで、それぞれの星ざで一番明るく見える星を、デネブ、ベガ、アルタイルといいます。

(5)夜の空に見えるほとんどの星は、太陽のように自分で光を出している星です。それぞれの星のでき方や、大きさ、地球からのきょりなどはちがっています。そのため、星の色や明るさもちがって見えます。

2 (2)星ざ早見は、調べたい時こくの目もりと日づけの目もりを合わせると、見られる星や星ざが調べられます。6月15日午後8時の空の星を見るとき、午後8時（20時）の目もりを6月15日の目もりに合わせます。

3 (1)(4)おおぐまざとカシオペヤざは、北極星をはさんで北の空に見られる星ざで、おおぐまざの中には北と七星があります。

(3)北極星はほぼ真北にあって、ほとんど動かないので、昔から方位を知るために使われています。

4 (1)方位じしんは、小さなじしゃくでできたはりを、自由に回すことができるようにしたもので、はりの色がぬられた方が「北」の方位を指します。この方向に文字ばんの「北」を合わせると、文字ばんの南、東、西がそれぞれの正しい方位を指すようになっています。

(2)方位じしんのはりと文字ばんを(1)のように合わせると、㋐の方位に合う文字ばんの文字は「西」になります。

わかる! 理科 南を向いて、両手を広げると、左手が東に、右手が西に、せなか側が北になります。また、南がどの方向になるかをさがすには、晴れた日なら、正午ごろの太陽の位置を調べれば、かん単にわかります。方位じしんの使い方といっしょにおぼえておくと、とても便利（べんり）です。

6　月や星の動き

38ページ　きほんのワーク

❶ ①東　②南　③西

❷ (1)①西　②西

(2)③「しずむ」に◯

まとめ ①西の空　②太陽

39ページ　練習のワーク

1 (1)東

(2)南→西

(3)㋒

(4)西

2 (1)①木や建物　②かたむき　③同じ

(2)西

(3)㋑→㋒→㋐

(4)しずんでいく。

(5)にている。

てびき **1** 朝、西の空に見える月は、太陽が南の空にのぼるにつれて、西へしずんでいきます。

2 (1)目印になるのは、木や建物などの動かないものです。

(5)西の空にある月が、西へしずむ動きは、太陽の動きとにています。

40ページ　きほんのワーク

❶ ①変わる　②変わらない

③変わらない

❷ ①東　②南　③太陽

まとめ ①ならび方　②太陽

41ページ　練習のワーク

1 (1)同じ場所（で観察する。）

(2)変わる。

(3)変わらない。

2 (1)㋐

(2)のぼるとき（の動き方）

(3)(日によって) ちがう。

てびき **1** (1)星や星ざを観察するときは、目印になるものが必要です。観察する場所がちがうと、星や星ざの位置や動きを正しくくらべることができません。このため、いつも同じ場所で観察するようにします。

(2)(3)夏の大三角が見える位置は、南の空から西よりに動いていくとともに、低くなっていきます。夏の大三角を形づくる星の見える位置は、時間がたつと変わりますが、大三角の形（星どうしのならび方）は変わりません。

2 (1)午後、東の空に見えた半月は、南の高い空へとのぼっていきます。

(2)半月の動き方は、太陽が東の空から出て、南の空にのぼっていくときににています。

(3)月の見える形は、満月が欠（か）けていき、月が見えなくなってから、ふたたび満月になっていきます。毎日少しずつ変化して、ほぼ1か月で元の形にもどることをくり返しています。つまり、月の形は日によってちがって見えます。

わかる! 理科 月の形は、およそ1か月で次のように変化します。

新月（しんげつ）(月が見えない)→三日月（みかづき）→半月(右半分)→満月→半月(左半分)→新月

42・43ページ まとめのテスト

1 (1)半月
(2)㋐東　㋑西
(3)④に○
(4)ⓘ
(5)③に○
(6)この日の真夜中
(7)①東　②南　③西
(8)満月
2 (1)西
(2)ア
3 (1)夏の大三角
(2)㋐
(3)ア
4 ①○　②×　③○
④○　⑤×　⑥○

てびき **1** (1)月の形が半分の円に見えます。
(2)月の見える方位は南です。南を向いたとき、左側が東に、右側が西になります。
(3)月の動きは、太陽の動きとにています。午後6時に月が南の空にあるとき、太陽と同じように、時間がたつと、しだいに西の方へ動き、見える位置は低くなって、やがてしずみます。つまり、午後6時の月は時間がたつと、見える方位は西よりの低いところになります。
(4)月の動きは、太陽の動きとにています。午後6時に南の空に見える月は、太陽と同じように、東からのぼって、午後6時に南の空で最も高くなります。このため、午後4時には、午後6時に見える月の位置よりも、東よりのななめ下にあったことになります。
(5)月は、見える位置が変わるにしたがって、かたむきも変わっていきます。
(6)月の動きは、太陽の動きとにています。そのため、午後6時に南の空に見える月は、太陽と同じように、およそ6時間後に西にしずみます。
2 月の動きは、太陽の動きとにていて、東からのぼり、南の空を通って、西にしずみます。朝見える月は、夜に東からのぼり、日の出より前に南の空を通って、朝になると西にしずんでいきます。
3 夏の大三角が見える位置は、南の空から西よりに動いていくとともに、低くなっていきます。星が見える位置は、時間がたつと変わりますが、星どうしのならび方は変わりません。
4 ①⑥月の見える形は、毎日少しずつ変化して、ほぼ1か月で元の形にもどることをくり返しています。
②③月の動きは、太陽の動きとにています。のぼったりしずんだりする時こくや形は、日によって少しずつ変わりますが、動く向きがぎゃくになることはありません。
④⑤星や星ざは、時間がたつと見える位置が変わりますが、星どうしのならび方は変わりません。

1-3 すずしくなると

44ページ きほんのワーク

1 ①「低い」に⬭
2 (1)①たまご
②みつ
(2)③アマガエル
④ナナホシテントウ
(3)⑤にぶい
まとめ ①低く　②にぶく

45ページ 練習のワーク

1 (1)㋑
(2)①に○
2 ①○　②×　③○　④○
⑤×　⑥○　⑦○
3 ㋑→㋐→㋒

てびき **1** 気温が高いとき、植物の成長はさかんになり、動物の活動は活発になります。気温が低くなると、植物の成長は止まり、動物の活動はにぶくなります。秋になると、夏のころより気温が低くなり、すずしくなります。このため、植物の成長や動物の活動のようすに大きな変化が見られます。
2 ①オオカマキリは、秋にたまごを産み、たまごのすがたで冬をこして、春によう虫がかえります。
②多くのセミは、よう虫が夏に土から出て成虫になり、おすがさかんに鳴きますが、秋には見られなくなります。

③ナナホシテントウは|年に約2回、たまごからよう虫、さなぎ、成虫という成長をくり返します。成虫のすがたで冬をこしますが、気温が低くなると活動がにぶくなります。冬になると、多くのナナホシテントウが落ち葉の下などに集まり、じっとしています。

④エンマコオロギは秋になると成虫になり、草むらなどでさかんに鳴いているこえを聞くことができます。また、秋には、エンマコオロギだけではなく、スズムシやマツムシなどもいっせいに鳴きはじめます。

⑤アマガエルは春から夏にかけてたまごを産みます。たまごは数日でおたまじゃくしになり、しだいに成長します。春に生まれたものは夏にはカエルのすがたになっていますが、気温が低くなると活動がにぶくなります。

⑥アゲハは|年に何回か、たまごからよう虫、さなぎ、成虫という成長をくり返し、さなぎのすがたで冬をこします。

⑦夏に見られるカブトムシの成虫は、8月ごろにたまごを産み、秋になるとたまごからよう虫がかえります。

3 ツバメは、春に南の方から日本にわたってきてたまごを産み、夏から秋にかけて成長したひなが飛べるようになり、やがて南の方へわたっていきます。㋐は巣から出た、まだ自分で食べ物をとれないひなに、親ツバメが食べ物をあたえているようすです。㋑は親ツバメが、巣でたまごをあたためているようすです。㋒は育って飛べるようになった子ツバメです。

46ページ きほんのワーク

1 ①茶　②止まる　③たね

2 (1)①気温

(2)②「少なく」に○

③「にぶく」に○

まとめ ①実　②たね　③少なく

④にぶく

47ページ 練習のワーク

1 (1)㋐　(2)③に○

(3)あ

(4)たね

2 (1)㋐

(2)気温が低くなるから。

丸つけのポイント

2 (2)「すずしくなるから。」などでも正かいです。

てびき **1** 緑色のヘチマの実は、水分が多くて重く、中には小さくて白いたねがあります。実が茶色になってくると、実の中は水分が少なくなって軽くなり、うすい茶色のかたいスポンジのようになります。実の中には、黒っぽいたねがあります。

わかる! 理科 ヘチマは、ウリ科の植物で、冬になるとかれてしまいます。ヘチマは、わたしたちの生活の中で、昔からいろいろなものに利用されてきました。じゅくす前の実は食べることができ、くきから出るヘチマ水はけしょう品やくすりになります。また、実をかんそうさせてせんいだけにしたものでヘチマたわしを作り、食器(しょっき)あらいなどに利用(りよう)することもできます。

2 秋になり、気温が低くなると、植物の成長は止まり、動物の活動はにぶくなります。

48・49ページ まとめのテスト

1 (1)㋐ア　㋑カ

(2)②に○

(3)止まっている。

(4)い

(5)低くなったから。

(6)かれる。

2 (1)オオカマキリ

(2)たまごを産んでいる。

(3)㋑

(4)にぶくなる。

3 ①×　②○　③×

4 ①×　②×　③○　④×

てびき **1** ヘチマは、秋ごろ実が大きくなると、くきはほとんどのびなくなります。やがて実の中に黒っぽい色をしたたねができ、くきや葉はかれていきます。

2 (1)～(3)オオカマキリのめすは、木のえだなどにさかさまにつかまって、はらの先からあわのようなものを出しながら、その中にたまごを産みます。たまごが入った、あわのようなものを「らんのう」といい、冬の寒さやかんそうからたまごを守ります。

⑷秋になって気温が下がると、動物の動きはにぶくなります。

3 サクラは春に花がさいた後に葉が出て、夏に葉がしげります。秋には葉の色が黄色や赤色に変わった後に、葉は落ちてしまいます。

4 ツバメは、春に南の方から日本にわたってきて、巣を作ったり、たまごを産んだりします。夏には、成長したひなが飛べるようになりますが、自分で食べ物がとれるようになるまで、親ツバメが食べ物をあたえます。秋になると子ツバメが自分の力で飛び、食べ物もとれるようになります。

7 自然の中の水

50ページ きほんのワーク

❶ ⑴①へる ②へらない
⑵③㋐ ④水てき（水） ⑤㋐

❷ ①水じょう気 ②水じょう気
③じょう発

まとめ ①水じょう気 ②じょう発

51ページ 練習のワーク

❶ ⑴㋐
⑵水じょう気
⑶じょう発
⑷日なた
⑸水てき（水）

❷ ⑴②に○
⑵①土 ②じょう発 ③水

てびき ❶ 水は、水面から水じょう気に変わり、空気中に出ていきます。このことをじょう発といいます。水を入れたビーカーなどを日なたに置いておくと、じょう発がさかんに起こり、水がへっていきます。ビーカーにふたをした場合もじょう発が起こりますが、水じょう気は空気中に出ていくことができないので、ふたたび水(水てき)になってふたやビーカーの内側につきます。

❷ 地面の土にふくまれていた水は、温度が高くなるとじょう発して水じょう気になり、プラスチックのよう器の中の空気中に出ていきますが、時間がたつと、ふたたび水（水てき）にすがたを変えて、プラスチックのよう器の内側につきます。

52ページ きほんのワーク

❶ ①水てき（水） ②水じょう気

❷ ①「内側」に○
②「冷やされた」に○
③水じょう気

まとめ ①水じょう気 ②水 ③氷

53ページ 練習のワーク

❶ ⑴エ
⑵水じょう気

❷ ⑴水
⑵水
⑶変える。
⑷㋐ウ ㋑エ ㋒イ ㋓ア

てびき ❶ 水じょう気が、空気中にふくまれる量は、その場所の温度などによってちがいますが、水じょう気はどのような場所の空気にもふくまれていて、温度が下がると水てきになって出てきます。

❷ ⑴雪は小さな氷のつぶが集まってできたものです。

⑵たきは、川などの水が、高いところから低いところに流れ落ちています。

⑷㋐は、水面からじょう発して空気中に出ていった水じょう気です。㋑は水面からのじょう発、㋒は水が冷やされてこおった氷、㋓はビーカーのまわりの空気にふくまれる水じょう気が冷やされて水に変化した水てきです。

54・55ページ **まとめのテスト**

1 (1)㋐
(2)日なた
(3)水てき（水）
(4)水じょう気
(5)水じょう気になって、水面から空気中に出ていった。

2 ①×　②○　③×
④○　⑤○　⑥×

3 (1)400g
(2)①じょう発　②空気
(3)水
(4)水てき（水）がつく。

4 (1)水てき（水）がつく。
(2)㋐水じょう気　㋑水てき（水）
(3)①水じょう気　②冷やされ
③水てき
(4)つかない。

丸つけのポイント

1 (5)「水面」という言葉を使っていて、「水面からじょう発して、空気中へ出ていった」ということが書かれていれば正かいです。
3 (4)「白くくもる。」などでも正かいです。
4 (1)「小さな水のつぶがつく」ということが書かれていれば正かいです。

てびき **1** (1)(5)ふたをしていないビーカーでは、じょう発した水じょう気が空気中に出ていくことができるので、ビーカーの内側には水てきがつきません。また、じょう発した分だけ水の量がへります。

(2)水は、日光の当たらないところでも、水面やぬれたものの表面からたえずじょう発して、水じょう気になっています。水は日かげでもじょう発しますが、日光にあたためられて温度が高くなる日なたの方が、よりさかんにじょう発します。このため、ふたをしないビーカーでは、日なたに置いた方が、より多くの水がじょう発します。

(3)(4)ビーカーにふたをした場合もじょう発が起こります。ふたをしたビーカーでは、水がじょう発してできた水じょう気が、ビーカーの外の空気中に出ていくことができないので、水じょう気はふたたび水になって、ふたやビーカーの内側に水てきになってつきます。

2 水は、水面や地面だけでなく、いろいろなものの表面からじょう発します。日なたのように温度の高いところでは、よりさかんにじょう発しますが、温度の低いところでもじょう発します。また、水をふくんでいたものは、水がじょう発して空気中に出ていくと、じょう発した水の分だけ軽くなります。そして、じょう発した水じょう気は、冷やされるとふたたび水にもどります。

3 (1)600−200=400(g)

(2)水をふくんでいたものは、水がじょう発して空気中に出ていくと、じょう発した水の分だけ軽くなります。

(3)水は、氷、水じょう気などにすがたを変えます。

(4)ぬれたせんたく物をビニルふくろに入れても、せんたく物から水はじょう発しますが、水じょう気はビニルふくろの外の空気中に出ていくことができません。このため、ビニルふくろの内側に、水てき（水）になってつきます。

4 (1)空気中にふくまれる水じょう気は、冷やされると水てき（水）になります。

(2)水がじょう発して水じょう気になったものは目に見えません。水じょう気が冷やされて水になると、目に見えるようになります。

(3)空気中の水じょう気が冷やされたり、とじこめられたところで水がじょう発したりすると、水てき（水）ができます。

わかる! 理科 雲は、空気中の水じょう気が空の高いところまでいって冷やされ、水や氷の小さなつぶとなってうかんでいるものです。雲の中で、水や氷のつぶが大きくなると、地上に落ちてきます。水として落ちてくると雨、氷がとけずに落ちてくると雪やあられになります。水じょう気が、地面近くで冷やされて、小さな水のつぶとなって空気中にうかんだものがきりです。また、水じょう気が葉などの表面にふれて冷やされて水のつぶになったものがつゆです。

8 水の3つのすがた

56ページ きほんのワーク

1 ①ふっとう ②100 ③へる
2 ①ふくらむ ②水てき（水）
③水じょう気
まとめ ①ふっとう ②水じょう気 ③水

57ページ 練習のワーク

1 (1)ふっとう石
(2)②に○
(3)㋓
(4)100℃
(5)ふっとう
(6)変化しない。
(7)へっている。
2 (1)㋐、㋑、㋒、㋔
(2)イ
(3)ア

てびき 1 (1)(2)水を熱するときには、必ずふっとう石を入れます。ふっとう石を入れておくと、ふっとう石のあるところからふっとうが始まり、やがて水全体がふっとうします。ふっとう石を入れないと、一度に水全体がふっとうし、急にわき立って、水があふれ出すことがあり、きけんです。

(3)〜(6)水のふっとうが始まるとき（水の中からはげしくあわが出始めるとき）の温度は約100℃で、ふっとうしている間は、水の温度は変わりません。折れ線グラフで温度の変化を表したとき、温度の変化がないところはグラフが平らになります。

(7)水がふっとうしてできる水じょう気は、水がすがたを変えたもので、水じょう気になった分だけ、フラスコの中の水はへります。

2 (1)水をふっとうさせたとき、水の中から出ているあわ(㋐)は水じょう気です。㋐は、目に見えない水じょう気(水のない部分)が目に見える水にかこまれているため、あわとして見えているもので、水じょう気が見えているのではありません。また、水じょう気を冷やすと、水てき（水）になります（㋕）。白く見えるゆげ（㋓）は、細かい水のつぶの集まりで、水じょう気ではありません。水じょう気は目には見えません（㋑、㋒、㋔）。

58ページ きほんのワーク

1 (1)①0 ②0
(2)③「ふえる」に◯
2 ①固 ②えき ③気
④温度
まとめ ①気体 ②固体

59ページ 練習のワーク

1 (1)②に○ (2)㋑
2 (1)6分後 (2)0℃
(3)12分後
(4)0℃
(5)㋐イ ㋑エ ㋒ウ

てびき 1 (1)氷に冷たい水と食塩をまぜると、氷の温度が0℃よりも低くなります。

わかる! 理科 ビーカーに氷を入れただけでは、試験管の中の水をこおらせることができません。しかし、氷に食塩水をかけると温度が0℃より低くなるため、水をこおらせることができます。水をこおらせるときの食塩水のようなはたらきをするものを寒(かん)ざいといいます。

(2)水は氷になると、体積がふえます。そのため、氷になったときの表面の高さは、水のときよりも高くなります。

2 (1)〜(4)水は0℃でこおり始めます。水がこおっている間は、温度は変わりません。折れ線グラフで温度の変化を表したとき、温度の変化がないところはグラフが平らになります。このため、水の温度の変化のグラフで、水がこおり始めてから、すべてこおるまでの間の部分は平らになります。すべての水が氷になると、ふたたび温度が下がっていきます。

60・61ページ まとめのテスト

1 (1)ふっとう
(2)水じょう気
(3)100℃
(4)変わらない。
2 (1)㋐、㋑、㋒、㋔

(2)㊀
(3)水てき（水）
3 (1)冷たい水と食塩をまぜたえき
(2)1分おき
(3)0℃
(4)6分
(5)③に○
(6)あア　いイ
(7)固体
(8)え
(9)ふえる。（大きくなる。）
(10)下がる。

てびき **1** (3)(4)水のふっとうが始まるときの温度は約100℃です。ふっとうしている間、水の温度は変わりません。そのため、水の温度の変化のグラフで、水がふっとうしている間の部分は平らになります。

2 (1)水じょう気は目に見えません。㋐は、目に見えない水じょう気(水のない部分)が目に見える水にかこまれているため、あわとして見えているものです。水じょう気が見えているのではありません。

(2)水じょう気が空気中に出て、冷やされてできたものが「ゆげ」です。ゆげは細かい水のつぶが集まっているので白く見えます。ゆげは水のつぶなので、ふたたびじょう発して水じょう気になります(㋔)。ゆげが水じょう気になると、見えなくなります。

3 (1)氷に冷たい水と食塩をまぜると、0℃よりも低い温度になります。

(3)～(5)水は0℃でこおり始め、すべての水がこおるまで温度が変わりません。このため、水がこおり始めてから、すべての水がこおるまで、温度は0℃のまま変わりません。折れ線グラフで温度の変化を表したとき、温度の変化がないところはグラフが平らになります。よって、水の温度の変化のグラフで、水がこおり始めてから、すべてこおるまでの間の部分は平らになります。すべての水が氷になると、ふたたび温度が下がっていきます。グラフの平らになっている部分の時間が、こおり始めてから、すべてこおるまでの時間です。温度が0℃になって、水がこおり始めるのが実験を始めてから4分後で、すべてこおったのが10分後なので、10－4＝6(分)　です。

(6)あは、水がこおり始める前なので、すべて水です。いは、水がこおり始めてから、すべてこおるまでなので、水と氷がまじっています。水を冷やし始めてから10分より後は、水がすべてこおった後なので、氷だけになっています。

(7)水は、自由にすがたを変えられるえき体で、冷やされると、形のはっきりしたすがたの固体である氷に変わります。

(8)(9)水が氷になると、体積はふえます。

(10)水は0℃でこおり始め、すべての水がこおるまで温度が変わりません。すべての水が氷になると、えき体の水がなくなるので、ふたたび温度が下がっていきます。

9　ものの体積と温度

62ページ　**きほんのワーク**

1 (1)①飛び出す
(2)②ふえた
2 ①ふえる　②へる
まとめ　①温められる　②冷やされる

63ページ　**練習のワーク**

1 (1)㋐ア　㋑ア
(2)②に○
2 (1)㋐イ　㋑ア
(2)（上に）ふくらむ。
(3)①に○

丸つけのポイント
2 (2)「冷やしたときよりまくは上にふくらむ」ことが書かれていれば正かいです。

てびき **1** 空気を入れてせんをしたペットボトルを湯につけたり、せんの方をななめ下にして湯の中に入れておいたりすると、湯でペットボトルの中の空気が温められます。すると、空気の体積がふえるので、㋐ではペットボトルのせんが飛び出し、㋑ではせんが湯の中へ出ていきます。㋑では、あわが出るので、ペットボトルの中の空気も出ていったことがわかります。

2 (1)空気は、温度が高くなると体積がふえ、温度が低くなると体積がへります。

(2)一度冷やした後、試験管を手でにぎると、中の空気が温められて、体積がふえます。

(3)ピンポン玉の中の空気を温めると、空気の体積がふえ、ピンポン玉は元の形にもどります。

64ページ きほんのワーク

❶ (1)①ふえる　②へる

(2)③小さい

❷ ①上がる　②下がる

まとめ　①ふえ　②へる　③小さい

65ページ 練習のワーク

❶ (1)①あ　②う

(2)①い　②え

(3)空気

❷ (1)ア

(2)イ

(3)①ふえ(大きくなり)

②へる(小さくなる)

てびき ❶ 水は、温めると体積がふえ、冷やすと体積がへりますが、温度による体積の変わり方は、図のあ、うのようにわずかです。このため、同じ体積の水と空気を、同じ温度で温めたり、冷やしたりすると、水よりも空気の方が、体積の変わり方は大きくなります。

❷ 水は、温めると体積がふえ、冷やすと体積がへりますが、温度による体積の変わり方はわずかです。水を入れた試験管に細いガラス管を通したゴムせんをすると、わずかな体積の変化でも水の高さが大きく変わるので、水の体積の変化がよくわかります。

わかる！理科 温度計の赤いえきは、灯油などに色をつけたものです。この赤いえきは、水と同じように、温度が高くなると体積がふえ、温度が低くなると体積がへります。温度計では、えきが入っているところ（えきだめ）を太く、えきが上がっていくところを細くすることによって、わずかな体積の変化でもえきの高さが大きく変わるしくみになっています。

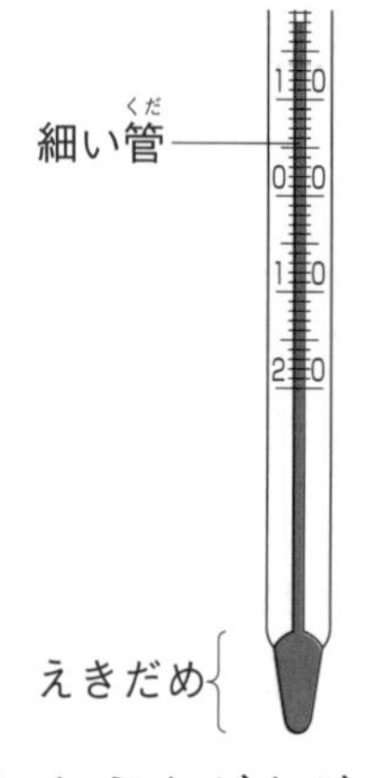

66・67ページ まとめのテスト❶

1 (1)湯の中

(2)(体積が)ふえたから。(大きくなったから。)

(3)①、④に○

2 (1)②に○

(2)水は、温度が低くなると体積がへる。

3 (1)ウ

(2)あまり変わらないから。

(3)ア

(4)ウ

(5)空気

4 (1)①に○

(2)①高く　②低く

丸つけのポイント

2 (2)「体積」と「温度」という言葉を使っていて、「水は温度を下げると体積が小さくなる」ということが書かれていれば正かいです。

てびき **1** (1)空気は、温度によって体積が変わるせいしつがあり、温度が高くなると体積がふえ、温度が低くなると体積がへります。アでは、石けん水のまくがふくらんでいることから、空気の体積がふえたことがわかります。また、空気の温度が高くなったこともわかります。温める前の温度にもどすと、空気は元の体積にもどります。

2 水は、温められると体積がふえ、冷やされると体積がへりますが、温度による体積の変わり方は空気にくらべるとわずかです。水を入れた試験管にガラス管を通したゴムせんをすると、温度計と同じしくみで、わずかな体積の変化でも水の高さが大きく変わるので、水の体積の変化がよくわかります。図で、水の高さが印よりも下がったことから、冷やされたために試験管の中の水の体積がへったことがわかります。

3 (1)(2)同じ長さの太いガラス管と細いガラス管では、太いガラス管の方が、細いガラス管よりも多くの水が入るので、水面の高さを同じだけ変化させるには、太いガラス管の方が細いガラス管よりも大きな体積の変化が必要です。しかし、水の温度による体積の変化はわずかです。そのため、ガラス管の水の高さの変化を見やすくして、体積の変化を調べるには、細いガラス管の方がてきしています。

(3)(4)㋐〜㋒で同じだけ水の量が変化すると、ガラス管が細いほど水の高さは大きく変化し、ガラス管が太いほど小さな変化になります。

4 温度計の中に入っている赤い色をつけたえきは、水と同じように、温めると体積がふえ、冷やすと体積がへります。

(1)50℃から70℃に変化しているので、えきの体積はふえ、えき面は上に上がります。

68ページ **きほんのワーク**

❶ ①「ぬける」に○
②「ぬけない」に○
③「小さい」に○
④「へる」に○

❷ ①「つける」に○
②「ほのおの大きさ」に○

まとめ ①ふえる ②へる ③小さい

69ページ **練習のワーク**

❶ (1)通りぬける。
(2)通りぬけない。
(3)通りぬける。
(4)①ふえる。 ②へる。
(5)小さい。

❷ (1)㋑ (2)②に○

てびき ❶ (1)(2)金ぞくの温度が高くなったときの体積のふえ方は、水や空気にくらべるととても小さいので、㋑のように少し温めても体積はほとんどふえません。しかし、㋒のようにガスコンロでじゅうぶんに熱すると、わずかに体積がふえて、金ぞくの球は輪を通りぬけなくなります。

(3)空気や水と同じように、熱することによってふえた金ぞくの体積は、冷えると熱する前の体積にもどります。

(4)(5)空気や水と同じように、金ぞくも温度によって体積が変化しますが、変化のし方は、空気や水にくらべるととても小さいです。

❷ 金ぞくは、気温が高い夏には体積がふえ、気温が低い冬には体積がへりますが、温度による体積の変わり方は空気や水よりも小さいです。しかし、レールは長いので、温度の変化によってのびる長さが大きくなります。

70・71ページ **まとめのテスト❷**

1 (1)できない。
(2)できる。
(3)できる。
(4)①ふえる(大きくなる)
②へる(小さくなる)
(5)②に○

2 のびるから(長くなるから)。

3 (1)①に○
(2)①ふた ②すき間

4 (1)㋐
(2)①○ ②× ③× ④○ ⑤○ ⑥×
(3)ウ

てびき **1** (1)〜(4)金ぞくは、空気や水と同じように、温度が高くなると体積がふえ、温度が低くなると体積がへります。しかし、体積の変化は、空気や水にくらべると、とても小さいです。そのため、湯で金ぞく球を温めても、体積はほとんど変化しないので、輪を通りぬけますが、実験用ガスコンロで高い温度まで熱すると、金ぞく球はわずかに体積がふえ、輪を通りぬけなくなります。

(5)空気、水、金ぞくの温度による体積の変化は、大きい方から順に、空気、水、金ぞくです。

2 レールは金ぞくでできているため、夏に気温が上がると体積がふえてのびます。このため、夏にレールがのびてレールどうしがぶつからないように、レールとレールの間にすき間を作っておきます。

3 金ぞくは、温度が高くなると、わずかに体積がふえます。また、ジャムを入れているのはガラスのびんです。ガラスは、温度による体積の変化が、金ぞくよりもさらに小さく、温めてもほとんど体積がふえません。このため、金ぞくのふたを湯で温めると、わずかにふたがゆるんで、開けやすくなることがあります。

4 (1)(2)実験用ガスコンロの使い方をまちがえると、きけんです。正しい使い方をおぼえましょう。まず、ボンベがセットされていることをかくにんし、ごとく（熱するものをのせる台）の上に金あみをのせ、その上に熱するものを置きます。

次に、調節つまみをカチッと音がするまで左に回して火をつけ、調節つまみをゆっくり右に回してほのおの大きさを調節します。火を消すときには、調節つまみを右に「消」まで回します。ガスコンロを使うときは、もえやすいものをまわりに置いたり、下にしいたりせず、火がついているときや、消したばかりでまだ熱いときには、ガスコンロにさわってはいけません。

冬の星

72ページ きほんのワーク

❶ (1)①冬の大三角　②オリオン
(2)③「ちがう」に◯

❷ ①変わる　②変わらない

まとめ　①大三角　②オリオン
③ならび方

73ページ 練習のワーク

❶ (1)オリオンざ
(2)①×　②○　③○　④×

❷ (1)②に○
(2)星によってちがう。
(3)ウ

てびき ❶ 冬の大三角は、オリオンざの左上のベテルギウス、こいぬざのプロキオン、おおいぬざのシリウスの３つの星を結んでできる三角形です。さそりざは、夏の空に見られる星ざです。

わかる! 理科 星の明るさはちがって見えます。星はそれぞれの明るさにちがいがありますが、実さいはとても明るくても、地球から遠くはなれているために、暗く見えることがあります。星の色は、赤、だいだい色、黄、白、青白などに見えます。これは、星の温度に関係があり、温度が高いと青白や白、温度が低いと赤やだいだい色に光って見えます。

❷ (1)オリオンざは、夕方、東からのぼり、真夜中に南の空を通って、明け方に西にしずみます。星ざは、時間がたつと位置が変わりますが、星ざをつくっている星どうしのならび方は変わりません。

1-4 寒さの中でも

74ページ きほんのワーク

❶ ①土　②成虫　③さなぎ
④たまご

❷ (1)①芽（冬芽（ふゆめ））　②地面
(2)③いない
④いない

まとめ　①動物　②芽

75ページ 練習のワーク

❶ (1)㋐
(2)㋑
(3)らんのう
(4)成虫
(5)イ
(6)気温

❷ (1)サクラ
(2)芽(冬芽)
(3)㋐かれていない。　㋑かれていない。

てびき ❶ (1)～(4)こん虫には、オオカマキリのようにたまごで冬をこすもの、カブトムシのように土の中でよう虫で冬をこすもの、アゲハのようにさなぎで冬をこすもの、ナナホシテントウのように成虫で冬をこすものなどがいます。㋐はオオカマキリのたまごが入っているらんのうです。㋑はアゲハのさなぎです。㋒は気温が低くなり、体をよせ合っているナナホシテントウです。

(5)ツバメは、秋になって子ツバメが飛べるようになり、自分で食べ物をとれるようになると、南の方へわたっていきます。

(6)気温が高いとき、植物の成長はさかんになり、動物の活動も活発になります。しかし、気温が低くなると、植物の成長は止まり、動物の活動もにぶくなります。冬になると、秋のころよりさらに気温が低くなります。このため、植物の成長や動物の活動のようすに大きな変化が見られます。

❷ (1)(2)㋐はサクラで、㋔はサクラの芽(冬芽)です。サクラは、秋には葉の色が黄色や赤色に変わった後に、葉がすべて落ちてしまいます。しかし、かれてしまうのではなく、冬の間に、えだには来年の春にさく花の芽をつけたり、葉を出すための芽をつけたりしています。

わかる!理科　冬のころのサクラは、葉が全てかれ落ちていますが、木がかれてしまったわけではありません。よく見ると、えだには小さな芽をたくさんつけています。この芽は、冬芽ともよばれています。冬芽には２種類のものがあり、細長くて小さいものを葉芽(ようが)、丸くて大きいものを花芽(かが)といいます。１つの花芽から３～５この花がさき、この花が散り始めると、葉芽から葉が出始めます。１つの葉芽からは、葉が１枚だけ出るのではなく、えだがのびて、そのえだに何まいもの葉をつけます。

76ページ　きほんのワーク

1 (1)①高くなる　②低くなる
(2)③花　④実　⑤たね　⑥よう虫
⑦たまご　⑧たまご
(3)⑨多い　⑩少ない

まとめ　①活発に　②にぶく

77ページ　練習のワーク

1 (1)㋑秋　㋒夏　㋓冬
(2)㋒
(3)㋓

2 (1)㋑→㋓→㋐→㋒
(2)㋕→㋖→㋗→㋔
(3)①に○

てびき　1 (1)㋑～㋓を気温が高い順にならべると、㋒、㋑、㋓となります。気温は、春から夏にかけて高くなり、夏から秋、冬となるにつれて低くなっていきます。よって、㋒が夏、㋑が秋、㋓が冬となります。

(2)㋒の夏は気温が高く、植物は大きく成長し、動物は活発に活動します。

(3)㋓の冬は気温が低く、多くの生き物が寒さにたえるためのすがたとなって冬をこします。植物は成長が止まり、動物の活動はにぶくなり、ほとんど動かなくなる動物も見られます。

2 (1)㋐は、ヘチマの実が大きくなり、茶色くなってきたところです。実は、花がさいた後にでき、実の中にたねができます。

(2)オオカマキリは、春にたまごからよう虫がかえり、春から夏にかけて成長し、めすは秋にらんのうの中にたまごを産みます。たまごはらんのうの中で冬をこします。

78・79ページ　まとめのテスト

1 (1)かれていない。
(2)①芽　②秋　③冬
(3)ア

2 (1)14℃
(2)㋑
(3)気温が最も低いから。
(4)へる。(少なくなる。)

3 (1)らんのう
(2)②に○
(3)(あまり) 見せない。
(4)②に○

4 (1)㋑
(2)②に○
(3)夏

丸つけのポイント

2 (3)「一番低い気温をしめしているから。」など、４つの中で気温が最も低いということが書かれていれば正かいです。

てびき　1 秋に茶色になったサクラの葉は、冬になるとかれて落ちてしまいますが、えだには新しい芽(冬芽)をつけています。この芽は、冬をこした後、春になってあたたかくなると、どんどんふくらんでいき、花や葉になります。

2 (1)目もりの文字00は0℃、10は10℃、20は20℃で、１目もりが１℃です。㋒は10℃から４目もり上なので、気温は14℃です。

(2)(3)気温は、㋐は28℃、㋑は7℃、㋓は19℃です。この中で最も低い㋑が、冬の気温です。

3 (1)オオカマキリのたまごは、㋐のらんのうの中にあります。

(3)ナナホシテントウは落ち葉の下などに集まって、冬をこします。

わかる! 理科　こん虫は、寒さのきびしい冬をいろいろなすがたでこします。

成虫で冬をこすものは、アシナガバチ、キチョウ(チョウ)、ハナアブ、ナナホシテントウなどです。

さなぎで冬をこすものは、アゲハ、モンシロチョウなどです。

よう虫で冬をこすものは、アブラゼミ、オオムラサキ(チョウ)、カブトムシなどです。

たまごで冬をこすものは、エンマコオロギ、オオカマキリ、ショウリョウバッタ、トノサマバッタなどです。

4 (1)ツバメは、春に南の方から日本にわたってきて、㋑のようにたまごをあたためたり、たまごからかえったひなに食べ物をあたえたりします。夏には、成長した子ツバメが飛ぶ練習をするようになり、しだいに、自分で食べ物をとれるようになります。㋐は、夏のようすです。やがて秋になると、あたたかい南の方へわたっていきます。そのため、㋒のように、巣はからになります。

10　ものの温まり方

80ページ　きほんのワーク

❶ ①あ→い→う　②い→あ→う

❷ ①あ→い→う

まとめ　①順に　②関係しない

81ページ　練習のワーク

❶ (1)温まり方

(2)あ→い→う

(3)お→え→か

(4)順

❷ (1)あ

(2)お

(3)②

(4)④

てびき ❶ 金ぞくのぼうを熱すると、熱したところから順に温まります。このため、熱したところからの方向や高さに関係なく、きょりが近いところから順に温まります。こうした温まり方は、金ぞくのぼうをかたむけても変わりません。

❷ 金ぞくの板を熱すると、板のかたむきに関係なく、熱した部分から順に温まります。どの方向にも同じように、熱したところから順に温まるので、中心が同じで、いくつもの大きさのちがう円(同心円(どうしんえん))をえがくようにして温まります。これを図で表すと、②や④のようになります。

82ページ　きほんのワーク

❶ ①部分だけ　②上の部分

❷ ①上　②下　③動く

まとめ　①上の部分　②動く　③全体

83ページ　練習のワーク

❶ (1)ウ

(2)ウ

(3)㋐

❷ (1)㋑

(2)①上　②下　③全体

てびき ❶ (1)示温テープは、決められた温度まで上がると、色が変わるようなしくみになっています。

(2)試験管に入った水の下の方を温めると、温められた水は上に動き、上の方の冷たい水が下に動きます。このようにして、全体が温まっていきます。しかし、試験管の中ほどを温めると、上の方から下がってきた水は、試験管の底に動いていく前に、中ほどで温められて、ふたたび上に動くので、中ほどより下には動いていきません。このようにして、温めたところより上の方の水だけが温まります。

わかる! 理科　水は温度が高くなると、重さは変わりませんが、体積がふえます。つまり、同じ体積の水では、温度の高い水の方が軽くなります。

(3)試験管の場合、温める部分より上の水だけが動いて温まるので、温める部分より下の水は下の方でとどまったままになり、全体を温めることができません。そこで、試験管の水全体を温めるためには、試験管の底を温めます。

❷ 温められた水は上に動きます。一方、上の方の冷えた水は下に動き、その水がまた温められて上に動きます。このようにして、水全体が温

まっていきます。ビーカーの中の水が温められて動くとき、水の動きは目で見ることができませんが、コーヒーの出しがらのように、水といっしょに動くものを入れておくと、その動きを調べることによって、温められた水がどのように動いているかがよくわかります。

84ページ きほんのワーク

1 ①高い ②低い

2 (1)①上 ②下

(2)③動く

まとめ ①上 ②下 ③動く

85ページ 練習のワーク

1 (1)ウ

(2)㋑

(3)水

2 (1)ア

(2)下

(3)①上（の方） ②下（の方） ③全体

(4)イ

てびき 1 (1)空気の動きは目に見えないので、線こうのけむりのように、目で見ることができて、空気といっしょに動くものをビーカーに入れます。けむりの動きを見れば、空気の動きがわかります。

(2)温められた空気は上に動きます。一方、上の方の冷たい空気は下に動きます。その空気がまた温められて上に動きます。このようなことをくり返しながら、しだいに、空気全体が温まります。

(3)金ぞくは、温められたところから順に温まっていきます。

2 (1)ストーブを下に置き、下の方の冷たい空気を温めると、温められた空気は上の方に動きます。一方、上の方にあった冷たい空気は下の方に動きます。その空気がまた温められて上の方に動きます。このようなことをくり返しながら、しだいに、部屋全体が温められます。

(2)エアコンのふき出し口を下向きにすると、ふき出された温かい空気が、上に上がり、冷たい空気が下がってきます。このようにすると、部屋全体の空気を早く温めることができます。ふき出し口を上向きにすると、温かい空気と冷えた空気が入れかわる動きは、部屋の上の方だけで起き、部屋全体を温めることができません。

86・87ページ まとめのテスト

1 (1)①㋒ ②㋔ ③㋖

(2)右図

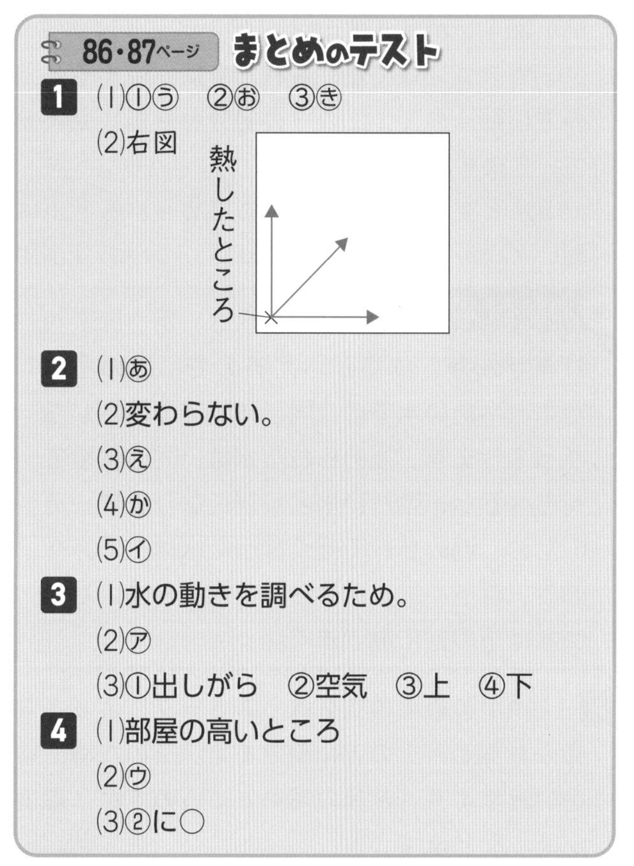

2 (1)㋐

(2)変わらない。

(3)㋓

(4)㋕

(5)㋑

3 (1)水の動きを調べるため。

(2)㋐

(3)①出しがら ②空気 ③上 ④下

4 (1)部屋の高いところ

(2)㋒

(3)②に○

てびき 1 (1)①②金ぞくの板を熱すると、板のかたむきに関係なく、熱した部分からのきょりが近いところから順に温まります。どの方向にも同じように、熱したところから順に温まるので、中心が同じで、いくつもの大きさのちがう円（同心円）をえがくようにして温まります。このため、熱したところから最も近い㋒のろうが最初にとけ、熱したところから最も遠い㋔のろうは最後にとけます。

③㋐と㋖は、熱したところから同じきょりにあるので、ほぼ同時にろうがとけます。

2 (1)(3)(4)示温テープは、温度が高くなると色が変わります。温める部分より下に水があると、その部分より上の水だけが動いて温まるので、㋐では㋐の部分しか温まりません。㋑では、試験管の底の方の水が温められて上の方にいくので、最初に㋓の部分が温まり、次にすぐ下の部分から順に温まっていきます。したがって、㋓→㋔→㋕の順に温まります。

(5)温められた水は上の方に動くので、㋑の試験管では、水全体が温まります。

3 (1)ビーカーの中の水が温められて動くとき、

水の動きは目で見ることができませんが、出しがらのように水といっしょに動くものを入れておくと、温められた水がどのように動いているかがよくわかります。

(2)ガスコンロで熱せられた水は、温まると上の方に動くので、上の方の部分から先に温まっていきます。

(3)水と空気には、どちらも温められると上に動いていくという、共通(きょうつう)のせいしつがあります。

わかる！理科 温められた水は、重さは変わりませんが、体積がふえるので、温められた水と冷たい水では、同じ体積での重さがちがってきます。温められた水は、同じ体積でくらべると、冷たい水より軽くなります。そのため、温められて軽くなった水は上の方へ動き、ぎゃくに、温められた水より重い冷たい水は下の方に動きます。

4 (1)ゆかの近くの空気は、ストーブによって温められると、上の方に動きます。そのため、ゆかの近くより、部屋の高いところの方が、温度が高くなります。

(2)ストーブで温められた空気は上の方に動くので、まわりの温度の低い空気は下の方に動いて入れかわり、ストーブで温められます。このくり返しによって、部屋全体の空気が温まります。

(3)空気と水は、温められると上の方へ動き、かわりに冷たい空気や水が下の方へ動くことによって、しだいに全体が温められていきます。金ぞくは、上下は関係なく、温められたところから順に温まっていきます。

11 人の体のつくりと運動

88ページ きほんのワーク

1 (1)①ほね ②関節

(2)③「たくさん」に◯

④「曲がる」に◯

2 ①頭 ②むね ③せなか

まとめ ①ほね ②関節

89ページ 練習のワーク

1 (1)右図

(2)関節

(3)あほね

いい関節

(4)い

(5)かたい。

2 (1)イ (2)ウ (3)ア

(4)①に◯

(5)体をささえるはたらき

てびき **1** (1)～(3)手や指の、曲がるところはすべて関節です。

(4)ほねとほねのつなぎ目が関節で、うでは関節で曲がります。人の体には、関節がたくさんあります。

2 (1)～(3)アはのうを守っている「頭のほね」、イははいや心ぞうを守っている「むねのほね」、ウは多くのほねが関節でつながっていて、体を曲げたりねじったりできる「せなかのほね」です。

(4)フナなどの動物にも、人と同じように、たくさんのほねがあります。

(5)ほねは、のうや心ぞうなどを守るはたらきがあるほか、体をささえるはたらきもあります。

90ページ きほんのワーク

1 ①ちぢむ ②ゆるむ

③ゆるむ ④ちぢむ

2 ①ささえる

②動かす（①、②順不同）

③表じょう

まとめ ①きん肉 ②曲がる

91ページ 練習のワーク

1 (1)ア (2)かたくなる。

(3)ア (4)エ

(5)関節

2 ①○　②×　③○　④○
⑤○　⑥×　⑦×

てびき **1** (1)(4)うでを曲げたときは、きん肉㋐はちぢみ、きん肉㋑はゆるみます。一方、うでをのばすときは、きん肉㋓はちぢみ、きん肉㋒はゆるみます。

(2)(3)㋐のきん肉はちぢむとかたくなり、外から見るとふくらんで見えます。

2 ①④ほねについたきん肉によって、人は体を動かしています。

②③顔にもほねときん肉があります。

⑤⑥⑦ウサギやニワトリやマガモにも人と同じようにほねときん肉があり、これらのはたらきで体を動かしたり、ささえたりしています。

わかる! 理科　フナなどの魚は、しりびれに近い部分のほねにじょうぶなきん肉がついています。このきん肉とほねによっておびれを左右にふることで、水の中を前に進んでいます。

92・93ページ　まとめのテスト

1 ①きん肉　②ほね
③きん肉　④ほね（③、④順不同）
⑤ほね　⑥関節　⑦ほね
⑧きん肉　⑨きん肉

2 (1)ほね
(2)かたい（感じ）。
(3)たくさんある。
(4)①㋐　②㋑
(5)㋕

3 (1)㋐　(2)㋐
(3)㋑　(4)㋒
(5)㋓
(6)関節
(7)ほねとほね

4 (1)㋐
(2)③に○
(3)できる。

てびき **1** 人は、ほねと関節ときん肉のはたらきで、体をささえたり動かしたりしています。ほねとほねのつなぎ目は、関節になっていて、体はここで曲がります。また、ほねにはきん肉がついていて、きん肉がちぢんだり、ゆるんだりすることで、体のいろいろな部分を曲げたり、のばしたりすることができます。

2 (4)ほねは、体をささえるのに役立っているだけでなく、頭やむねのほねのように、のうやはい、心ぞうなど、その中のものを守ってもいます。

3 (3)〜(5)うでのきん肉の一方がちぢむともう一方がゆるむことで、うでが曲がったり、のびたりします。

4 (1)㋐は、あしやはねのほねがあるのでニワトリ、㋑は体の形からフナであることがわかります。

(2)(3)ニワトリにもフナにも、ほねときん肉があり、それらを使って、体を動かしたり、曲げたりすることができます。

プラスワーク

94~96ページ プラスワーク

1 温度計に日光が直せつ当たると、温度計の温度が高くなって、正かくな気温がはかれないから。

2 右図

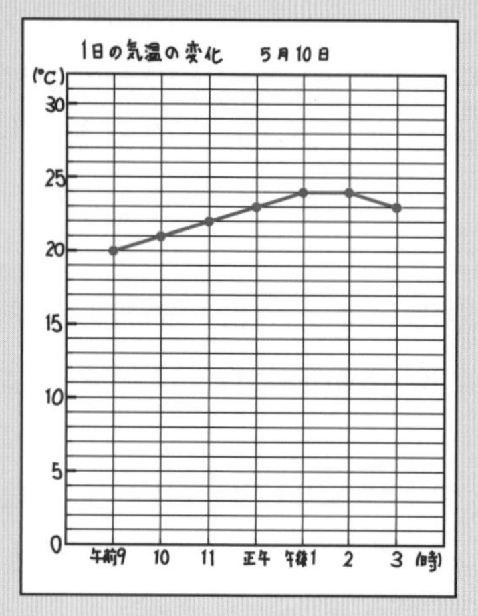

3 (1)右図

(2)はい水口は、ほかのところより低いところにあるから。

4 (1)右図
(2)㋑
(3)北

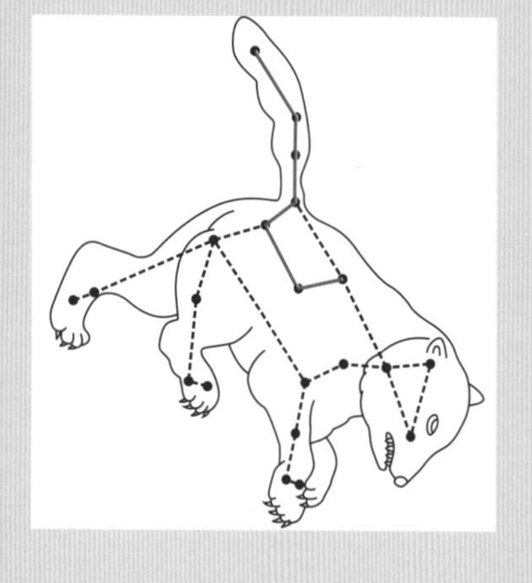

5 右図

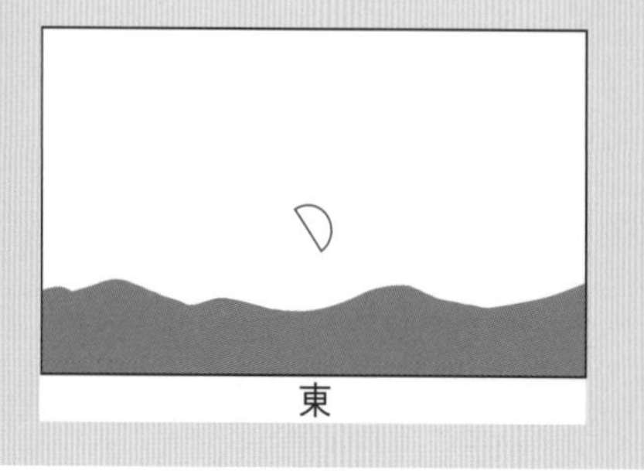

6 (1)気体
(2)熱
(3)②に○

7 (1)イ
(2)寒さをさけるため。

8 下の図

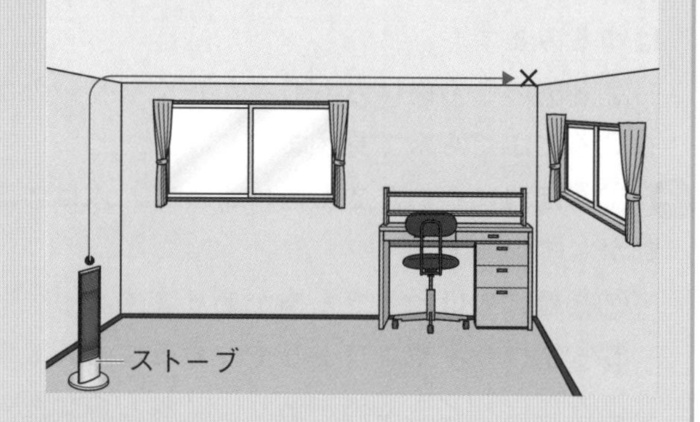

丸つけのポイント

1 日光が温度計に当たると温度計が温められてしまうために、気温が正しくはかれないことが書かれていれば正かいです。

3 (2)流れる水は、より低いところに流れるため、はい水口を一番低くしていることが書かれていれば正かいです。

7 (2)「土の中では、寒さがやわらぐから。」「寒さから身を守るため。」など、土の中の温度の変化が気温の変化よりも小さいことを利用して、体温が下がらないようにするということが書かれていれば正かいです。

てびき **1** 気温は、温度計に日光を直せつ当てないように、建物からはなれた風通しのよいところで、地面から1.2m～1.5mの高さではかります。温度計に日光が当たったり、手でえきだめにふれたりすると、中のえきの温度が上がりすぎてしまいます。このため、正しい気温がはかれません。よって、温度計を持つときには、えきだめからはなれた部分を持ち、紙などで日光をさえぎってはかります。日光をさえぎる紙などが、温度計にふれないように注意しましょう。

2 晴れた日には、日光によって地面が温められ、温まった地面によって空気が温められます。このため、日光の当たらない夜には気温が下がり続け、日の出ごろに最も低くなり、太陽がのぼると、昼すぎにかけて気温が上がっていきます。

気温は、昼すぎごろに1日のうちで最も高くなり、その後は下がっていきます。朝から夕方までの気温の変化を折れ線グラフにすると、左右が低く、中ほどが高いので、山のような形になります。折れ線グラフで表すと、いろいろなものの変化のようすがよくわかり、いくつかの折れ線グラフをくらべると、変化のし方のちがいがわかりやすくなります。

3　水道の流しで、手やいろいろなものをあらった水がたまったままになっているとふべんなので、たまった水を流すために、はい水口があります。水は高いところから低いところに流れ、まわりよりも低いところにたまるので、はい水口を一番低くすると、水をためずに流すことができます。

4　(1)北と七星の「と」は、「斗」と書いて、「ひしゃく」という意味があります。7つの星がひしゃくのような形にならんでいることから、このようによばれています。

(2)北極星は、明るく、ほぼ真北にあるので、方位じしんのない昔から、夜の空の目印とされてきました。北極星の位置がわかると、ほかのいろいろな星や星ざの位置を知る手がかりになります。このため、北極星の位置を知るためのいろいろな方法が考えられました。北極星は、北と七星のひしゃくの先にある2つの星のきょりを、おおぐまざのせなかの方向へ5倍のばしたところにあります。カシオペヤざのWの形からも、北極星の位置を知ることができます。

5　月の動き方は、時こくはちがいますが、東からのぼって西にしずむ太陽の動きににています。月の動き方と月の見える形には深い関係があります。右側が明るく見える半月は、太陽が南の空にあるとき東から出て、日の入りごろに南の空にのぼり、真夜中に西にしずみます。

6　(1)(2)ろうそくのろうは、ふだんは固体ですが、熱せられると、とけてえき体になり、さらに高い温度になると、じょう発して気体になります。もえるのは、じょう発した気体のろうです。ろうそくがもえているとき、ろうそくのしんのまわりのろうはほのおの熱でとけて、えき体になっています。えき体のろうは、しんにすい上げられてほのおに近づき、さらに熱せられて気体になり、もえて熱を出します。このときの熱で、固体のろうがえき体になり、同じことがくり返されるので、ろうそくはもえ続けます。ろうそくは、このようなろうのせいしつをうまく利用しています。

7　冬になって気温が低くなると、生き物の活動がにぶくなります。また、食べ物もへるので、あたたかいころと同じように生活することはむずかしくなります。いろいろな生き物は、子そんを残すために、それぞれ冬をこす方法を身につけています。アゲハはさなぎで冬をこし、オオカマキリのたまごは、らんのうの中で冬をこします。これらの生き物はほとんど活動せず、食べ物をとらずに冬をこします。一方、カブトムシのよう虫やアマガエルなどは土の中で冬をこします。これは、井戸の水が夏に冷たく、冬は温かく感じるように、土の中の温度の変化は、気温の変化よりも小さいからです。土の中で冬をこす生き物は、このようなことをじょうずに利用しています。

8　空気は、温まると上の方に動き、冷たい空気が下の方に動きます。このため、ストーブをつけると、温められた空気は部屋の上の方に動きます。この空気におしのけられて、冷たい空気が下の方へ動きます。このようなことをくり返して、だんだんに部屋全体の空気が温まります。このため、部屋の下の方はなかなか温まりません。おふろの水を温めるときに、水をまぜるのと同じように、部屋の空気をせん風機などでまぜるようにすると、部屋全体が早く温まります。

実力判定テスト　夏休みのテスト①

1 春から夏のころの生き物のようすについて、次の問いに答えましょう。　1つ6〔48点〕

(1)　次の①～④のうち、春のころの生き物のようすには○、そうでないものには×をつけましょう。

①（ ○ ）　サクラ
②（ × ）　ヘチマ
③（ ○ ）　アマガエル
④（ ○ ）　オオカマキリ

(2)　夏のころの生き物のようすについて、次の文の（　）に当てはまる言葉を、下の〔　〕から選んで書きましょう。

夏になると、春のころとくらべて気温や水温は①（ 高く ）なり、身の回りのいろいろな動物は、②（ 活発に活動するようになる ）。
植物は、春のころよりもくきが③（ のびたり ）、葉が④（ しげったり ）して、よく成長するようになる。

〔 高く　低く　しげったり　かれたり　のびたり　ちぢんだり　活発に活動するようになる　すがたが見られなくなる 〕

2 晴れの日と雨の日の１日の気温の変化を調べました。あとの問いに答えましょう。　1つ8〔24点〕

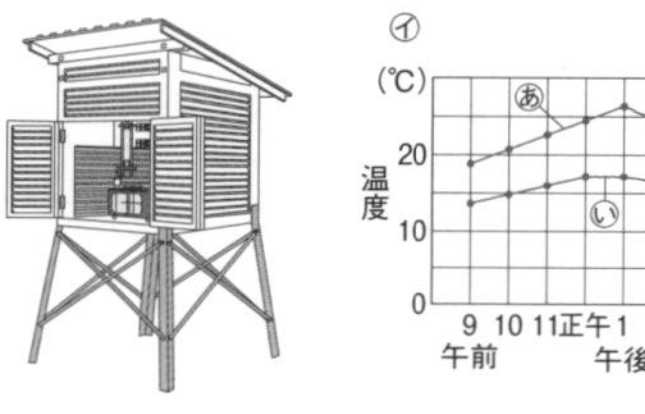

(1)　気温を正しくはかるための㋐の箱を何といいますか。　（ 百葉箱 ）

(2)　㋑について、雨の日の気温の変化を表しているものを、㋐、㋑から選びましょう。　（ ㋑ ）

(3)　(2)のように選んだのはなぜですか。
（ １日の気温があまり変化していないから。 ）

3 次の図のように、注しゃ器を２本用意して、㋐には空気、㋑には水を入れて、ピストンをおしました。あとの問いに答えましょう。　1つ7〔28点〕

(1)　㋐と㋑のピストンをおすと、空気と水の体積は、それぞれどうなりますか。
空気（ 小さくなる。 ）
水（ 変わらない。 ）

(2)　(1)より、とじこめた空気や水は、おしちぢめられますか、おしちぢめられませんか。
空気（ おしちぢめられる。 ）
水（ おしちぢめられない。 ）

実力判定テスト　夏休みのテスト②

1 次の図のように、かん電池をモーターにつないで、モーターの回る速さと向きについて調べました。あとの問いに答えましょう。　1つ9〔36点〕

㋐　㋑　モーター

(1)　㋐、㋑のかん電池のつなぎ方を、何といいますか。
㋐（ へい列つなぎ ）
㋑（ 直列つなぎ ）

(2)　かん電池１このときよりもモーターが速く回るつなぎ方を、㋐、㋑から選びましょう。　（ ㋑ ）

(3)　㋐と㋑のモーターの回る向きは、同じですか、ちがいますか。　（ ちがう。 ）

2 次の図のように、雨がふった次の日の校庭で、雨水の流れたあとの近くに、地面のかたむきを調べるためのかたむきチェッカーを置きました。中の水面のようすをかくにんすると図のようになっていて、➡の向きに地面はかたむいていました。これらのことから、雨水は㋐、㋑のどちらの向きに流れていたとわかりますか。　〔10点〕

（ ㋑ ）

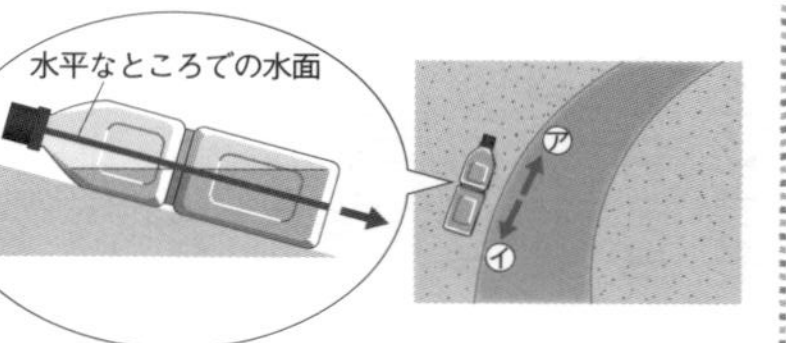

3 同じ量の花だんの土、すな場のすなを次の図のようにバットを置いた植木ばちに入れて、水のしみこみ方をくらべました。図は、同じ量の水を同時に流しこんでからしばらくたった後のようすです。あとの問いに答えましょう。　1つ9〔27点〕

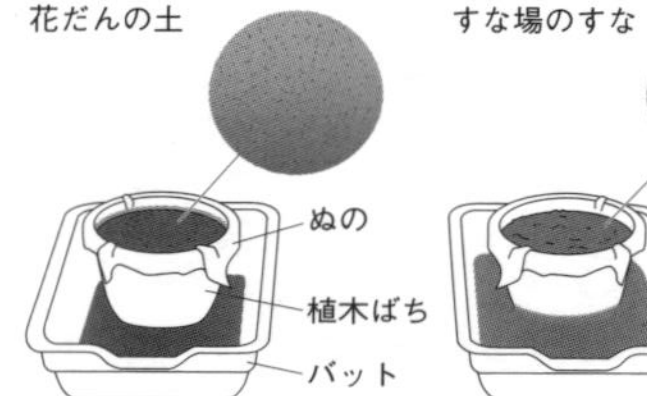

(1)　つぶの大きさが大きいのは、花だんの土とすな場のすなのどちらですか。　（ すな場のすな ）

(2)　水がしみこむ速さが速いのは、花だんの土とすな場のすなのどちらですか。　（ すな場のすな ）

(3)　水のしみこみやすさは、土やすなのつぶの大きさによってちがいますか、同じですか。　（ ちがう。 ）

4 夏の空に見られる星について、次の問いに答えましょう。　1つ9〔27点〕

(1)　㋐～㋒の星を結んでできる三角形を何といいますか。（ 夏の大三角 ）

(2)　星の明るさや色は、すべて同じですか、星によってちがいますか。
明るさ（ (星によって)ちがう。 ）
色（ (星によって)ちがう。 ）

もんだいのてびきは 32 ページ

1 次の図は、午後4時ごろに月を観察したものです。あとの問いに答えましょう。　1つ5〔25点〕

(1) 図の形の月を何といいますか。　（　半月　）

(2) 午後5時には、月は㋐～㋒のどの方向に動いて見えますか。　（　㋐　）

(3) 月の形と動き方について、次の文の(　)に当てはまる方位を書きましょう。

> 月は、日によって形がちがって見えるが、太陽と同じように、①(東)の空からのぼり、②(南)の空を通って、③(西)へしずむ。

2 すずしくなるころの生き物のようすについて、次の問いに答えましょう。　1つ5〔25点〕

(1) 次の①～④のうち、秋の生き物のようすには○、そうでないものには×をつけましょう。

①(○)　サクラ
②(×)　ヘチマ
③(×)　アマガエル
④(○)　オオカマキリ

(2) すずしくなると、動物の活動はどうなりますか。
（　にぶくなる。　）

3 次の図は、ある日の夏の大三角の動きを観察したものです。次の問いに答えましょう。　1つ10〔20点〕

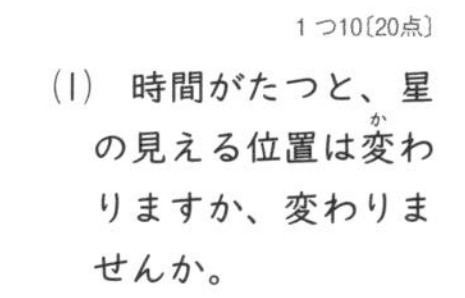
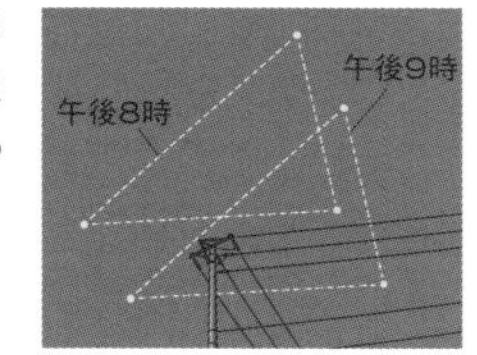
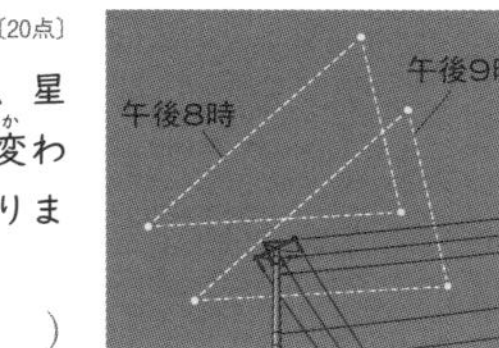

(1) 時間がたつと、星の見える位置は変わりますか、変わりませんか。
（　変わる。　）

(2) 時間がたつと、星どうしのならび方は変わりますか、変わりませんか。（ 変わらない。）

4 ビーカーにふたをしたものとしないものを日の当たる同じ場所に置いて、中の水がどうなるか調べました。あとの問いに答えましょう。　1つ6〔30点〕

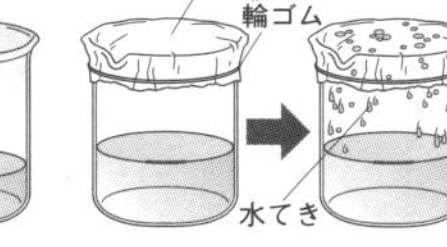
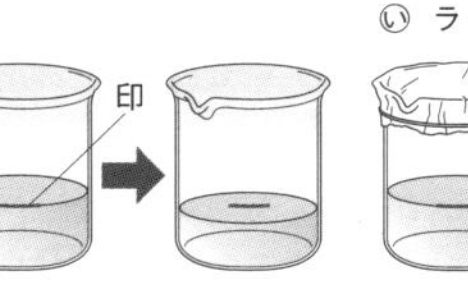

(1) あの水のようすについて、次の文の(　)に当てはまる言葉を書きましょう。

> 水は①(水じょう気)となって、②(空気中)へ出ていった。これを、③(じょう発)という。

(2) いのビーカーの内側に水てきがついたのはなぜですか。
(水じょう気がふたたび水に変わったから。)

(3) 右の図のように、ビーカーに氷水を入れて置いておくと、ビーカーの外側に水てきがつきました。この水てきは、何が変化してできたものですか。正しい方に○をつけましょう。

①(○)空気中の水じょう気
②(　　)ビーカーの中の水

実力判定テスト　冬休みのテスト②

1 水を熱したり、冷やしたりしたときの水のすがたの変化について、あとの問いに答えましょう。　1つ5〔55点〕

(1) 図1のように、水が熱せられて100℃近くになり、水の中からはげしくあわが出ることを何といいますか。　（　ふっとう　）

(2) 図1の㋐、㋑は何ですか。下の〔 〕からそれぞれ選んで書きましょう。

㋐(水じょう気)　㋑(　ゆげ　)

〔 空気　ゆげ　水じょう気 〕

(3) 図1の㋐～㋒は固体、えき体、気体のどれですか。

㋐(　気体　)　㋑(　えき体　)　㋒(　気体　)

(4) 図2のようにして、水をこおらせました。

① 温度を下げるために、ビーカーの氷に加えるものは、水と何をまぜたえきですか。　（　食塩　）

② 水がこおり始める温度は何℃ですか。　（　0℃　）

③ 水がすべて氷になった後、さらに冷やすと、温度は下がりますか、下がりませんか。　（　下がる。　）

④ 氷は固体、えき体、気体のうちのどれですか。　（　固体　）

⑤ 水が氷になると、体積はどうなりますか。次のア、イから選びましょう。　（　ア　）

ア　ふえる。　　イ　へる。

2 ものの体積と温度について、次の問いに答えましょう。　1つ5〔45点〕

(1) 次の図1は試験管の口に石けん水のまくをつけたものです。また、図2は試験管の口まで水を入れたものです。

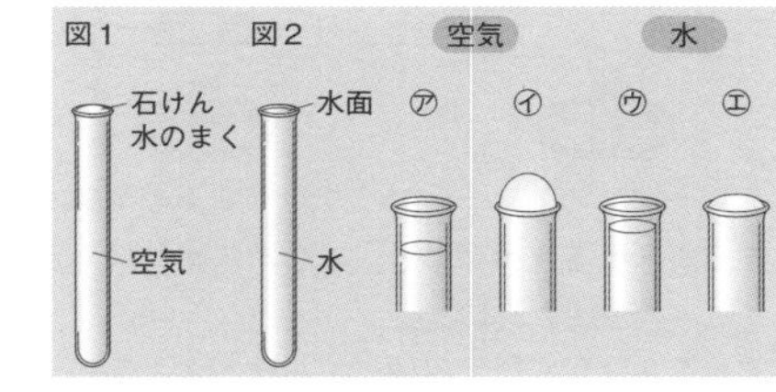

① 図1の試験管を温めたときと冷やしたときの石けん水のまくのようすを、それぞれ㋐、㋑から選びましょう。
温めたとき(㋑)
冷やしたとき(㋐)

② 図2の試験管を温めたときと冷やしたときの水面のようすを、それぞれ㋒、㋓から選びましょう。
温めたとき(㋓)
冷やしたとき(㋒)

③ 次の(　)に当てはまる言葉を書きましょう。

> 空気と水は、温められると体積があ(ふえ(て))、冷やされると体積がい(へる)。①、②より、温度による体積の変わり方は、空気よりも水の方がう(小さい)ことがわかる。

(2) 図3のような、輪を通りぬける金ぞくの球を実験用ガスコンロで熱すると輪を通りぬけなくなり、熱した球を水で冷やすと輪を通りぬけるようになりました。この結果から、金ぞくを熱したり冷やしたりすると、体積はどうなるといえますか。

熱したとき(　ふえる。　)
冷やしたとき(　へる。　)

実力判定テスト 学年末のテスト①

1 冬の空の星ざについて、次の問いに答えましょう。 1つ9〔36点〕

(1) 右の図の星ざを何といいますか。（ オリオンざ ）

(2) 右の星ざの星は、色や明るさにちがいがありますか、ちがいがありませんか。
（ ちがいがある。 ）

(3) 星の見える位置や星どうしのならび方は、時間がたつと変わりますか、変わりませんか。
星の見える位置（ 変わる。 ）
星どうしのならび方（ 変わらない。 ）

2 人のうでのつくりと動くしくみについて、あとの問いに答えましょう。 1つ4〔28点〕

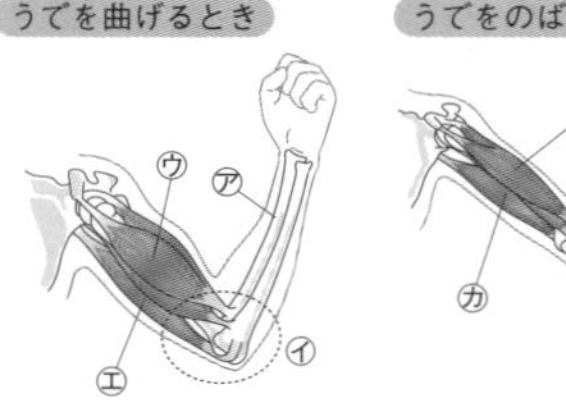

(1) ㋐、㋑のつくりを何といいますか。
㋐（ ほね ） ㋑（ 関節 ）

(2) うでを曲げたときにちぢむきん肉、ゆるむきん肉は、それぞれ㋒、㋓のどちらですか。
ちぢむきん肉（ ㋒ ）
ゆるむきん肉（ ㋓ ）

(3) うでをのばしたときにちぢむきん肉、ゆるむきん肉は、それぞれ㋔、㋕のどちらですか。
ちぢむきん肉（ ㋕ ）
ゆるむきん肉（ ㋔ ）

(4) きん肉は、うでだけではなく、体全体にあります。顔のきん肉は、動かすことによって、何をつくりますか。（ 表じょう ）

3 ものの温まり方について、次の問いに答えましょう。 1つ9〔36点〕

(1) 次の図のように、ろうをぬった金ぞくのぼうのはしを熱しました。㋐～㋒は、どのような順に温まりますか。
（ ㋒ → ㋑ → ㋐ ）

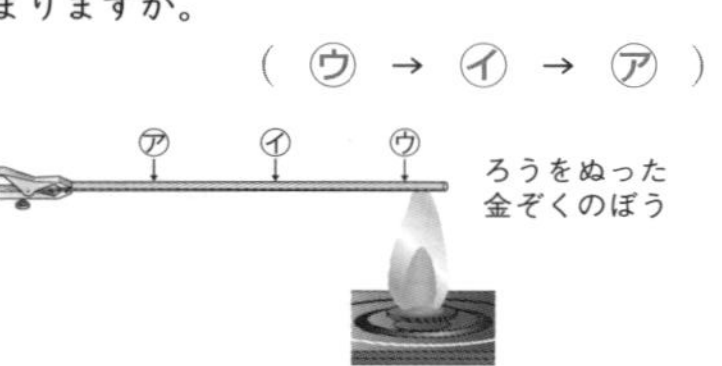

(2) 右の図のように、水を入れたビーカーのはしを熱しました。水が温まってきたときのコーヒーの出しがらの動きを、次の㋐～㋒から選びましょう。
（ ㋑ ）

㋐ ㋑ ㋒
（→は水の動き）

(3) 右の図のように、線こうのけむりを入れておおいをしたビーカーの底を熱すると、→のようにけむりが動きました。次の文の（ ）のうち、正しい方を◯でかこみましょう。

空気は、①（ 金ぞく ・ (水) ）と同じように、熱せられて温められた空気が②（ (上) ・ 下 ）の方へ動いて、やがて全体が温まっていく。

実力判定テスト 学年末のテスト②

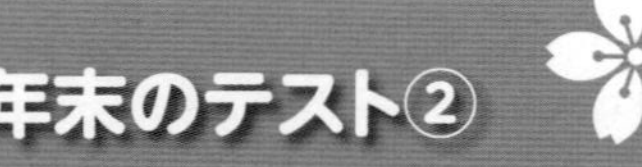

1 サクラ、オオカマキリの1年間のようすをまとめました。それぞれ春、夏、秋、冬のどの季節のようすを表しているか書きましょう。 1つ5〔40点〕

(1) サクラ
①（ 春 ） ②（ 秋 ）
③（ 夏 ） ④（ 冬 ）

(2) オオカマキリ
①（ 秋 ） ②（ 冬 ）
③（ 夏 ） ④（ 春 ）

2 人以外のほかの動物の体のつくりについて、次の文のうち、正しいものに◯、まちがっているものに×をつけましょう。 1つ6〔18点〕

①（ ◯ ）人と同じように、ウサギや鳥の体にも、ほねやきん肉、関節がある。
②（ × ）ウサギや鳥には、きん肉はあるが、ほねはない。
③（ × ）ウサギや鳥は、きん肉だけのはたらきで体を動かしたり、ささえたりしている。

3 晴れの日と雨の日の1日の気温の変化を調べました。次の文のうち、正しいものに◯、まちがっているものに×をつけましょう。 1つ6〔18点〕

①（ ◯ ）気温は、風通しのよい、直せつ日光が当たらないところではかる。
②（ ◯ ）雨の日の1日の気温は、晴れの日とくらべると、あまり変化がない。
③（ × ）晴れの日の気温は、夕方に高くなる。

4 電気のはたらきについて、次の問いに答えましょう。 1つ6〔24点〕

(1) 右の図のように、かん電池とモーターをつなぐと、モーターが回りました。

① 電流の向きを、㋐、㋑から選びましょう。
（ ㋐ ）

② かん電池の向きを反対にしてモーターにつなぐと、モーターの回る向きはどうなりますか。（ 反対になる。 ）

(2) 次の図のように、2このかん電池とモーターをつなぎました。

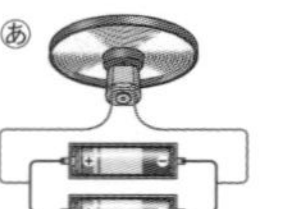

① あといのモーターに流れる電流の大きさについて正しいものを、次のア、イから選びましょう。（ イ ）
ア あの方が大きい。
イ いの方が大きい。

② モーターの回る速さが速いのは、あ、いのどちらですか。（ い ）

もんだいのてびきは32ページ

実力判定テスト かくにん! 実験器具の使い方

アルコールランプの使い方

1 ①～⑤の(　)のうち、正しい方を◯でかこみましょう。

じゅんび

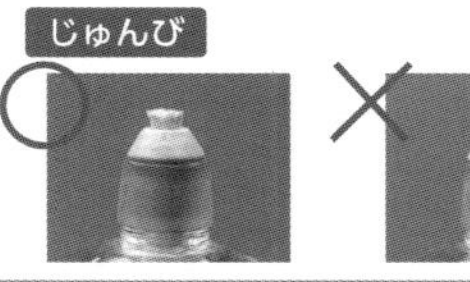

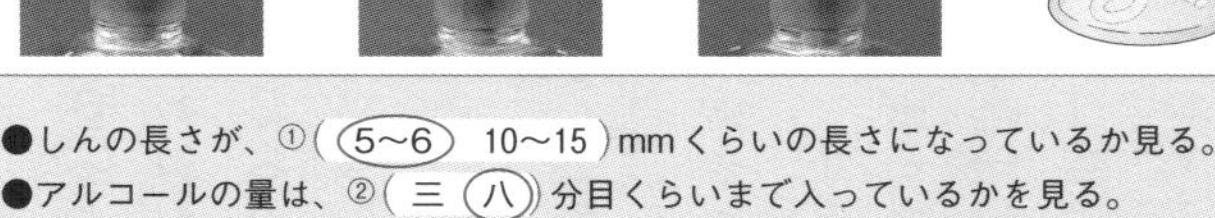

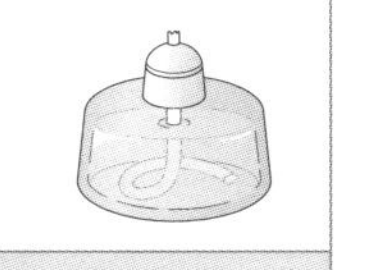
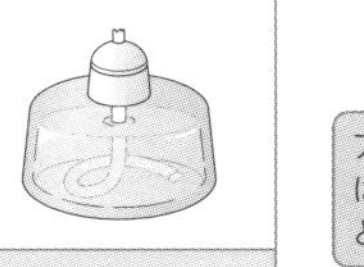
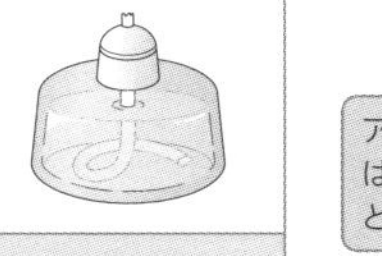

- しんの長さが、①((5～6)　10～15)mmくらいの長さになっているか見る。
- アルコールの量は、②(三　(八))分目くらいまで入っているかを見る。

火をつける

ランプの③(上　(下))をおさえて、ふたを取る。

ランプの下をおさえ、火をしんの④(上　(下))の方から近づける。

火を消す

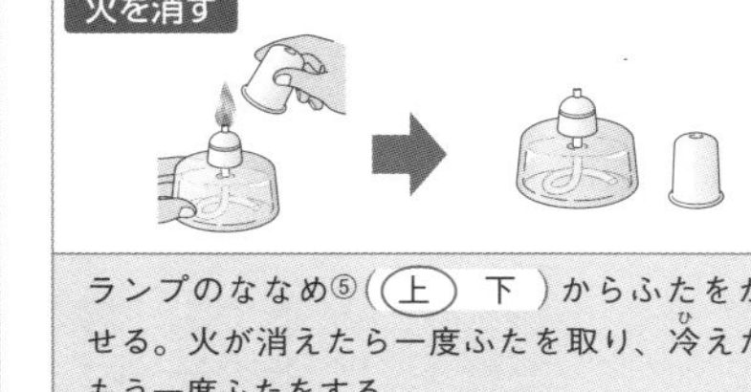

ランプのななめ⑤((上)　下)からふたをかぶせる。火が消えたら一度ふたを取り、冷えたらもう一度ふたをする。

けん流計の使い方

2 ①～③の□には当てはまる言葉を、表の④～⑥には➡や数字を書きましょう。

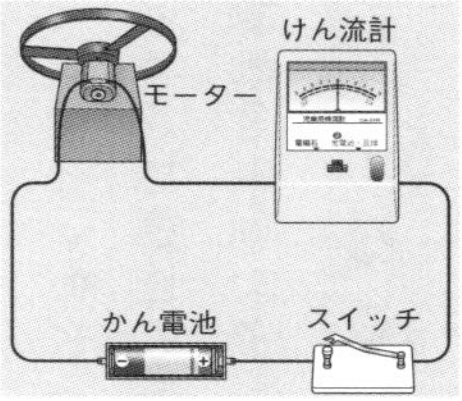

1. モーター、けん流計、スイッチ、かん電池を１つの① 輪 になるようにつなぐ。
2. 切りかえスイッチを、５A(電磁石)の方に入れる。
3. 電流を流し、はりのふれる向きと、② 上 の目もりのはりのふれを読む。ふれが0.5Aより③ 小さい ときは、切りかえスイッチを、「0.5A(光電池・豆球)」の方に切りかえ、下の目もりのはりのふれを読む。

(図：モーター、けん流計、かん電池、スイッチ)

電流の向きと大きさを読み取ろう!

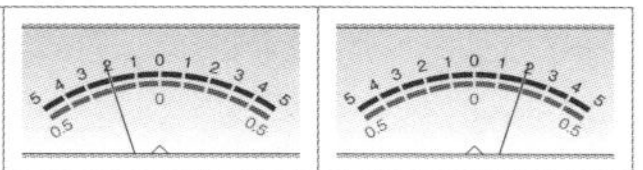

電流の向き		⬅	④ ➡
電流の大きさ(はりのさす目もり)	「5A(電磁石)」のとき	2A	⑤ 2 A
	「0.5A(光電池・豆球)」のとき	0.2A	⑥ 0.2 A

たいせつ
けん流計のはりのふれる向きが「電流の向き」、はりのふれの大きさが「電流の大きさ」を表す。

実力判定テスト かくにん! 折れ線グラフ

折れ線グラフのかき方・読み方

観察や実験の結果を折れ線グラフで表して、変化を読み取ってみましょう。

例

時こく	午前9時	10時	11時	正午	午後1時	2時	3時
気温(℃)	20	21	22	22	24	26	25
天気	晴れ	晴れ	晴れ	晴れ	晴れ	晴れ	晴れ

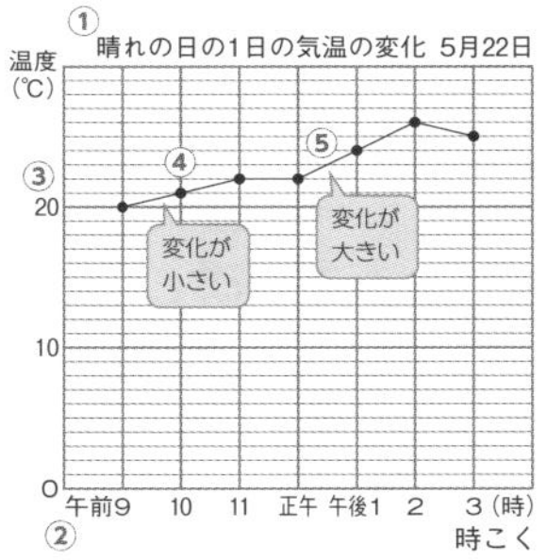

①晴れの日の1日の気温の変化 5月22日　温度(℃)　時こく　変化が小さい　変化が大きい

5年生になっても、結果の整理・まとめはとても大切だよ。

たいせつ
①表題を書く。
②横のじくに「時こく」をとり、目もりをつけて単位(時)を書く。
③たてのじくに「温度」をとり、目もりをつけて単位(℃)を書く。
④それぞれの時こくではかった気温を表すところに点をかく。
⑤点と点を順に直線で結ぶ。

1 ある年の5月9日と12日の気温を調べたところ、次の表のようになりました。

	時こく	午前9時	10時	11時	正午	午後1時	2時	3時
㋐	5月9日 ☂	14℃	13℃	13℃	13℃	12℃	12℃	12℃
㋑	5月12日 ☀	15℃	16℃	18℃	20℃	22℃	23℃	20℃

(1) (　)に数字を入れ、5月9日と5月12日の気温の変化を、それぞれ折れ線グラフで表しましょう。

㋐ 雨の日の気温の変化　(5月9日)

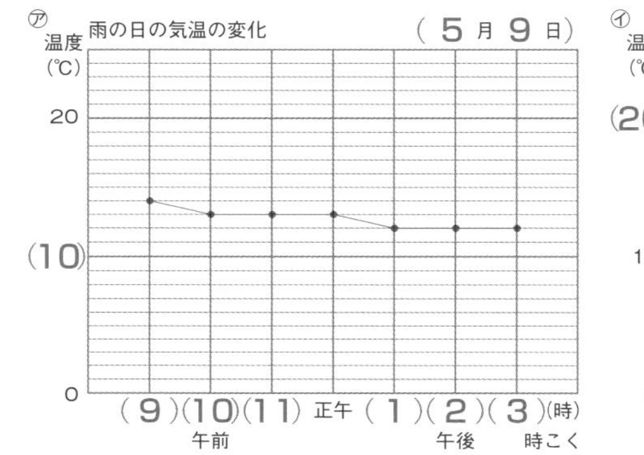

㋑ 晴れの日の気温の変化　(5月12日)

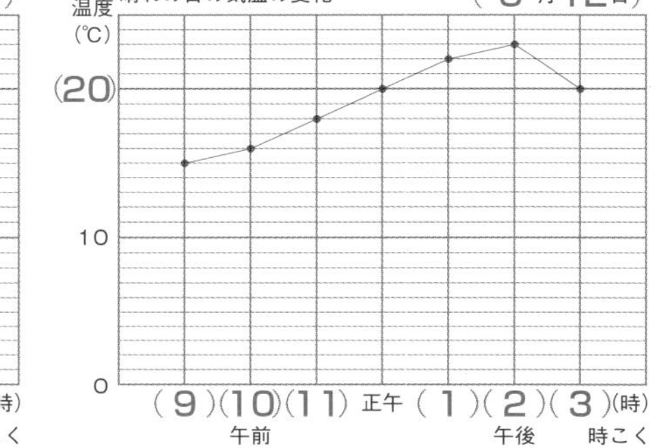

(2) 次の文の(　)に当てはまる言葉を書きましょう。

天気によって、１日の気温の変化にはちがいが①(ある)。雨の日の１日の気温は、晴れの日とくらべると②(あまり変化しない)。

もんだいのてびきは 32 ページ

実力判定テスト　もんだいのてびき

夏休みのテスト①

1 ⑵春から夏にかけて、気温が高くなると、植物はよく成長するようになり、動物の活動は活発になります。

3 注しゃ器にとじこめた空気は、ピストンをおすと体積が小さくなります(おしちぢめられます)。体積が小さくなるほど、元にもどろうとする力は大きくなります。とじこめた水は、空気とはちがって、おしても体積は変わりません(おしちぢめられません)。

夏休みのテスト②

1 ⑶かん電池の＋極と－極がどちらにあるか、よくかくにんしましょう。かん電池をつなぐ向きを変えると、回路に流れる電流の向きが変わるため、モーターの回る向きも変わります。

3 同じ量の水を流しこんでからしばらくたった後に土の上に残っている水の量は、すな場のすなを入れた方が少なくなっています。このことから、すな場のすなの方が速く水がしみこむことがわかります。

冬休みのテスト①

4 ⑴⑵㋐のようにふたをしていないビーカーでは、水が水じょう気になって、空気中へ出ていきます。㋑のように、ふたをしていると、水が水じょう気になっても空気中へ出ていくことができません。そのため、水じょう気はふたたび水になって、ビーカーの内側につくことになります。

⑶氷水を入れたビーカーの外側の空気中の水じょう気は、ビーカーの表面で冷やされ、水に変化します。

冬休みのテスト②

2 ⑴試験管を温めると空気の体積はふえ、試験管を冷やすと空気の体積はへります。よって、石けん水のまくが大きくふくらんでいる㋑が温めたときで、石けん水のまくが試験管の口より下がっている㋐が冷やしたときです。水も空気と同じように、温めると体積がふえ、冷やすと体積がへりますが、温度による体積の変わり方は、空気ほど大きくはありません。

⑵金ぞくも熱すると体積が大きくなり、冷やすと体積は小さくなります。金ぞくの温度による体積の変わり方は、空気や水にくらべてとても小さいです。温度による体積の変わり方は大きい順に、空気→水→金ぞくとなります。

学年末のテスト①

3 金ぞくを熱すると、熱したところから順に温まっていきます。一方、水や空気は、温まった水や空気が上に動き、冷たい水や空気が下に動くことによって、全体が温まります。

学年末のテスト②

4 ⑴電流は、かん電池の＋極からモーターを通って－極に向かって流れます。かん電池の向きを反対にしてモーターにつなぐと、回路全体に流れる電流の向きも反対になります。そのため、モーターの回る向きも反対になります。

かくにん! 実験器具の使い方

2 けん流計の切りかえスイッチを「0.5A(光電池・豆球)」側にしたとき、はりがさす上の目もりの数字の10分の1が、電流の大きさとなります。切りかえスイッチを「0.5 A(光電池・豆球)」側にして、はりが「2」の目もりをさすとき、電流の大きさを表す目もりは「0.2」と読みます。

かくにん! 折れ線グラフ

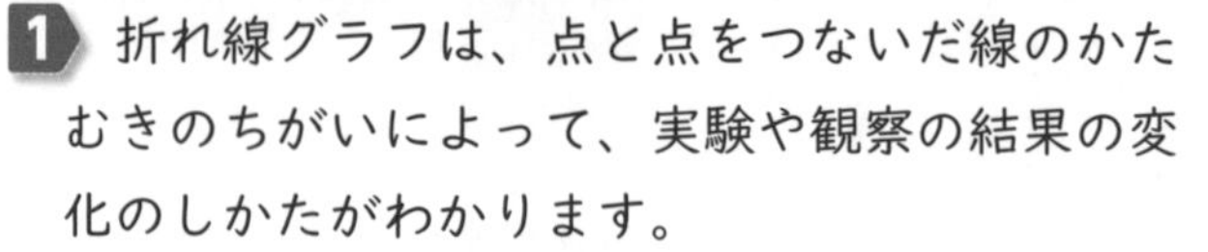

1 折れ線グラフは、点と点をつないだ線のかたむきのちがいによって、実験や観察の結果の変化のしかたがわかります。

線のかたむきが急なときは変化が大きく、線のかたむきがゆるやかなときは変化が小さいことを表しています。

3 2 1 0 9 8 7 6 5 4
* * D C B A

思考 3 雨水の流れ 教科書 54～65ページ

右の図のようにして、水道の流しに水を流しました。次の問いに答えましょう。

(1) 右の図で、流した水が集まる場所を○でかこみましょう。

(2) (1)のようになるのはなぜですか。

（　　　　　　　　）

4 夏の星 教科書 74～85ページ

右の図は、おおぐまざと北極星を表したものです。次の問いに答えましょう。

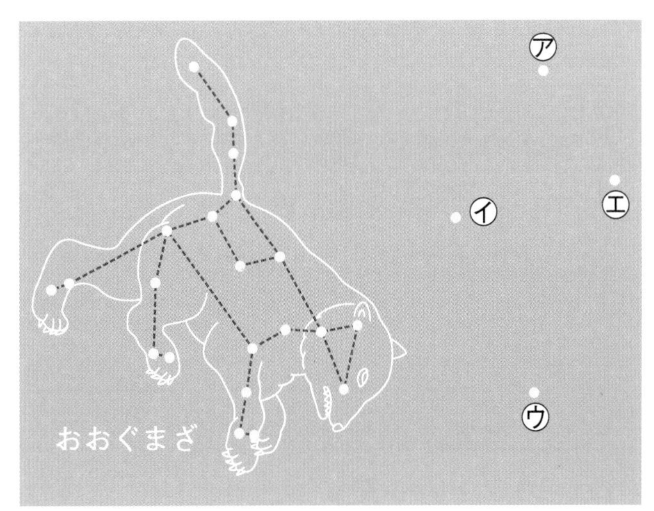

(1) おおぐまざの中に、北と七星とよばれる7つの明るい星があります。北と七星となるように、┈┈をえんぴつでなぞりましょう。

(2) 北極星は、図のア～エのどれですか。（　　　）

(3) 北極星は、東、西、南、北の、どの方位の空に見えますか。

（　　　）

5 月や星の動き 教科書 88～99ページ

右の図は、ある日の午後6時に観察した月のようすです。この月は、東の空からのぼってくるとき、どのように見えますか。下の□にかきましょう。

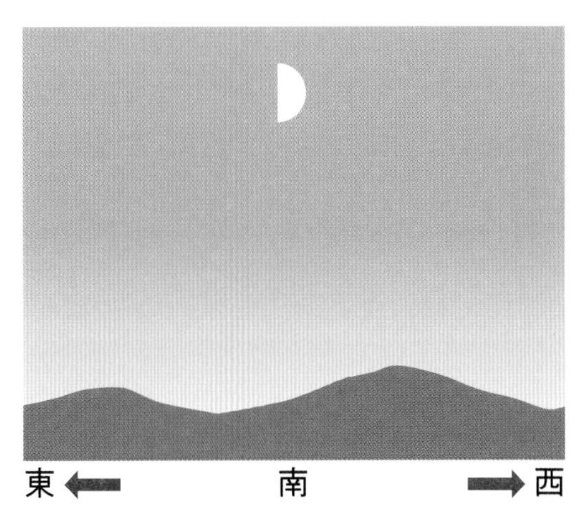

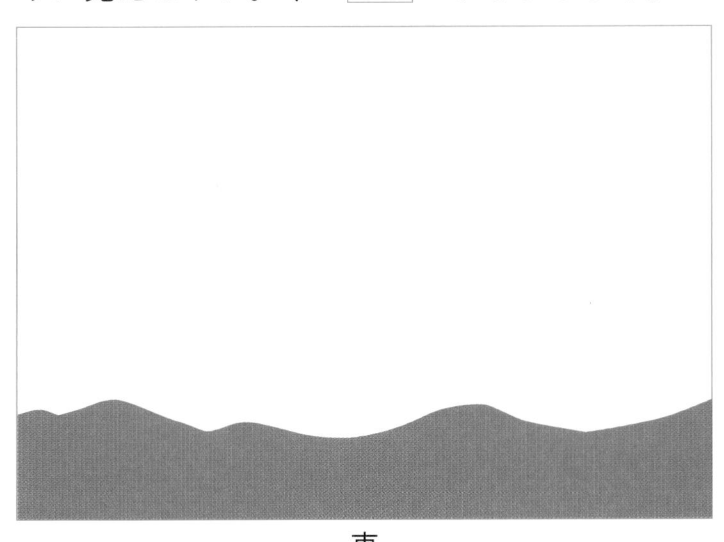

思考 **6 水の3つのすがた** 教科書 118～131ページ 右の図は、もえているろうそくを表したものです。次の問いに答えましょう。

(1) ろうそくのろうは、固体、えき体、気体のうち、どのすがたになってもえていますか。(　　　　　)

(2) 固体のろうは、どのようにして、えき体にすがたを変えていますか。次の文の(　)に当てはまる言葉を書きましょう。

固体のろうは、ほのおの(　　　　　)によって温められ、えき体にすがたを変えている。

(3) ろうそくの火を消してしばらくすると、えき体のろうはどうなりますか。正しい方に○をつけましょう。

①(　　　　)気体になる。　②(　　　　)固体になる。

7 寒さの中でも 教科書 152～159ページ 右の図は、カブトムシのよう虫が土の中で冬をこしているようすを表したものです。次の問いに答えましょう。

(1) 土の中で冬をこす動物を、次の**ア**～**ウ**から選びましょう。

(　　　　)

ア　アゲハのよう虫　　**イ**　アマガエル

ウ　オオカマキリのたまご

(2) カブトムシのよう虫や、(1)で答えた生き物は、なぜ土の中で冬をこすのですか。「寒さ」という言葉を使って書きましょう。

(　　　　　　　　　　　　　　　　　　　　)

8 ものの温まり方 教科書 160～175ページ 部屋の温度を上げるために、ストーブをつけました。次の図で、ストーブに温められた空気がどのように動くか、●から始まる矢印で、×までしめしましょう。

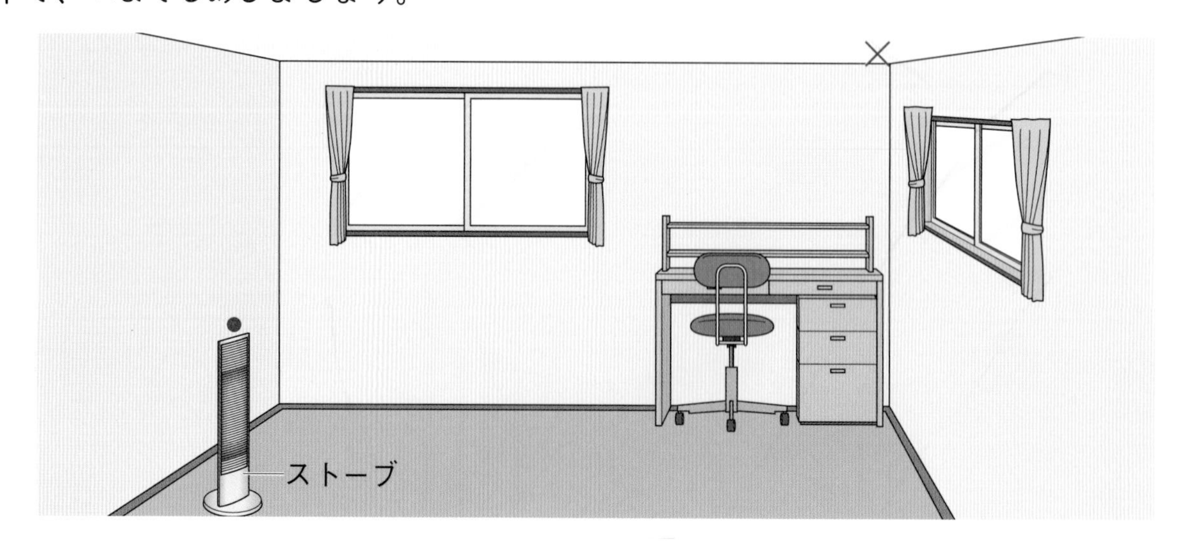